高职高专机电类专业系列教材

机械图样的识读与绘制

主　编　刘永强　曹秀洪
副主编　王　欣
参　编　马彬彬　蔡云龙
主　审　张　峰

机械工业出版社

本书的编写坚持以就业为导向，以能力为本位的原则，注重实践技能的训练，突出读图和绘图能力的培养。

本书采用注重专业技能培养的基于工作任务的项目化教学方法，按照由浅入深的原则，将识读和绘制机械图样所需的能力和知识分解到 5 个项目共 17 个工作任务中，每个工作任务的载体均为真实案例，且具有代表性。前三个项目用以培养使用绘图仪器的能力以及绘制简单平面图形所需的基本能力；后两个项目以齿轮油泵、千斤顶和机用虎钳为工作载体，用以培养识读和绘制零件图和装配图的能力。

本书附录部分节选自国家标准有关螺纹、常用标准件、极限与配合等内容的最新规定，便于查阅。

本书可作为高职高专机电一体化专业、数控技术专业、工业机器人技术专业、汽车检测与维修专业用教材，建议学时数为 72~100 学时，也可作为近机类专业用教材；还可作为从事机械产品设计与制造的技术人员、自学人员的培训教材和参考书。

本书配有电子课件，凡使用本书作为教材的教师可登录机械工业出版社教育服务网（http://www.cmpedu.com）注册后免费下载，咨询电话：010-88379375。

图书在版编目（CIP）数据

机械图样的识读与绘制/刘永强，曹秀洪主编. —北京：机械工业出版社，2018.8（2025.1 重印）

高职高专机电类专业系列教材

ISBN 978-7-111-60585-0

Ⅰ.①机… Ⅱ.①刘… ②曹… Ⅲ.①机械图-识图-高等职业教育-教材 ②机械制图-高等职业教育-教材 Ⅳ.①TH126

中国版本图书馆 CIP 数据核字（2018）第 171143 号

机械工业出版社（北京市百万庄大街 22 号 邮政编码 100037）
策划编辑：于奇慧 责任编辑：于奇慧 责任校对：王 延
封面设计：路恩中 责任印制：张 博
北京建宏印刷有限公司印刷
2025 年 1 月第 1 版第 6 次印刷
184mm×260mm·16.75 印张·410 千字
标准书号：ISBN 978-7-111-60585-0
定价：49.00 元

电话服务　　　　　　　　　　　网络服务
客服电话：010-88361066　　　机 工 官 网：www.cmpbook.com
　　　　　010-88379833　　　机 工 官 博：weibo.com/cmp1952
　　　　　010-68326294　　　金 书 网：www.golden-book.com
封底无防伪标均为盗版　　　机工教育服务网：www.cmpedu.com

前　言

　　高等职业教育的目标是培养具备工程实践能力的一线工程技术人员。目前，各高等职业院校正围绕"工学结合、校企合作"的培养模式进行专业课程教学改革，相应教材也应适应改革形势，为学生专业技能的提高创造有利条件。

　　本书以培养学生的读图和绘图能力为出发点，精心设计了5个项目，共17个工作任务。全书以工作任务驱动课程模式的理念为指导，通过实施工作任务加强技能训练，体现了以学生为中心、以行动为导向的教学思路和以综合职业能力培养为目标的课程建设思路。

　　本书主要有以下特点：

　　1）以培养学生的读图和绘图能力为目的，将读图和绘图所需的知识和技能循序渐进地编排在工作任务中，按照基于工作任务的项目化教学要求组织教学内容。

　　2）工作任务以生产实际中的典型实例为载体，首先提出要解决的问题，再介绍解决问题的方法，使学生学有目的、学以致用，极大地提高学生的学习积极性。

　　3）强调以学生为主体，注重集体协作，学生在完成任务的过程中既可学习相关理论，又能掌握职业技能。

　　4）紧跟现代机械工业发展的步伐，全书采用了截至本书出版前正式发布的最新国家相关标准。

　　5）注重"工学结合，校企合作"，部分示例图形根据企业真实零件绘制。

　　本书由泰州职业技术学院刘永强、曹秀洪任主编，由泰州职业技术学院王欣任副主编，由春兰集团公司张峰（高工）主审。泰州职业技术学院马彬彬和江苏泰隆减速机股份有限公司蔡云龙（高工）参与了本书的编写。

　　此外，本书的编写得到了江苏泰隆减速机股份有限公司、江苏飞船齿轮厂、江苏锋陵集团泰州现代锋陵农业装备有限公司、江苏微特利电机制造有限公司等企业多位技术人员的大力帮助，他们为本书提供了大量真实素材，在此一并表示感谢。

　　由于编者水平有限，书中难免存在缺点或不足，恳请广大读者批评指正。

编　者

目　录

绪　论

一、本课程的学习目的和任务

在现代化工业生产中，各种机器、仪器或建筑物等都是依照图样来生产或施工的，因此，图样是生产的依据。所谓图样，就是根据投影原理、相关标准或有关规定表示工程对象，且有必要技术说明的"图"。在设计机器时，设计者要通过图样来表达设计思想、意图和要求；在制造机器时，制造者在制作毛坯、加工、检验以及装配各个环节，都要以图样为依据；在使用机器时，使用者要通过图样来了解机器的结构特点和性能，进行操作、维修和保养。因此，图样是工程界通用的技术语言，又被称为"工程师的语言"，是传递和交流技术信息和思想的媒介和工具。

本课程是学习机械图样识读和绘制原理和方法的专业基础课。掌握本课程的内容可为后续机械基础等专业课程的学习以及自身职业能力的发展打下坚实的基础。

二、本课程的主要内容和基本要求

本课程包含多个工作项目和任务，涵盖了绘图工具的使用、正投影法基本原理、机械图样的表示法、零件图的识读与绘制、装配图的识读与绘制等内容。

通过学习本课程，应达到以下基本要求：

1）通过学习绘图工具的使用，应掌握常用绘图工具和用品的使用方法，了解并熟悉相关国家标准的基本规定，初步掌握绘图基本技能。

2）正投影法基本原理是识读和绘制机械图样的理论基础，是本课程的基础和核心内容，也是本课程的难点。通过学习正投影法作图基础、立体截交线的绘制、组合体视图的绘制等，应掌握运用正投影法表达空间形体的方法，并具备一定的空间想象能力。

3）机械图样的表示法包括图样的基本表示法和常用机件及标准结构要素的特殊表示法。熟练掌握并正确运用各种表示法是识读和绘制机械图样的重要基础。

4）掌握零件图、装配图的识读和绘制是本课程学习的最终目的。通过学习，应了解各种技术要求的符号、代号和标记的含义，具备识读和绘制中等复杂程度的零件图和装配图的能力。

三、本课程的学习方法

1. 要勤于"想象"

本课程的核心内容是用二维平面图形来表达三维空间形体，以及由二维平面图形想象三维空间物体的形状。因此，学习本课程最重要的方法就是将物体的平面投影与空间形状紧密联系，做到"由物想图"和"由图想物"。既要通过想象构思物体的形状，又要思考作图的投影规律，进而逐步提高空间想象能力。

2. 要学与练相结合

要达到熟练掌握机械图样识读与绘制的目的，就要多做练习，才能使所学知识得到巩固。虽然本课程的首要教学目标是识读图样，但绘制机械图样也是机械专业技术人员的一项基本功，所以要"读绘结合"，通过作图训练促进识图能力的培养。

3. 要坚持理论联系实际

要认真学习投影原理，通过一系列的作图实践，掌握投影的基本概念和应用方法。要做到多看、多想、多画，反复进行"由物到图"和"由图到物"的思考和作图实践，这是学好本课程的关键。

4. 要按照正确的方法和步骤作图

在作图过程中，一定要养成正确使用绘图工具的习惯。掌握制图的基本知识，遵守国家标准（《技术制图》《机械制图》）的有关规定，学会使用相关标准和手册，并按照正确的方法和步骤作图。

5. 要认真负责、严谨细致

图样在生产、建设中起着非常重要的作用。绘图或识图的差错，都会带来巨大的损失，所以在学习过程中就要养成认真负责、严谨细致的工作作风和职业习惯，这也是工程技术人员最根本的素质。

项目 1

使用绘图工具绘制平面图形

　　机械图样能够反映机械零件的形状特征、尺寸及加工要求。图样中的每个机械零件都可以看成一系列简单几何图形（如圆、圆弧、矩形、正六边形等）的集合，如图1-1所示的轴承座零件图，其各个视图都由直线、圆、圆弧等简单几何图形构成。所以，掌握简单几何图形的绘制方法是学习绘制机械图样的第一步。

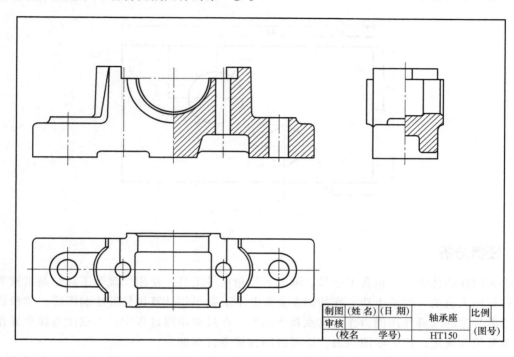

制图	(姓 名)	(日 期)	轴承座	比例	
审核					
(校名　　学号)			HT150	(图号)	

图 1-1　轴承座零件图

任务 1.1　绘制简单几何图形

 学习目标

知识目标

1. 掌握使用尺规等常用绘图工具绘制各类直线的方法。

2. 掌握各类图线的画法及应用。

3. 掌握尺寸标注的规定。

能力目标

1. 能正确使用尺规等常用绘图工具。

2. 能正确绘制各类图线。

3. 能使用尺规等工具绘制正多边形等简单图形。

4. 培养良好的作图习惯。

任务布置

使用尺规绘制图 1-2 所示的简单平面图形，并标注尺寸。要求绘图比例为 2：1，注意线型和线宽的正确选择和绘制。

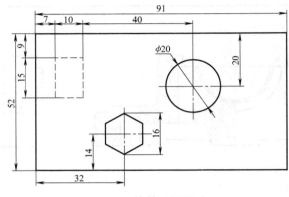

图 1-2　简单平面图形

 任务分析

绘制图样的传统工具包含丁字尺、圆规、三角板等工具。使用尺规等工具绘制机械图样是机械设计人员的一项基本功。即使如今企业基本上都采用计算机软件绘制图样，学校依旧要把培养学生的尺规作图能力作为重点教学内容。在尺规作图过程中，不仅能直接掌握作图的基本要领和规定，培养绘图能力，还可以间接培养读图能力。

尺规作图是一个严谨的技能操作过程。在使用尺规绘制图形时，要保证两条直线相互平行或者垂直，就必须正确地按照尺规的使用方法进行操作。为保证绘制的线条粗细程度一致，须把铅笔芯削成扁铲状。本任务以圆、矩形、正六边形为例，训练学生使用尺规等绘图工具绘制简单几何图形的方法和技巧。

 知识链接

1.1.1　常用绘图工具和用品

正确选择绘图方法和正确使用绘图工具、仪器，是保证绘图质量和加快绘图速度的基础。因此，必须养成正确使用、维护绘图工具和仪器的良好习惯。

1. 常用绘图工具

（1）图板、丁字尺和三角板（图 1-3）

1）图板。图板是绘图时铺贴图纸的垫板，是用来固定图纸的。要求图板表面平坦光洁。图板的左边是移动丁字尺的导引边，是图样中所有直线条的基准，故而要求务必平直光滑，不能有缺损。常用的图板型号有 0 号、1 号、2 号三种。绘图时用胶带纸将图纸固定在图板上。

2）丁字尺。丁字尺可以单独用来绘制水平线，也可结合三角板绘制垂直线和特殊角度的斜线。丁字尺由尺头和尺身两部分组成。绘图时，一定要使尺头紧贴图板的左边，然后利用丁字尺的工作边画线。移动丁字尺时，左手稍稍向下向内用力控制尺头，右手控制尺身，双手一起推动丁字尺上下移动，把丁字尺调整到合适的位置，然后用左手压住丁字尺，再画线。水平线要从左到右画，铅笔在前后方向上应与纸面垂直，并相对于画线的前进方向倾斜约30°。为了保证绘图的准确性，不可用尺身的下边缘画线。绘制同一张图样，只能用同一把丁字尺和图板的同一侧导引边为工作边。

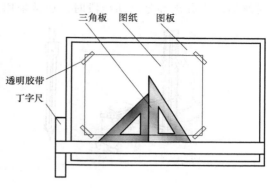

图1-3　图板、丁字尺和三角板

3）三角板。一副绘图用三角板有两块，一块是45°等腰直角三角板，一块是30°和60°直角三角板。三角板可以配合丁字尺绘制垂直线和某些特定角度的倾斜线。如图1-4所示，使用一块三角板可以绘制与水平线成30°、45°、60°的斜线；使用两块三角板可以绘制与水平线成15°、75°、105°和165°等角度的斜线；也可绘制任意斜线。

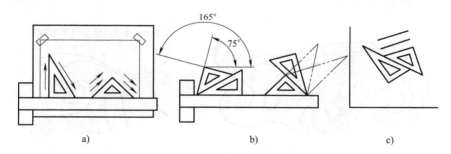

图1-4　三角板的使用方法

a）画30°、45°、60°斜线　b）画15°、75°、105°和165°斜线　c）画任意斜线

（2）圆规和分规　圆规用来画圆和圆弧。圆规在使用前应先调整针脚，使针尖略长于铅芯；铅芯应削成楔形，以便画出粗细均匀的圆弧。画图时，应尽量使钢针和铅芯都垂直于纸面，且钢针的台阶与铅芯尖应平齐。圆规的使用方法如图1-5所示。

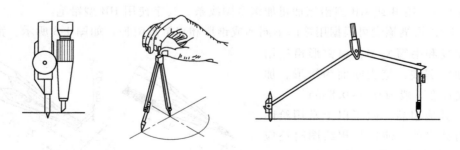

图1-5　圆规的使用方法

分规主要用来量取线段长度或者等分已知线段。分规的两个针尖应调整平齐，在并拢后也应对齐。从三角板或比例尺上量取长度时，分规针尖不要正对尺面，应使针尖与尺面保持

相对倾斜。用分规等分已知线段时，通常采用试分法。分规的使用方法如图 1-6 所示。

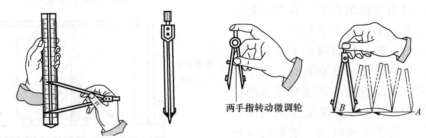

图 1-6　分规的使用方法

2. 常用绘图用品

（1）曲线板　曲线板主要用来绘制光滑连接已知一系列点的自由曲线。绘制前，首先要定出曲线上足够多的点，再徒手用铅笔轻轻地将各点光滑地连接起来；然后从一端开始，找出曲线板上与所画曲线曲率大致相同的一段，沿曲线板描出这段曲线；如此重复，直至最后一段。需注意前后相邻的两段曲线至少要有三个点是重合的，这样描绘的曲线才光滑。曲线板及其使用方法如图 1-7 所示。

图 1-7　曲线板及其使用方法

（2）铅笔　常用绘图铅笔按铅芯软硬程度的不同分别用 B、HB、H 及其前面的数字表示。字母 B 前面的数字越大表示铅芯越软，画出的线越黑；字母 H 前面的数字越大表示铅芯越硬，画出的线越淡；字母 HB 表示铅芯软硬适中。画图时，通常使用 H 或 2H 型铅笔画底稿（草图），用 B 或 HB 型铅笔加粗加深全图线条，写字使用 HB 型铅笔。

画图时，铅笔笔尖可根据用途的不同削成锥形和扁铲形两种，如图 1-8 所示。锥形铅笔用来画细线和书写文字；扁铲形铅笔用来加深加粗图线，笔尖断面为矩形，加深的图线宽度一般为 0.6～0.8mm。

（3）其他用品　除了以上常用绘图工具和用品之外，使用尺规绘图时还应准备白色软橡皮、擦图片（擦线板）、点圆规、刀片、砂纸、量角器、胶带纸、扫灰屑的小毛刷、防止幅面污浊的面纸等。

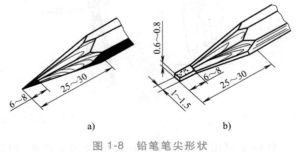

图 1-8　铅笔笔尖形状
a）锥形　b）扁铲形

3. 使用尺规绘制水平线、垂直线、平行线、角平分线

（1）绘制水平线和铅垂线 绘制水平线和铅垂线时一定要使用丁字尺，切忌不使用丁字尺而只使用三角板，这样绘出的直线不能保证水平和竖直。水平线和铅垂线的绘制方法如图1-9所示。

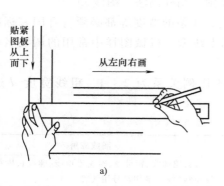
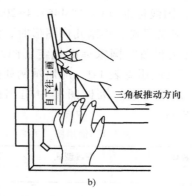

图 1-9 绘制水平线和铅垂线

a）绘制水平线 b）绘制铅垂线

（2）绘制平行线和垂直线 两块三角板配合使用可以绘制平行线和垂直线。如图1-10a所示，可用三角板绘制过点 K 且平行于直线 AB 的直线，图1-10b所示为使用三角板绘制过点 K 且垂直于直线 AB 的直线。

（3）绘制角平分线 已知直线 AB 和 AC，作其角平分线。如图1-11所示，过交点 A 作圆弧与 AB 和 AC 分别交于 D 点和 E 点，再分别以 D 点和 E 点为圆心作圆弧（圆弧直径要大于 DE 连线距离），两段圆弧交于 K 点，连接 AK，即为角平分线。

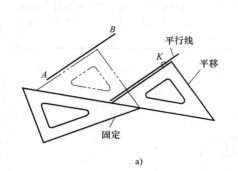
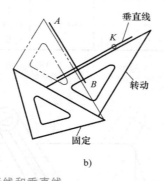
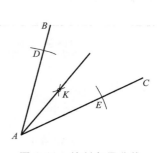

图 1-10 三角板绘制平行线和垂直线　　　　　　图 1-11 绘制角平分线

a）绘制平行线 b）绘制垂直线

1.1.2 简单平面图形的绘制方法

1. 图线的规定及画法

（1）制图标准 制图标准就是在绘制和阅读图样时必须遵守的规则和依据。目前相关领域的两大标准为国家标准《技术制图》和《机械制图》。为了正确绘制和识读机械图样，必须熟悉相关标准和规定。

我国国家标准（简称国家标准）的代号是"GB"。GB/T 17451—1998《技术制图　图样画法　视图》即为制图标准中关于图样画法中的视图部分的标准文件。其中，GB/T 为推荐性国家标准代号，17451 为发布序号，1998 为发布年号。需要说明的是，《机械制图》标准适用于机械工程图样，而《技术制图》标准则普遍适用于工程界各类技术图样。

（2）图线标准（GB/T 4457.4-2002《机械制图　图样画法　图线》）

1）图线型式。绘制几何图形时，图线的型式、线条的宽度等都必须符合国家标准的规定。《机械制图》国家标准规定了图线的 9 种基本线型。机械图样中常用的图线名称、型式、宽度及应用见表 1-1，应用示例如图 1-12 所示。

2）图线宽度。机械图样中粗细两种线宽的比例关系为 2∶1，粗线宽度 d 通常为 0.6～0.8mm。

表 1-1　常用图线的名称、型式、宽度及应用（GB/T 4457.4—2002）

图线名称	图线型式	图线宽度	图线应用
粗实线	——————	粗(d)	可见轮廓线、相贯线、螺纹牙顶线、螺纹长度终止线、齿顶圆（线）、剖切符号用线等
细实线	————————	细($d/2$)	过渡线、尺寸线、尺寸界线、指引线和基准线、剖面线、重合断面的轮廓线、短中心线、螺纹牙底线等
波浪线	～～～～	细($d/2$)	断裂处边界线、视图与剖视图的分界线
细虚线	-------	细($d/2$)	不可见轮廓线、不可见棱边线
粗虚线	▬ ▬ ▬	粗(d)	允许表面处理的表示线
细点画线	—·—·—·—	细($d/2$)	轴线、对称中心线、分度圆（线）、孔系分布的中心线、剖切线
粗点画线	▬·▬·▬	粗(d)	限定范围表示线
双折线	—√—√—	细($d/2$)	断裂处边界线、视图与剖视图的分界线
细双点画线	—··—··—	细($d/2$)	相邻辅助零件的轮廓线、可动零件的极限位置轮廓线、轨迹线、毛坯图中制成品的轮廓线、工艺用结构的轮廓线、中断线等

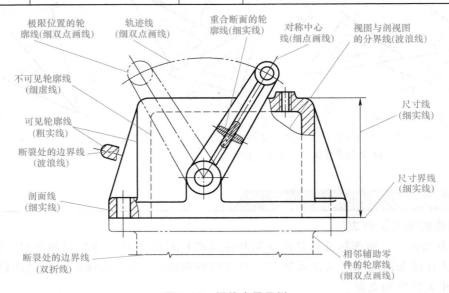

图 1-12　图线应用示例

特别提示：

如图 1-13 所示，图线画法的其他注意事项如下：

① 在同一图样中，同类图线的宽度应一致。

② 绘制圆的对称中心线时，圆心应在细点画线线段的相交处，点画线应超出轮廓线约 3mm。若圆较小，可用细实线代替细点画线作为对称中心线。

③ 细虚线和细点画线与其他图线应以画相交。若细虚线在粗实线的延长线上，细虚线与粗实线应有空隙。

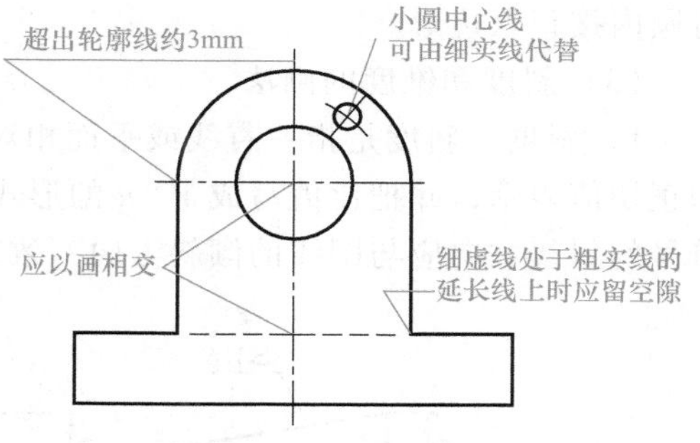

超出轮廓线约3mm

小圆中心线可由细实线代替

应以画相交

细虚线处于粗实线的延长线上时应留空隙

图 1-13　图线画法的注意事项

2. 使用尺规绘制几何图形

机件的形状虽然各不相同，但是其零件视图都由基本几何图形构成。因此，必须掌握各种基本几何图形的绘制方法。

（1）绘制等分直线段　如图 1-14 所示，过已知直线段 AB 的 A 点，画任意角度的直线，使用分规自 A 点量取 n 个相等的线段；将等分线段的最末点与已知线段的另一端点 B 相连，再过各等分点作该线的平行线，与已知线段 AB 相交即得到等分点。

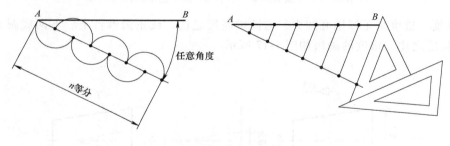

任意角度

n等分

图 1-14　等分直线段

（2）绘制正六边形　绘制正六边形有圆规作图和三角板作图两种方法。

1）用圆规绘制正六边形。如图 1-15a 所示，分别以已知圆与水平中心线的两处交点 A、D 为圆心，以已知圆的半径 R 为半径作圆弧，与圆交于 F、B、E、C 点，依次连接 A、B、C、D、E、F 点即可得到圆内接正六边形。

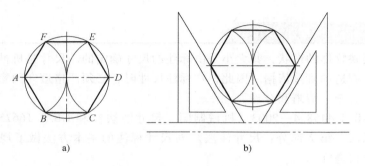

a)　　　　　　　　　　b)

图 1-15　绘制圆内接正六边形

a）圆规作图　b）三角板作图

2）用三角板绘制正六边形。如图 1-15b 所示，以 60°三角板配合丁字尺作直线，使其过已知圆和水平中心线的交点（象限点），共作四条斜边，再通过丁字尺作上、下水平边，即得圆内接正六边形。

（3）斜度和锥度的画法

1）斜度。斜度是指一直线或平面相对于另一直线或平面的倾斜程度，其大小用倾斜角的正切值表示，并把比值写成 $1:n$ 的形式，即斜度 $=\tan\alpha=H:L=1:n$。标注斜度符号时，符号的斜线方向应与图线的倾斜方向一致。斜度的画法如图 1-16 所示。

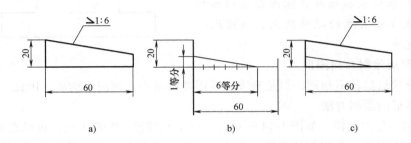

图 1-16　斜度的画法

a）样图　b）绘制辅助线　c）在指定位置绘制辅助线平行线

2）锥度。锥度是正圆锥底圆直径与圆锥高度之比，或正圆锥台上、下两底圆直径之差与圆锥台高度之比。锥度的画法如图 1-17 所示。

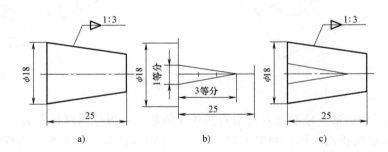

图 1-17　锥度的画法

a）样图　b）绘制辅助线　c）在指定位置绘制辅助线平行线

1.1.3　尺寸标注的基本规定

图形只能反映物体的形状，其大小是由标注的尺寸确定的。尺寸是机械图样中的重要内容之一，是机件制造的直接依据。因此，在标注尺寸时，必须严格遵守国家标准中的有关规定，做到正确、齐全、清晰和合理。

国家标准 GB/T 4458.4—2003《机械制图　尺寸注法》和 GB/T 16675.2—2012《技术制图　简化表示法　第 2 部分：尺寸注法》对尺寸标注的基本方法做了规定，在绘制、阅读图样时必须严格遵守。

1. 基本规则

1）机件的真实大小应以图样上所注尺寸数值为依据，与图形的大小及绘图的准确度无关。

2）机件的每一尺寸一般只标注一次，并应标注在反映该结构最清晰的图形上。

3）图样中的尺寸默认以毫米（mm）为单位，此时不需标注单位符号（或名称），如采用其他单位，则必须注明相应的单位符号。

4）图样中所标注的尺寸为该图样所示机件的最后完工尺寸，否则应另加说明。

2. 尺寸的组成

尺寸标注由尺寸界线、尺寸线和尺寸数字三个要素组成，如图1-18所示。

尺寸界线和尺寸线用细实线绘制。尺寸线的终端有箭头（图1-19a）和斜线（图1-19b）两种形式。机械图样通常采用箭头形式，而建筑图样采用斜线。当没有足够的位置画箭头时，可采用实心小圆点代替，如图1-19c所示。

尺寸数字一般注写在尺寸线的上方、左方或中断处。

图1-18 尺寸标注的要素

图1-19 尺寸线的终端形式
a）箭头画法 b）斜线画法 c）实心小圆点画法

尺寸界线、尺寸线和尺寸数字的相关说明见表1-2。

表1-2 尺寸标注要素的相关说明

项目	图 例	说 明
尺寸界线	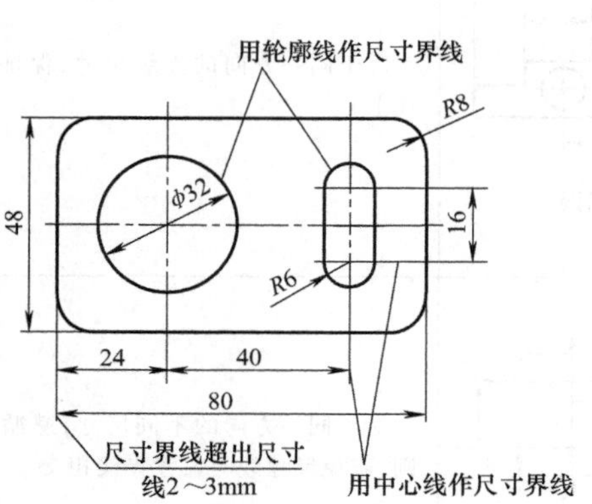 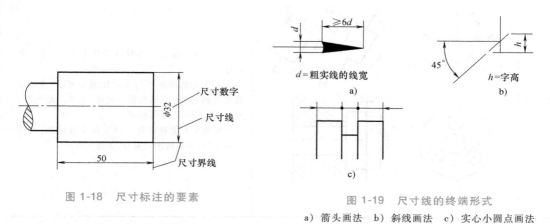	尺寸界线用细实线绘制，一般由图形的轮廓线、轴线或对称中心线处引出。也可利用轮廓线、轴线或对称中心线本身作尺寸界线 尺寸界线超出尺寸线2~3mm。尺寸界线一般应与尺寸线垂直，必要时才允许倾斜

（续）

项目	图　例	说　明
尺寸线	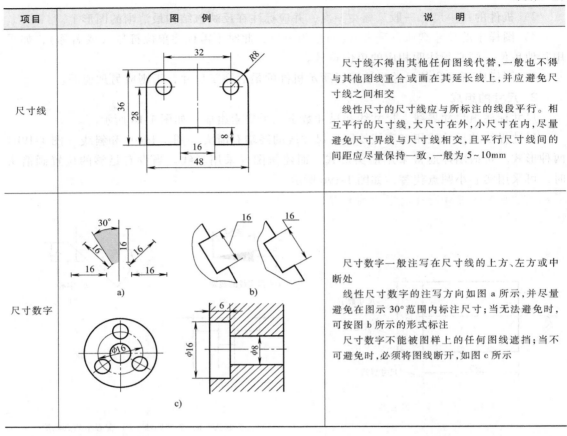	尺寸线不得由其他任何图线代替，一般也不得与其他图线重合或画在其延长线上，并应避免尺寸线之间相交 线性尺寸的尺寸线应与所标注的线段平行。相互平行的尺寸线，大尺寸在外，小尺寸在内，尽量避免尺寸界线与尺寸线相交，且平行尺寸线间的间距应尽量保持一致，一般为 5~10mm
尺寸数字		尺寸数字一般注写在尺寸线的上方、左方或中断处 线性尺寸数字的注写方向如图 a 所示，并尽量避免在图示 30°范围内标注尺寸；当无法避免时，可按图 b 所示的形式标注 尺寸数字不能被图样上的任何图线遮挡；当不可避免时，必须将图线断开，如图 c 所示

3. 尺寸标注示例（表 1-3）

表 1-3　尺寸标注示例

项目	图　例	说　明
直线尺寸标注	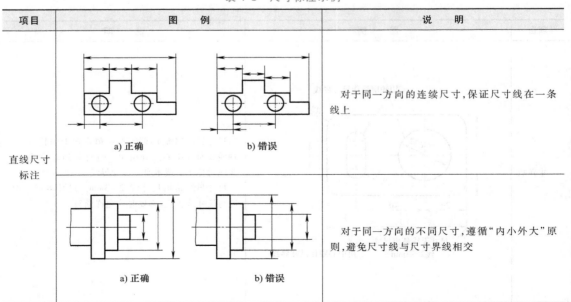 a) 正确　　　　b) 错误 a) 正确　　　　b) 错误	对于同一方向的连续尺寸，保证尺寸线在一条线上 对于同一方向的不同尺寸，遵循"内小外大"原则，避免尺寸线与尺寸界线相交

（续）

项目	图　例	说　明
直径尺寸标注	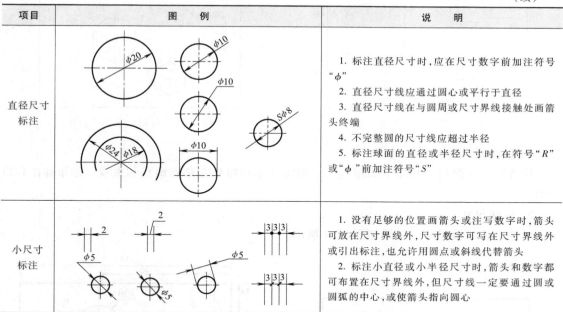	1. 标注直径尺寸时,应在尺寸数字前加注符号"ϕ" 2. 直径尺寸线应通过圆心或平行于直径 3. 直径尺寸线在与圆周或尺寸界线接触处画箭头终端 4. 不完整圆的尺寸线应超过半径 5. 标注球面的直径或半径尺寸时,在符号"R"或"ϕ"前加注符号"S"
小尺寸标注		1. 没有足够的位置画箭头或注写数字时,箭头可放在尺寸界线外,尺寸数字可写在尺寸界线外或引出标注,也允许用圆点或斜线代替箭头 2. 标注小直径或小半径尺寸时,箭头和数字都可布置在尺寸界线外,但尺寸线一定要通过圆或圆弧的中心,或使箭头指向圆心

任务实施

使用尺规绘制图 1-2 所示的简单平面图形,绘图步骤如下:

1. 绘图准备

（1）图板、丁字尺、三角板、圆规、选择图纸　根据图形长宽尺寸和绘图比例（2:1）要求,选择 A4 图纸。

（2）准备绘图工具和用品　铅笔（草图用 H 或 2H 型锥形笔芯铅笔 1 支,画粗线用 B 或 HB 型扁铲形笔芯铅笔 1 支,加深点画线用 B 或 2B 型锥形笔芯铅笔 1 支）、橡皮、胶带纸、小毛刷等工具。

2. 固定图纸

用透明胶带固定图纸的四个角。

3. 绘制草图

（1）布局　布局指确定图形在图纸上的合理位置。尺寸标注完毕后的图形在图样中的位置应尽量居中。本任务中图纸布局如图 1-20 所示。

（2）绘制图形外框及内部各图形基准线　用绘草图的铅笔轻绘图形外框和内部各图形基准线,落笔要轻,绘出的图形线条要淡。结果如图 1-21 所示。

（3）绘制矩形、圆和正六边形　正确使用丁字尺、三角板和圆规绘制内部图形草图,结果如图 1-22 所示。

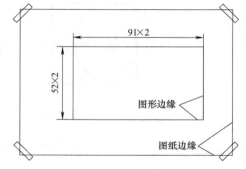

图 1-20　固定图纸并布局

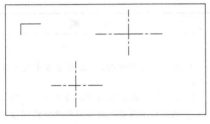

图 1-21　绘制外框和基准线

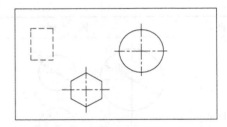

图 1-22　绘制内部图形草图

4. 加深图形

检查图形无误后，加粗全部粗实线，加深（非加粗）全部点画线和虚线，结果如图1-23所示。

5. 标注尺寸

尺寸标注原值尺寸，结果如图 1-24 所示。

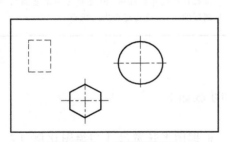

图 1-23　加粗加深图形

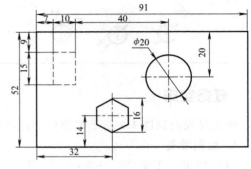

图 1-24　标注尺寸

 知识补充

1. 绘制正五边形的方法 （图 1-25）

1）绘制已知圆，作 BO 的中点 K，如图 1-25a 所示。

2）以 K 点为圆心、KA 为半径画弧，交 BO 得点 C，AC 即为正五边形的边长，如图1-25b所示。

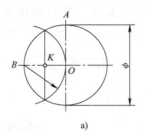

a)

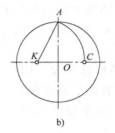

b)

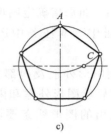

c)

图 1-25　画圆内接正五边形

a）作 K 点　b）作边长 AC　c）作正五边形

3）以 A 点为圆心、AC 为半径画弧，重复步骤，依次等分圆周得五个顶点，将顶点顺次相连成五边形即可，如图 1-25c 所示。

2. 绘制正 n 边形的方法

以正七边形为例，说明圆内接正 n 边形的画法。如图 1-26 所示，绘图步骤如下：

1）七等分铅垂线段 MN（MN 为已知圆的直径）。

2）以点 M 为圆心、MN 为半径作弧，交水平中心线于点 S。

3）延长连线 S2、S4、S6（也可连接奇数点），与圆周分别相交得到点 A、B、C。

4）做出 A、B、C 相对于 MN 的对称点 F、E、D，顺次连接各点即可得到正七边形。

3. 绘制椭圆的方法（四心圆法）

如图 1-27 所示，绘图步骤如下：

1）过点 O 分别作长轴 AB 及短轴 CD。

2）连接 AC，以点 O 为圆心、OA 为半径作圆弧与 OC 的延长线交于点 E；再以 C 为圆心、CE 为半径作圆弧与 AC 交于点 E_1，即 $CE_1 = OA - OC$。

3）作 AE_1 的垂直平分线，分别交长、短轴于点 O_1、O_2，并作出点 O_1、O_2 相对于圆心 O 的对称点 O_3、O_4。

4）各以点 O_1、O_3 和点 O_2、O_4 为圆心，以 O_1A 和 O_2C 为半径画圆弧，使四段圆弧相切于点 K、K_1、N_1、N 而构成一近似椭圆。

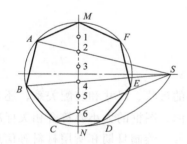

图 1-26 绘制圆内接七边形

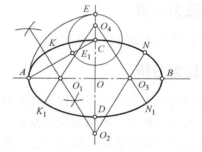

图 1-27 四心圆法绘制椭圆

 拓展任务

使用尺规绘制如图 1-28 所示的简单平面图形，要求采用 A4 图纸，绘图比例为 1：1，

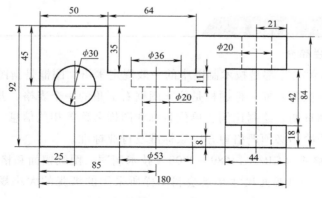

图 1-28 拓展任务图

注意粗线线宽要一致，点画线和虚线画法要规范，图面要整洁。绘图过程中注意正确固定图纸，丁字尺和三角板的配合使用要正确。

任务1.2　绘制图框和标题栏

 学习目标

知识目标

1. 掌握相关国家标准的最新规定。
2. 掌握图纸幅面、图框和标题栏的格式。
3. 掌握文字书写和比例绘图的相关规定。

能力目标

1. 能正确查看国家标准和行业标准。
2. 能正确绘制图框和标题栏。
3. 能在图样中正确书写文字。

 任务布置

为图1-2补绘图框和标题栏。

 任务分析

机械图样中的信息不仅仅要反映机械零件或装配体的形状、尺寸和装配关系，还必须遵循一定的绘图标准。图形必须绘制在一定规格的图框之内，图框的大小要符合相关标准。图样中也要包含制图者和审核者姓名、图样名称、图样代号、绘制日期和所用材料等信息。这些信息要注写在标题栏中，书写的文字也要符合相关标准。掌握图框和标题栏的格式，掌握文字和字符的注写规定是本任务的重点内容。

 知识链接

1.2.1　图框和标题栏的格式

1. 图框和标题栏简介

"图框"和"标题栏"都是技术制图中的一般规定术语。图框是指图纸上限定绘图区域的线框，一般分为内框和外框。标题栏是位于图框右下角的一个表格，其中包含了图样的绘制者、审核者、绘制日期、绘制比例、单位名称和图样名称等相关信息。

图框和标题栏的绘制必须严格遵守国家标准及行业标准。

2. 图纸幅面和格式（GB/T 14689—2008《技术制图　图纸幅面和格式》）

（1）图纸幅面　图纸幅面尺寸是指绘制图样所采用的纸张的大小规格。为了便于管理和合理使用纸张，绘制图样时应优先采用表1-4所规定的基本幅面。

表 1-4　基本幅面尺寸　　　　　　　　　　　　　　　（单位：mm）

幅面代号		A0	A1	A2	A3	A4
尺寸 B×L		841×1189	594×841	420×594	297×420	210×297
边框	a	25				
	c	10			5	
	e	20			10	

必要时，也允许选用尺寸与基本幅面短边成正整数倍增加的加长幅面。如图 1-29 所示，粗实线所示为基本幅面，细虚线所示为加长幅面。

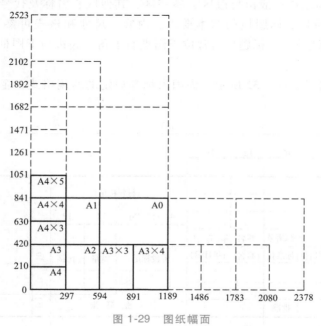

图 1-29　图纸幅面

（2）图框格式　图框格式分为留有装订边（图 1-30a）和不留装订边（图 1-30b）两种，但同一产品的图样只能采用同一种格式，并均应画出图框线及标题栏。

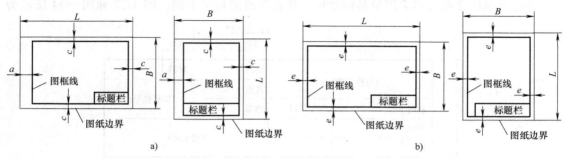

图 1-30　图框格式
a）留有装订边图纸的图框格式　b）不留装订边图纸的图框格式

（3）对中符号　为复制图样时定位方便，在图纸各边的中点处要画出对中符号（粗实线），如图 1-31 所示。

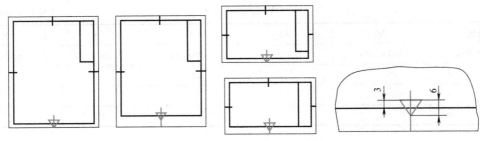

图 1-31　有对中符号的图框格式

（4）标题栏　标题栏一般由更改区、签字区、其他区、名称及代号区组成，也可按实际需要增加或减少项目。标题栏的基本要求、内容、尺寸和格式可参见 GB/T 10609.1—2008《技术制图　标题栏》。标题栏通常位于图纸右下角，底边与下图框线重合，右边与右图框线重合。

标题栏的基本格式如图 1-32 所示，为国家标准规定的通用格式，企业所绘图样大多采用这种格式。

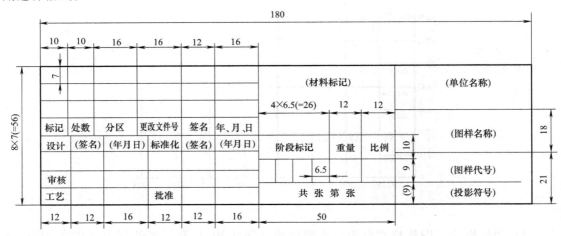

图 1-32　标题栏的格式及尺寸

各学校制图作业大多采用简易标题栏，且各学校的规定不同。图 1-33 和图 1-34 所示为

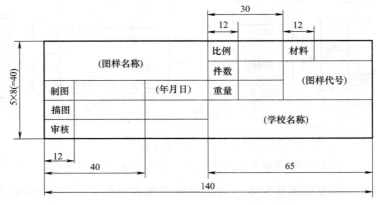

图 1-33　简易标题栏的格式及尺寸（一）

两种学校制图作业所用的简易标题栏。

图 1-34 简易标题栏的格式及尺寸（二）

1.2.2 字体及比例

1. 字体（GB/T 14691—1993）

GB/T 14691—1993《技术制图 字体》规定了图样中汉字、数字和字母的书写格式。图样中书写字体必须做到：字体工整、笔画清楚、间隔均匀、排列整齐。字体高度（h）的公称尺寸系列为：1.8mm、2.5mm、3.5mm、5mm、7mm、10mm、14mm、20mm。字高以"字号"表示，如5号字代表字高为5mm。若要书写更大的字，字高应按$\sqrt{2}$的比率递增。汉字应为长仿宋体，并采用国家正式公布的简化字，字高不应小于3.5mm，其字宽一般为$h/\sqrt{2}$，以避免字迹不清。书写要点是"横平竖直、注意起落、结构均匀、填满方格"。书写示例如图1-35所示。

10号字

字体工整 笔画清楚 间隔均匀 排列整齐

7号字

横平竖直注意起落结构均匀填满方格

5号字

技术制图机械电子汽车航空船舶土木建筑矿山井坑港口纺织服装

3.5号字

螺纹齿轮端子接线飞行指导驾驶舱位挖填施工引水通风闸阀坝棉麻化纤

图 1-35 长仿宋字体

常用字母为拉丁字母和希腊字母，数字为阿拉伯数字和罗马数字。字体分直体和斜体，斜体字字头向右倾斜，与水平线约成75°。用作指数、分数、极限偏差、注脚等的数字及字母一般采用小一号的字体。字母和数字书写示例如图1-36~图1-40所示。

ABCDEFGHIJKLMNOP
QRSTUVWXYZ

图1-36　拉丁字母（大写）

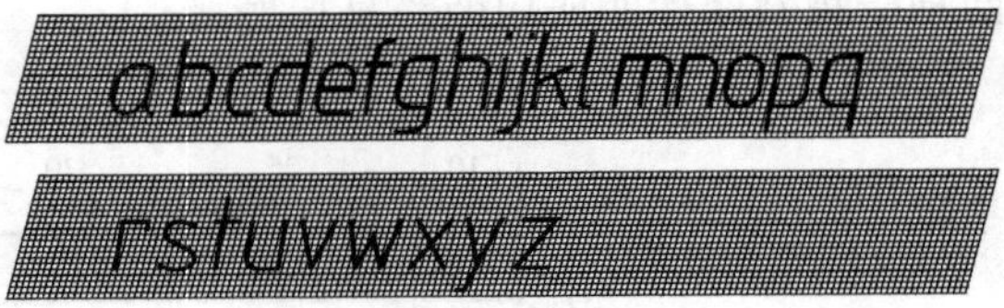

abcdefghijklmnopq
rstuvwxyz

图1-37　拉丁字母（小写）

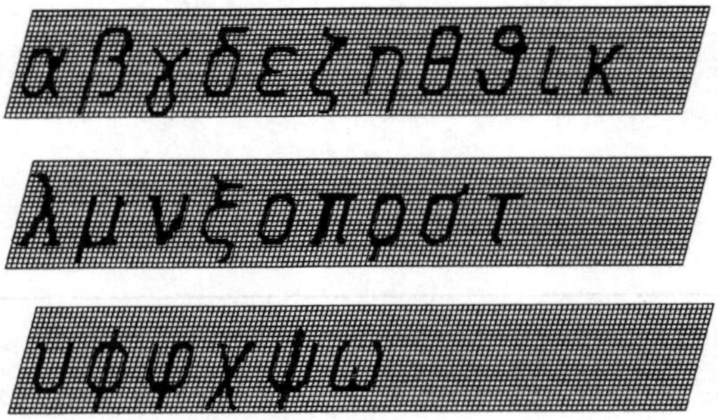

αβγδεζηθϑιϰ
λμνξοπϱστ
υφϕχψω

图1-38　希腊字母（小写）

0123456789

图1-39　阿拉伯数字

IIIIIIIVVVVIVIIVIIIIXX

图1-40　罗马数字

2. 比例（GB/T 14690—1993）

比例是指图样中图形与实物相应要素的线性尺寸之比。GB/T 14690—1993《技术制图　比例》规定了绘图比例及其标注方法。图样比例分为原值比例、放大比例和缩小比例三种。原值比例是比值等于 1 的比例，即 1 : 1；缩小比例是比值小于 1 的比例（适用于大而简单的机件），如 1 : 3；放大比例是比值大于 1 的比例（适用于小而复杂的机件），如 4 : 1。

绘制图样时，优先选用表 1-5 中的第一系列，必要时，允许选用第二系列规定的比例。

表 1-5　常用比例

种　类	比　例	
	第一系列	第二系列
原值比例	1 : 1	
缩小比例	1 : 2　1 : 5　1 : 10 1 : 2×10^n　1 : 5×10^n　1 : 1×10^n	1 : 1.5　1 : 2.5 1 : 1.5×10^n　1 : 2.5×10^n 1 : 3　1 : 4　1 : 6 1 : 3×10^n　1 : 4×10^n　1 : 6×10^n
放大比例	2 : 1　5 : 1 2×10^n : 1　5×10^n : 1　1×10^n : 1	4 : 1　2.5 : 1 4×10^n : 1　2.5×10^n : 1

注：n 为正整数。

绘制同一零件的各视图时，应采用相同比例，并将采用的比例统一填写在标题栏的"比例"项内。

 任务实施

1. 绘制图框

绘制 A4 图框，注意分内外两层（外框为细线，内框为粗线），外框尺寸为 210mm×

297mm，内框采用无装订边的格式，与外框间距为 10mm。

2. 绘制标题栏

参照图 1-33 或图 1-34 所示的标题栏格式及尺寸在图纸右下角绘制标题栏，注意标题栏右下角与图框内框右下角重合。

3. 书写标题栏内部文字

规范书写标题栏的内部文字，注意字号和字体应符合标准中的规定。

任务 1.3 绘制手柄

 学习目标

知识目标

1. 掌握线段的类型——已知线段、中间线段、连接线段。

2. 掌握连接圆弧的圆心求法。

能力目标

1. 能正确分析连接线段的类型。

2. 能正确确定连接圆弧的圆心。

3. 能平滑地绘制连接圆弧。

 任务布置

根据图 1-41 所示图形及尺寸，按照 2∶1 比例绘制完整的手柄图形，不需标注尺寸，但需绘制图框和标题栏。

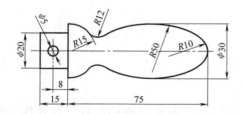 

图 1-41　手柄

 任务分析

手柄是一种典型的圆弧连接零件，广泛应用于各类机器中。如图 1-41 所示，手柄的平面图形是由一些线段（直线和圆弧）连接而成的封闭线框所构成的。其中，有些线框可以根据给定的尺寸直接画出；而有些线段则需利用相切关系找出潜在的补充条件才能画出。在绘制手柄图形时，要根据图形的构成和尺寸确定绘图步骤。

绘制图形时，必须先确定各相切圆弧的圆心位置，其次需确定切点的位置。

知识链接

1.3.1 圆弧连接

用一段圆弧光滑地连接相邻两已知线段（直线或圆弧）的作图方法称为圆弧连接。如图 1-42 所示，圆弧 R16 连接两直线，圆弧 R12 连接直线和圆弧，圆弧 R35 连接两圆弧。要保证圆弧连接光滑，作图时必须先作出连接圆弧的圆心，以及连接圆弧与已知线段的切点，以保证连接圆弧与线段在连接处相切。

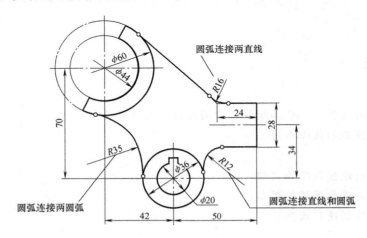

图 1-42　圆弧连接的三种情况

特别提示：

圆弧连接的步骤：

1）确定连接圆弧的圆心。

2）求圆弧与线段的切点。

3）画连接圆弧并描粗。

1. 圆弧连接两直线

如图 1-43a 所示，作与直线 MN 和 EF 相切且半径为 R 的连接圆弧。其作图步骤如图 1-43b、c、d 所示。

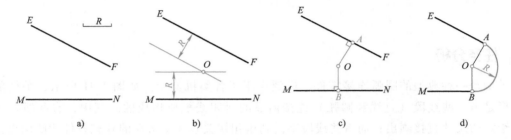

图 1-43　圆弧连接两直线

a）已知条件　b）求连接圆弧的圆心 O　c）求切点 A、B　d）擦除多余线段、画圆弧并描粗

2. 圆弧连接直线和圆弧

如图 1-44a 所示，用半径为 R 的圆弧光滑连接半径为 R_1 的圆（内切）和直线 MN。其作图步骤如图 1-44b、c、d 所示。

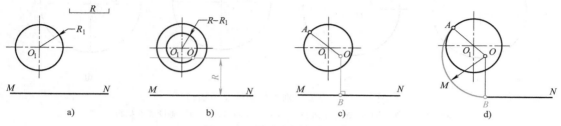

图 1-44　圆弧连接直线和圆弧

a）已知条件　b）求连接圆弧的圆心 O　c）求切点 A、B　d）擦除多余线段、画圆弧并描粗

3. 圆弧外切连接两圆弧

如图 1-45a 所示，作半径为 R_1 和 R_2 的两圆的外切圆弧。其作图步骤如图 1-45b、c、d 所示。

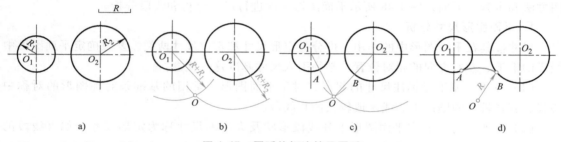

图 1-45　圆弧外切连接两圆弧

a）已知条件　b）求连接圆弧的圆心 O　c）求切点 A、B　d）画圆弧并描粗

4. 圆弧内切连接两圆弧

如图 1-46a 所示，作半径为 R_1 和 R_2 的两圆的内切圆弧。其作图步骤如图 1-46b、c、d 所示。

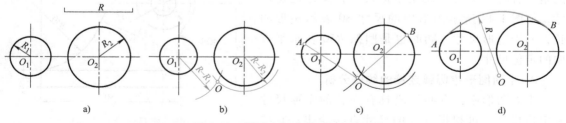

图 1-46　圆弧内切连接两已知圆弧

a）已知条件　b）求连接圆弧的圆心 O　c）求切点 A、B　d）画圆弧并描粗

5. 圆弧分别内外切连接两圆弧

如图 1-47a 所示，作半径为 R 的连接圆弧，与半径为 R_1 的圆弧外切，与半径为 R_2 的圆弧内切。其作图步骤如图 1-47b、c、d 所示。

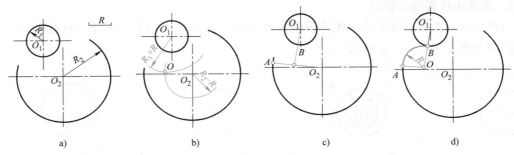

图 1-47　圆弧分别内外切连接两圆弧

a) 已知条件　b) 求连接弧圆心 O　c) 求切点 A、B　d) 画圆弧并描粗

1.3.2　平面图形的分析与绘制

平面图形由若干直线和曲线封闭连接组合而成，这些线段之间的相对位置和连接关系根据给定的尺寸来确定。在平面图形中，有些线段的尺寸已完全给出，可以直接画出，而有些线段要按照相切的连接关系画出。因此，绘图前应对所绘图形进行分析，从而确定正确的作图方法和步骤。下面以图 1-48 所示平面图形为例进行尺寸分析和线段分析。

1. 平面图形尺寸分析

尺寸按其在平面图形中的作用，可分为定形尺寸和定位尺寸两类。要想确定平面图形中线段的上下、左右方向的相对位置，必须引入尺寸基准这一概念。

（1）基准　基准是标注尺寸的起点。对于平面图形，常用的基准是对称图形的对称中心线、直径较大的圆的中心线，或较长的直线段。

（2）定形尺寸　确定平面图形上各线段形状及大小的尺寸称为定形尺寸，如直线段的长度、圆及圆弧的直径或半径、角度等。图 1-48 所示图形中的尺寸 $\phi15$、$\phi30$、$R18$、$R30$、$R40$、$R50$ 以及尺寸 80、10 均为定形尺寸。

（3）定位尺寸　确定平面图形上各线段或线框间相对位置的尺寸称为定位尺寸，如图 1-48 所示图形中确定圆心位置的尺寸 50 和 70。需要注意的是，有时一个尺寸既是定形尺寸，又是定位尺寸，如图 1-48 所示图形中的尺寸 80 表示矩形的长，属于定形尺寸，同时也是圆弧 $R50$ 在水平方向的定位尺寸。

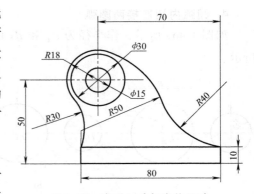

图 1-48　定形尺寸与定位尺寸

2. 平面图形中圆弧连接的线段分析

平面图形中，有些线段具有完整的定形尺寸和定位尺寸，可根据标注的尺寸直接绘出；有些线段的定形和定位尺寸并未全部标出，要分析已注出的尺寸和该线段与相邻线段的连接关系，通过几何作图才能绘出。因此，通常按尺寸是否标注齐全将线段分为以下三种：

（1）已知线段　定形尺寸和定位尺寸全部注出的线段，如图 1-48 所示图形中直径为 $\phi15$、$\phi30$ 的圆，半径为 $R18$ 的圆弧，长度尺寸为 80、宽度尺寸为 10 的矩形等。

（2）中间线段　注出定形尺寸和一个方向的定位尺寸，必须依靠相邻线段间的连接关系才能画出的线段，如图1-48所示图形中半径为 R50 的圆弧。

（3）连接线段　只注出定形尺寸，未注出定位尺寸的线段。其定位尺寸需根据该线段与相邻两线段的连接关系，通过几何作图方法求出，如图1-48所示图形中半径为 R30 和 R40 的圆弧。

3. 平面图形绘图步骤

以图1-48所示平面图形为例，绘制平面图形的步骤可归纳如下（图1-49）：

1）画出基准线，并根据各个封闭图形的定位尺寸画出定位线，如图1-49a所示。

2）画出已知线段，如图1-49b所示。

3）确定中间圆弧的圆心及中间圆弧与已知线段的切点，画出中间线段，如图1-49c所示。

4）画出连接线段，如图1-49d所示。

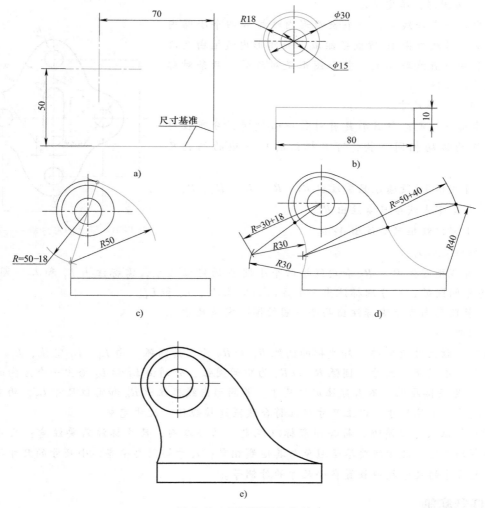

图 1-49　平面图形的绘制

a）画出基准线　b）画出已知线段　c）画出中间线段　d）画出连接线段　e）描粗轮廓线

5）描粗轮廓线，如图 1-49e 所示。

4. 平面图形的尺寸标注

平面图形绘制完成后，需正确、完整、清晰地标注尺寸。标注尺寸时要考虑以下问题：

1）需要标注哪些尺寸，才能做到尺寸齐全，且不多不少，无自相矛盾的现象。

2）怎样注写才能使尺寸清晰直观，符合国家标准有关规定。

标注尺寸的一般步骤为：

1）分析图形各部分的构成，确定基准。

2）注出定形尺寸。

3）注出定位尺寸。

4）检查、调整、补遗删多。

应用实例：

以图 1-50 所示垫片为例，说明尺寸标注的一般步骤。

1. 分析图形，确定基准

图形由一个外线框，一个长圆形内线框和四个小圆内线框构成。外线框由 16 段圆弧组成，长圆形内线框由两段半圆弧和两段直线段组成。整个图形是对称的，两条对称中心线就是基准。

2. 标注定形尺寸

国家标准规定：当图形具有对称中心线时，分布在对称中心线两边的相同结构，可只标注其中一边的结构尺寸，即

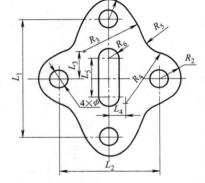

图 1-50 平面图形分析——垫片

1）外线框 16 段圆弧只需注出 R_1、R_2、R_3、R_4、R_5。

2）长圆形内线框只需注出 R_6。

3）小圆内线框只需注出 $4 \times \phi$。

3. 标注定位尺寸

1）外线框圆弧 R_1、R_2 和内线框四个小圆 ϕ 的定位尺寸，需标注出 L_1 和 L_2。圆弧 R_3 和 R_4 为中间圆弧，应分别标注出一个方向的定位尺寸 L_3 和 L_4。

2）长圆形内线框需标注出两个半圆的圆心定位尺寸 L_5。

4. 检查

（1）标注尺寸要完整　外线框的圆弧 R_1 和 R_2 为已知圆弧，由 L_1、L_2 定位，L_1、L_2 也是四个小圆 ϕ 的定位尺寸。圆弧 R_3 和 R_4 为中间圆弧，分别由 L_3 和 L_4 给出一个方向的定位尺寸。R_5 为连接圆弧，不需标注定位尺寸。长圆形内线框注出 R_6 和定位尺寸 L_5，两直线段为连接线段，不注尺寸。以上尺寸标注符合线段连接规律，尺寸完整。

（2）标注尺寸要清晰，符合国家标准规定　结合本例，尺寸标注需要注意：尺寸箭头不应画在切点处；尺寸线要尽量避免与其他线相交；尺寸排列要整齐，小尺寸的尺寸线靠近图形，大尺寸的尺寸线应放置在小尺寸的外侧等。

 任务实施

绘制图 1-41 所示手柄的平面图形。

1. 基准分析

手柄在高度方向上对称，故对称中心线是高度基准线；在长度方向上，根据装配工作的特点，可知长度尺寸 8 的右端尺寸界线是长度基准线，如图 1-51 所示。

2. 定形尺寸与定位尺寸分析

（1）定形尺寸分析。确定平面图形上各线段形状及大小的尺寸，即图 1-51 所示图形中的尺寸 $\phi20$、$\phi5$、$\phi30$、$R15$、$R12$、$R50$、$R10$、15。

（2）定位尺寸分析　确定平面图形上各线段或线框间相对位置的尺寸，即图 1-51 所示图形中确定小圆位置的尺寸 8 和确定 $R10$ 圆弧位置的尺寸 75。

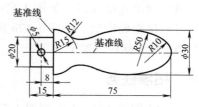

图 1-51　手柄平面图形

3. 线段分析

（1）已知线段　图 1-51 所示图形中的 $R15$、$R10$、$\phi20$、$\phi5$、15。

（2）中间线段　图 1-51 所示图形中的 $R50$。

（3）连接线段　图 1-51 所示图形中的 $R12$。

4. 图形绘制

1）画出基准线，并根据各个封闭图形的定位尺寸画出定位线，如图 1-52a 所示。

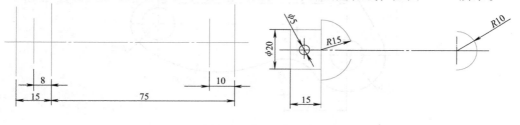

a)　　　　　　　　　　　　　　　　　　b)

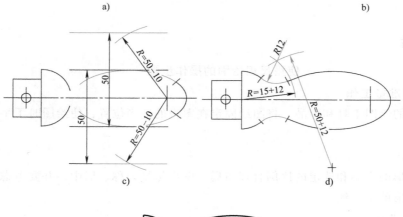

c)　　　　　　　　　　　　　　　　　　d)

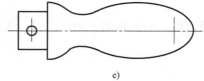

e)

图 1-52　手柄平面图形的绘制

a）画出基准线　b）画出已知线段　c）画出中间线段　d）画出连接线段　e）描粗轮廓线

2）画出已知线段，如图 1-52b 所示。

3）确定中间圆弧的圆心及中间圆弧与已知线段的切点，画出中间线段，如图 1-52c 所示。

4）画出连接线段，如图 1-52d 所示。

5）描粗轮廓线，如图 1-52e 所示。

5. 尺寸标注（略）

 拓展任务

在 A4 图纸上 1∶1 绘制图 1-53 所示图形，要求绘制图框和标题栏，并标注尺寸。注意粗细线、点画线的画法要符合制图标准，尺寸标注中的字体及高度符合国家标准要求。标注位置及格式参照图 1-53。

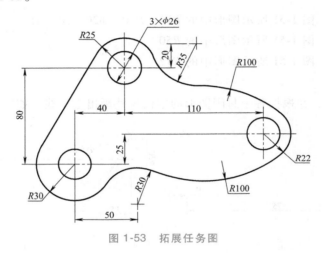

图 1-53　拓展任务图

 归纳总结

使用尺规绘图的操作步骤

1. 画图前的准备工作

准备好必备的绘图工具和用品，将图纸固定在图板的适当位置，使绘图时丁字尺、三角板移动自如。

2. 布局图形

根据所画图形的大小和选定的比例合理布局。图形尽量匀称、居中，并要考虑尺寸的标注位置，确定图形的基准线。

3. 画底稿（草图）

底稿宜用 H 或 2H 型铅笔淡淡画出。画底稿的一般步骤是：先画轴线或对称中心线，再画主要轮廓线，然后画细节。

4. 描深图线

描深图线前，要仔细检查底稿，纠正错误，擦去多余的作图辅助线和图面上的污迹，按标准线型描深图线。图线的描深顺序为：

（1）描深全部细线（使用 H 或 2H 型铅笔）

（2）描深全部粗实线（使用 HB 或 B 型铅笔） 先描深圆和圆弧，再描深直线段；先描深水平线（先上后下），再描深垂直线、斜线（先左后右）。

5. 标注尺寸和绘制标题栏

按国家标准有关规定在图样中标注尺寸，并绘制和填写标题栏。

项 目 小 结

1）通过本项目的学习和训练，学生应当掌握常用绘图工具和用品的正确使用方法，主要是丁字尺、三角板、圆规、铅笔等工具的使用方法。并通过一系列的作图实践，总结出作图的经验，以提高绘图效率。

2）绘制图形时主要需掌握平面图形的作图原理和作图方法，学生要掌握常用的各类图线的画法，掌握圆内接正多边形的绘制方法，掌握斜度、锥度以及圆弧连接的画法。

3）能够对平面图形的尺寸和线段进行分析，拟定作图和尺寸标注的顺序。

4）能够正确绘制底稿，掌握加深图线的方法、步骤和技能，这对高效率、高质量地作图是非常重要的。

5）初学者易犯错误：

① 不固定图纸，认为固定图纸费时、费事，导致作图不准确。

② 不习惯使用丁字尺，及其和三角板的配合，导致作图速度慢、质量差。

③ 不注意选择合适的图纸幅面，也不注意图形的布局，导致整个图面布置不匀称。

④ 边画草图边加深图线。

⑤ 绘图不认真，检查不仔细，图线连接部位有缺口或连接线过长。

如出现以上错误，都应及早纠正，养成良好作图习惯。

项目 2

绘制组合体的三视图

各类机械零件一般都可看作由一些基本体（如棱柱体、圆柱体、圆锥体和球体等）"相加"或"相减"所得，一般不太复杂的零件在图样上需以三视图的形式表达其形状和尺寸。当然，有些很简单的零件通过一个或两个视图即足以表达其形状，比较复杂的零件也许三个视图还不足以表达其形状特征。图 2-1 所示为一个简单零件的三视图和轴测图。

掌握三视图的基本理论和画法是学习机械制图的基础。

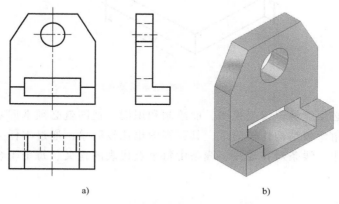

a) b)

图 2-1 简单零件的三视图和轴测图

a）三视图 b）轴测图

任务 2.1 绘制直角弯板的三视图

 学习目标

知识目标

1. 掌握点的投影规律。

2. 掌握直线的投影规律及点在直线上的投影。

3. 掌握平面的投影规律及平面上点和直线的投影。

能力目标

1. 能够正确理解三投影面体系。

2. 能够正确绘制点、线、面的三面投影。

3. 能够正确绘制简单形体的三视图。

 任务布置

在 A4 图纸上使用尺规绘制图 2-2 所示直角弯板的三视图，要求绘图比例 1：1，需绘制图框和标题栏。

 任务分析

在工程图中，各类零件图和装配图大多采用三视图的形式。设计人员、制造工人、装配

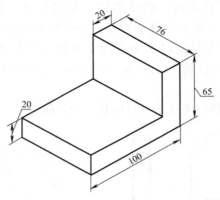

图 2-2　直角弯板轴测图及尺寸

工人、维修人员都必须能够识读三视图，而绘制和识读三视图就必须掌握基本投影理论。

　　本任务中的直角弯板结构比较简单，其三视图也比较简单，通过本任务的学习，应掌握三个视图的布置方法、线条对齐规律、线条中每个点代表的含义、每个闭合部分代表的结构等内容。

 知识链接

2.1.1　三面投影的理论基础

1. 投影的基本概念和分类

（1）投影法简介　人们在长期的社会实践中发现，物体在某一光源的照射下会产生影子，例如手影、皮影戏中的影像，这种现象叫作投影。分析投影现象中影子和物体间的几何关系，从而获得投影法。

　　如图 2-3 所示，点 a 为空间点 A 在投影面 H 上的投影。其中，线 SA 被称为投射线；平面 H 被称为投影面；点 S 被称为投射中心。

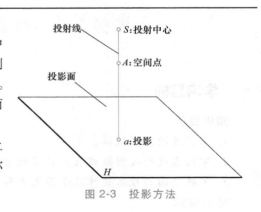

图 2-3　投影方法

特别提示：

空间点用大写字母表示，点在各投影面上的投影均用小写字母表示。

（2）投影的分类

1）中心投影法。如图 2-4 所示，投射中心 S 位于投影面 H 的有限远处，△ABC 位于 S 和平面 H 之间。由投射中心 S 可作△ABC 在投影面 H 上的投影，△abc 就是△ABC 的投影。这种投射中心位于有限远处，投射线汇交于一点的投影法，称为中心投影法。由中心投影法所得的投影称为中心投影。中心投影立体感强，通常用来绘制建筑物或产品富有逼真感的立体图，也称为透视图。

2）平行投影法。投射中心在无限远处，投射线互相平行的投影方法称为平行投影法。根据投射线与投影面间的倾斜或垂直关系，平行投影法又分为正投影法和斜投影法。

　　正投影法：投射线与投影面相互垂直的投影法，如图 2-5 所示。

斜投影法：投射线与投影面相互倾斜的投影法，如图2-6所示。

由于正投影法所得到的正投影能准确反映物体的形状和大小，度量性好，作图简便，因此机械图样采用正投影法绘制。如无特别说明，所有的图形都采用"正投影"。

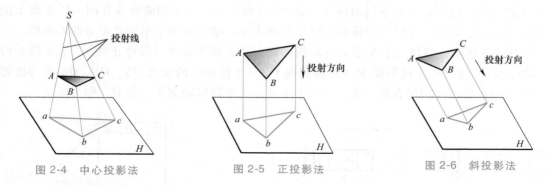

图2-4　中心投影法　　　　　图2-5　正投影法　　　　　图2-6　斜投影法

2. 正投影的基本性质（表2-1）

表2-1　正投影的基本性质

性质	图　　例	说　　明
真实性		当直线段或平面图形平行于投影面时，其投影反映直线段的实长或平面图形的实形
积聚性		当直线段或平面图形垂直于投影面时，直线段的投影积聚成点，平面图形的投影积聚成直线段
类似性		当直线段或平面图形既不平行也不垂直于投影面时，直线段的投影仍然是直线段，平面图形的投影是原图形的类似形，但直线段或平面图形的投影小于实长或实形

除表2-1所列出的性质外，正投影还具有：①平行性，即空间相互平行线段的投影仍然相互平行；②定比性，即空间相互平行线段的长度比在投影中保持不变；③从属性，即几何元素的从属关系在投影中不会发生改变，如属于直线段的点的投影必属于直线段的投影，属于平面的点和线的投影必属于平面的投影。

3. 形体的三视图

通过正投影法绘制出的物体的图形称为视图。

（1）三投影面体系的建立　一般情况下，在正投影中，物体的一个视图不能完整地表达物体的大小，也不能区分不同的物体。如图 2-7 所示，三个不同的物体在同一投影面上的视图完全相同。因此，要反映物体的完整形状和大小，必须有多个不同投影方向的视图。

如图 2-8 所示，假设三个互相垂直的投影面：正立投影面 V（简称正面）、水平投影面 H（简称水平面）、侧立投影面 W（简称侧面）。三个投影面的交线 OX、OY、OZ 称为投影轴，也互相垂直，分别代表长、宽、高三个方向。三个投影轴交于一点 O，称为原点。

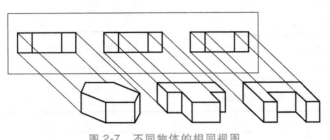

图 2-7　不同物体的相同视图

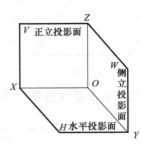

图 2-8　三投影面体系

（2）三视图的形成　如图 2-9a 所示，将物体置于三投影面体系中，按正投影法向各投影面

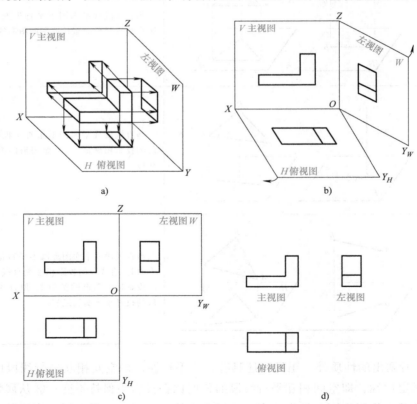

a)

b)

c)

d)

图 2-9　三视图的形成

a）立体状态　b）正在展开　c）展开状态　d）去除投影轴和边框

投射，可分别得到正面投影、水平面投影和侧面投影。在机械图样中，这三个投影也称为三视图。在三投影面体系中，物体的三面视图对应国家标准中的三个基本视图，规定的名称分别为：

① 主视图——由前向后投射，在正面上所得的视图。

② 俯视图——由上向下投射，在水平面上所得的视图。

③ 左视图——由左向右投射，在侧面上所得的视图。

为了方便画图和读图，必须使处于空间位置中的三视图在同一个平面上表示出来。如图2-9b所示，规定正面不动，将水平面绕 OX 轴向下旋转90°，将侧面绕 OZ 轴向右旋转90°，使它们与正面处在同一平面上。展开后的状态如图2-9c所示。在旋转过程中，OY 轴一分为二，随 H 面旋转的 Y 轴用 Y_H 表示，随 W 面旋转的 Y 轴用 Y_W 表示。由于三视图不需画出投影面和投影轴，所以去掉投影面的边框和投影轴后，三视图如图2-9d所示。

（3）三视图之间的对应关系

1）投影对应关系。从三视图的形成过程可以看出，三视图间的位置关系是：俯视图位于主视图的正下方，左视图位于主视图的正右方。按此位置配置的三视图，不需注写视图名称。

如图2-10所示，物体有三个方向的尺寸。通常规定：物体左右方向上的距离为长（X轴方向）；前后方向上的距离为宽（Y轴方向）；上下方向上的距离为高（Z轴方向）。

由图2-10所示关系可知，一个视图只能反映两个方向上的尺寸，即主视图反映物体的长和高；俯视图反映物体的长和宽；左视图反映物体的宽和高。同时可以看出三个视图之间存在"三等关系"，即主、俯视图长对正；主、左视图高平齐；俯、左视图宽相等。

"三等"关系不仅体现在物体的总体尺寸上，也体现在物体的局部尺寸中。"长对正、高平齐、宽相等"的投影对应关系是三视图的重要特性，也是画图和读图的重要依据。

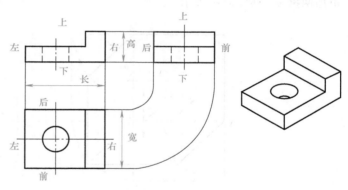

图2-10　三视图的投影对应关系

2）方位对应关系。如图2-11a所示，物体有上、下、左、右、前、后六个方位。如图

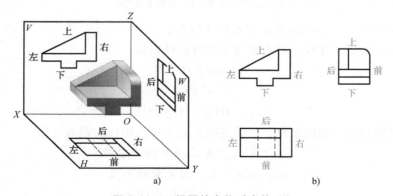

图2-11　三视图的方位对应关系

a）空间投影　b）方位关系

2-11b 所示，主视图反映物体上、下、左、右方位的相对位置关系；俯视图反映物体前、后、左、右方位的相对位置关系；左视图反映物体前、后、上、下方位的相对位置关系。

特别需要注意俯视图和左视图所反映的前后关系。可以概括为：以主视图为准，远离主视图的一面是物体的前面，靠近主视图的一面是物体的后面。

2.1.2 点的投影

点、线、面是构成物体的最基本的几何元素，一个物体的结构无论多么复杂，其组成都离不开上述几何元素。为了正确地绘制物体的投影图，在掌握投影法的基础上，还必须研究点、线、面这些几何元素的投影规律与特性。

1. 点的三面投影及其特性

如图 2-12a 所示，在三投影面体系中有一空间点 A，由点 A 分别作垂直于 H 面、V 面、W 面的投射线，得到三面投影 a、a'、a''。将三个投影面展开并去掉边框，结果如图 2-12b 所示，即为点 A 的平面投影。

关于空间点及其投影的标记规定为：空间点用大写字母 A、B、C…表示，H 面上的投影称为水平面投影，用相应小写字母 a、b、c…表示；V 面上的投影称为正面投影，用相应小写字母右上角加一撇 a'、b'、c'…表示；W 面上的投影称为侧面投影，用相应小写字母右上角加两撇 a''、b''、c''…表示。

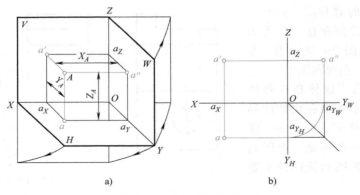

图 2-12　点的三面投影

a）点的空间位置　b）点的平面投影

如图 2-12b 所示，点的三面投影具有以下特性：

1）点的两面投影的连线，必定垂直于相应的投影轴。即

$$aa' \perp OX$$

$$a'a'' \perp OZ$$

$$aa_{Y_H} \perp OY_H \text{、} a''a_{Y_W} \perp OY_W$$

2）点的投影到投影轴的距离，等于空间点到相应投影面的距离。即

$$a'a_X = a''a_{Y_W} = A \text{ 点到 } H \text{ 面的距离}$$

$$aa_X = a''a_Z = A \text{ 点到 } V \text{ 面的距离}$$

$$a_{Y_H} = a'a_Z = A \text{ 点到 } W \text{ 面的距离}$$

根据以上投影特性，在点的三面投影中，只要知道任意两个面的投影，就可以作出第三

面投影。

特别提示：

点的 H 面投影与 W 面投影的连线分为两段，一段在 H 面上，垂直于 H 面上的 OY_H 轴；另一段在 W 面上，垂直于 W 面上的 OY_W 轴；两者延长线交汇于过点 O 的 $45°$ 辅助线上。所以，为了作图方便，在投影图中可用过点 O 的 $45°$ 辅助线辅助作图。

应用实例 2-1：

如图 2-13a 所示，已知点 B 的正面投影 b' 和水平面投影 b，试求其侧面投影 b''。

作图：

1）由 b' 作 OZ 轴的垂线，并延长（图 2-13b）。

2）由 b 作 OY_H 轴的垂线，得 b_{Y_H}，并利用 $45°$ 辅助线或圆弧作出 b_{Y_W}（$Ob_{Y_H} = Ob_{Y_W}$），然后在 b_{Y_W} 处作 OY_W 轴的垂线，与过 b' 垂直于 OZ 轴的垂线相交，得到的交点即为 b''（图 2-13c）。

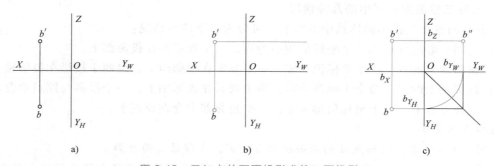

图 2-13　已知点的两面投影求第三面投影

a）已知 b 和 b'　b）作"高平齐"辅助线　c）利用"宽相等"作 b''

2. 点的三面投影与直角坐标的关系

通过上述分析可知，点的投影到投影轴的距离等于空间点到投影面的距离，那么空间点到投影面的距离就等于点相应的空间坐标值，即

A 点到 W 面的距离 $Aa'' = Oa_X = A$ 点 X 坐标

A 点到 V 面的距离 $Aa' = Oa_Y = A$ 点 Y 坐标

A 点到 H 面的距离 $Aa = Oa_Z = A$ 点 Z 坐标

点的任意一个投影都反映了点的两个坐标，故若已知点的两个投影即可作出其第三个投影。

点的坐标反映了点的空间位置，故已知一点的坐标即可以做出点的三面投影图；反之，若已知点的三面投影，也可以求出其相应的坐标，从而确定点的空间位置。

应用实例 2-2：

已知点 A 的坐标为（15，10，20），求点 A 的三面投影。

作图：

1）画投影轴 OX、OY_H、OY_W、OZ，建立三投影面体系。

2）沿 OX 轴正方向量取 15，得到 a_X，如图 2-14a 所示。

3）过 a_X 作 OX 轴的垂线，并使 $a_X a = 10$，$a_X a' = 20$，分别得到 a 和 a'，如图 2-14b 所示。

4）过 a' 作 OZ 轴的垂线，并使 $a_Z a'' = 10$，得到 a''，如图 2-14c 所示。还可利用 $45°$ 辅助

线，求得 a''，如图 2-14d 所示。

a、a'、a''即为点 A 的三面投影。

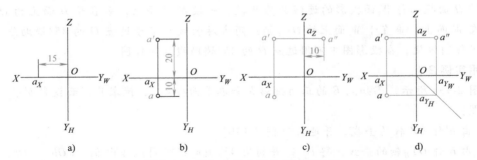

图 2-14　已知点的坐标求其三面投影

a）确定投影在 OX 轴上的位置　b）确定 a 和 a'　c）确定 a''　d）利用"宽相等"作 a''

3. 点在三投影面体系中的几种情况

根据空间点在三投影面体系中的状态，可分为以下四种情况：

1）空间一般位置点。三个坐标值均不为零，三个投影都在投影面上。

2）投影面上的点。一个坐标值为零，一个投影在投影面上，另两个投影在投影轴上。

3）投影轴上的点。两个坐标值为零，两个投影在投影轴上，一个投影与原点重合。

4）点在原点上。三个坐标值都为零，三个投影都重合在原点上。

应用实例 2-3：

如图 2-15a 所示，已知点 A 的两面投影 a'、a''，求作第三面投影 a。

分析： 点的每一面投影都反映了点的两个坐标，其两面投影就包含了点的三个坐标，这样就可以利用点的投影与坐标的关系求出点的第三面投影。

作图：

1）根据点的投影规律，过 a'作 OX 轴的垂线，a 必然在这条垂线上。

2）根据 $Y_A = aa_X = a''a_Z$。如图 2-15b 所示，自 a'' 沿箭头所指方向连线，与 aa' 交于 a，a 即为所求。

4. 两点的相对位置

1）两点的相对位置关系。两点的相对位置就是指两点间左、右、前、后、上、下位置关系，可以通过投影图上各组同面投影的坐标值来确定。判断方法如下：

两点间的左、右位置关系，由 X 坐标值来确定。X 坐标值大者在左边。

两点间的前、后位置关系，由 Y 坐标值来确定。Y 坐标值大者在前边。

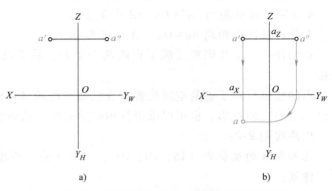

图 2-15　已知点的两面投影求其第三面投影

a）已知条件　b）作图结果

两点间的上、下位置关系，由 Z 坐标值来确定。Z 坐标值大者在上边。

如图 2-16 所示，A、B 两点的相对位置判断如下：

以点 B 为基准点，已知 $X_A > X_B$、$Y_A < Y_B$、$Z_A < Z_B$，所以，可以得出点 A 在点 B 的左、后、下方。

2）重影点。当两点有两个坐标值相等时，两点在某一方向上位于同一投射线上，它们在该方向投射线所垂直的投影面上的投影是重合的，这两个点就称为该投影面的一对重影点。

根据两点不同的坐标值，就可以判断这对重影点的可见性。如图

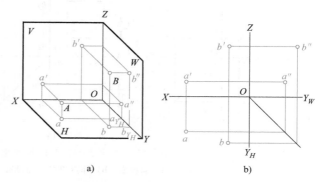

图 2-16 空间两点的相对位置

a）立体空间两点及其投影 b）三视图上的两点投影

2-17a 所示，E、F 两点的 V 面投影 e' 和 f' 重合，其中 e' 可见，f' 不可见。对于不可见投影，应加括号表示，如图 2-17 所示的 (f')。

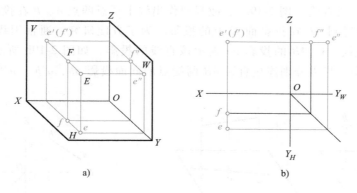

图 2-17 重影点可见性的判断

a）立体空间的重影点及其投影 b）三视图上的重影点投影

应用实例 2-4：

图 2-18a 所示为点 A 的三面投影，已知点 B 在点 A 的左方 15mm、后方 5mm、上方 10mm 处，点 C 在点 A 的正后方 10mm 处，试求作 B、C 两点的三面投影。

分析： 题目中给出的点 B、点 C 与点 A 的相对位置，即为这两点与点 A 的坐标差，利用坐标差就可以确定点 B、点 C 的投影。

作图：

1）自 a_X、a_{Y_H}、a_Z 分别向左、向后、向上量取 15mm、5mm、10mm，得到 b_X、b_{Y_H}、b_Z。

2）根据点的投影规律，作出点 B 的三面投影 b、b'、b''，如图 2-18b 所示。

3）从点 A 的水平面投影 a 沿 aa_X 方向量取 10mm，得到 c，如图 2-18c 所示。

4）$a_X c = Oc_{Y_H}$，根据投影关系求出 c''（图 2-18c）。

5）点 C 的正面投影 c' 与 a' 重合，为一对重影点，a' 可见，c' 不可见（图 2-18c）。

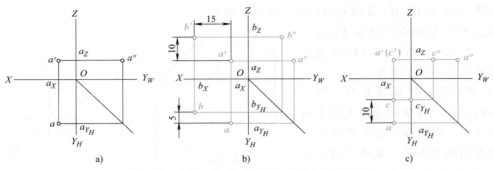

图 2-18　根据点的相对位置确定点的三面投影

a) 点 A 的三面投影　b) 作点 B 的三面投影　c) 作点 C 的三面投影

2.1.3　直线的投影

1. 直线的三面投影

直线是由无数个点组成的，直线的投影可看作直线上所有点在投影面上投影的集合。由于两点可以确定一条直线（图 2-19a），故只要作出线上任意两点 A、B 在投影面 H 上的投影 a、b，连接 ab 即得到 AB 在投影面 H 上的投影。为了方便研究，通常用线段来表示直线，例如用 AB 表示直线，用 AB 的投影 ab 表示该直线的投影，如图 2-19b 所示。如图 2-20 所示，在三面投影中，只需分别连接直线 AB 两端点的同面投影 ab、$a'b'$、$a''b''$，即为直线 AB 的三面投影。

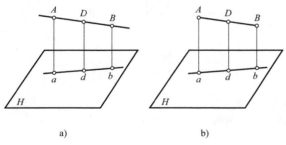

图 2-19　直线投影

a) 直线在平面上的投影　b) 线段在平面上的投影

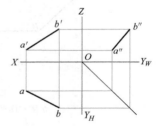

图 2-20　直线的三面投影

2. 直线段的投影特性

（1）真实性　当直线段平行于投影面时，其投影反映实长，如图 2-21a 所示，$ab = AB$。

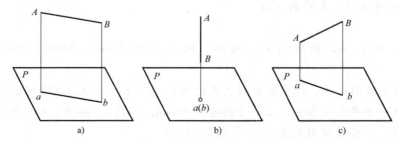

图 2-21　直线段的投影特性

a) 真实性　b) 积聚性　c) 类似性

（2）积聚性 当直线段垂直于投影面时，其投影积聚为一点，如图2-21b所示。

（3）类似性 当直线段相对于投影面倾斜时，其投影仍为直线段，但直线段长度小于实长，如图2-21c所示，$ab<AB$。

3. 直线上点的投影特性

由于直线的投影可看作直线上所有点在投影面上投影的集合，因此，直线上点的投影有下列特性：

（1）从属性 若点在直线上，则点的投影必在直线的同面投影上。

（2）定比性 若点在直线上，则点分割直线段之比，等于投影后点投影分割直线段投影之比。如图2-22所示，有 $AC : CB = ac : cb = a'c' : c'b' = a''c'' : c''b''$。

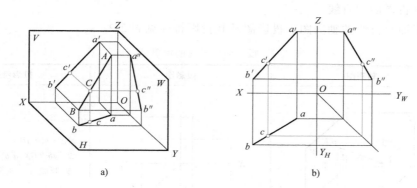

a)   b)

图 2-22 直线上点的投影特性

a）直线及点的空间位置 b）直线及点的平面投影

应用实例2-5：

如图2-23a、b所示，作出分割线段 AB 比例为 $1 : 4$ 的点的两面投影。

分析： 根据直线上点的投影特性，可将 AB 的一个投影分割为 $1 : 4$，得到分割点 C 的一个投影，然后再作出点 C 的另一投影。

作图：

1）如图2-23c所示，由 a 作任意辅助直线，在其上量取5个单位长度，得 B_0。

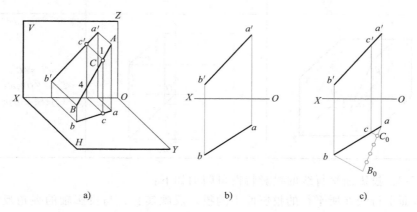

a)   b)   c)

图 2-23 求作 AB 1：4 分割点的投影

a）点和线的空间位置 b）作直线 AB 的两面投影 c）利用辅助线和定比性作点 C 的两面投影

2）在 aB_0 上取 C_0，使 $aC_0 : C_0B_0 = 1:4$，连接 B_0 和 b，作 $C_0c /\!/ B_0b$ 并与 ab 相交，得点 C 的水平面投影 c。

3）由 c 作垂直于 OX 轴的投影线，与 $a'b'$ 相交，得点 C 的正面投影 c'。

4. 各种位置直线的三面投影及特性

直线按其与投影面的相对位置可分为三类：投影面平行线、投影面垂直线、一般位置直线，前两类又统称为特殊位置直线。直线和投影面的夹角称为直线对投影面的倾角，通常用 α、β、γ 分别表示直线对面 H、V、W 的倾角。

（1）投影面平行线　只平行于一个投影面的直线称为投影面平行线。投影面平行线分为三种：①正平线，平行于正投影面的直线；②水平线，平行于水平投影面的直线；③侧平线，平行于侧投影面的直线。

三种投影面平行线的轴测图、投影图及其投影特性见表 2-2。

表 2-2　投影面平行线的投影特性

名称	轴测图	投影图	投影特性
正平线	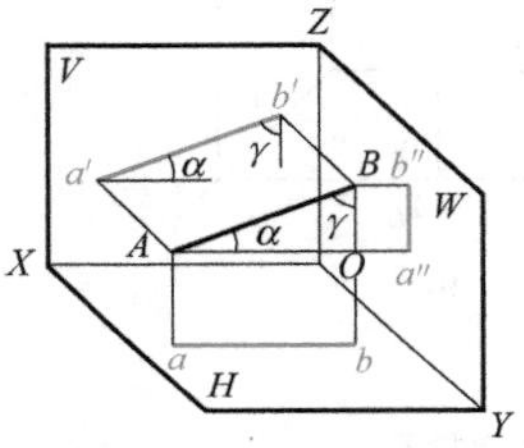	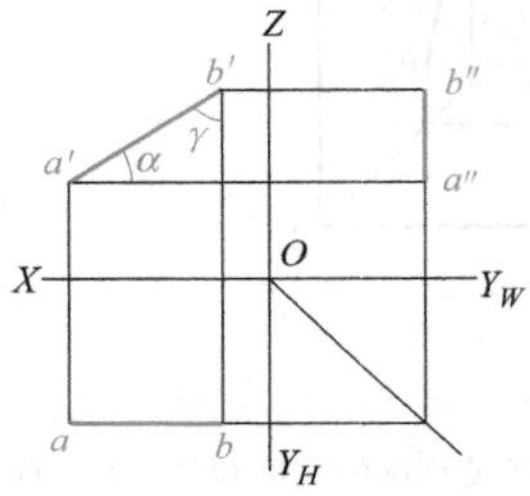	1. $a'b'=AB$ 2. $ab /\!/ OX, a''b'' /\!/ OZ$ 3. 反映 α、γ 夹角
水平线	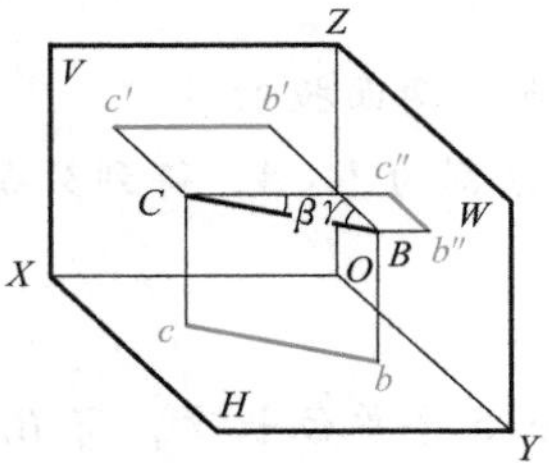	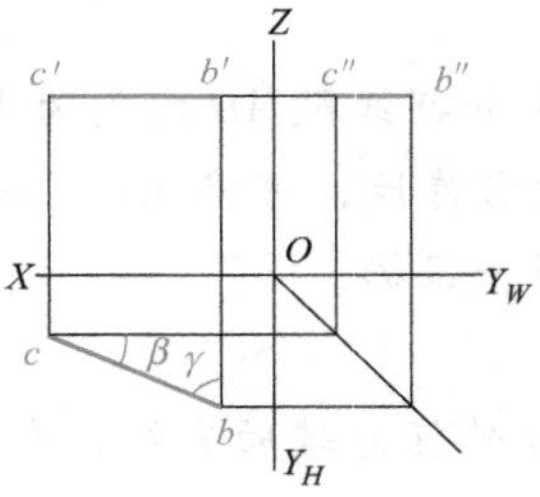	1. $bc=BC$ 2. $b'c' /\!/ OX, b''c'' /\!/ OY$ 3. 反映 β、γ 夹角
侧平线	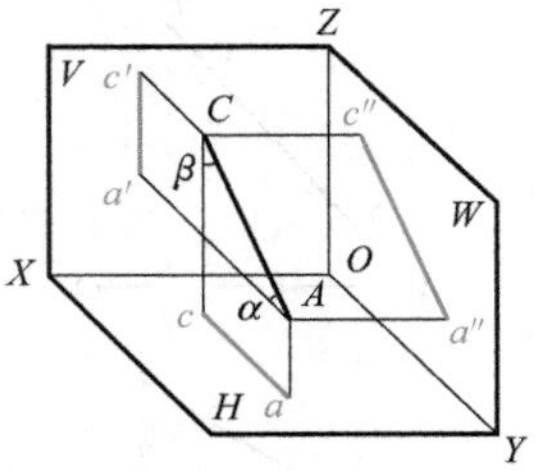	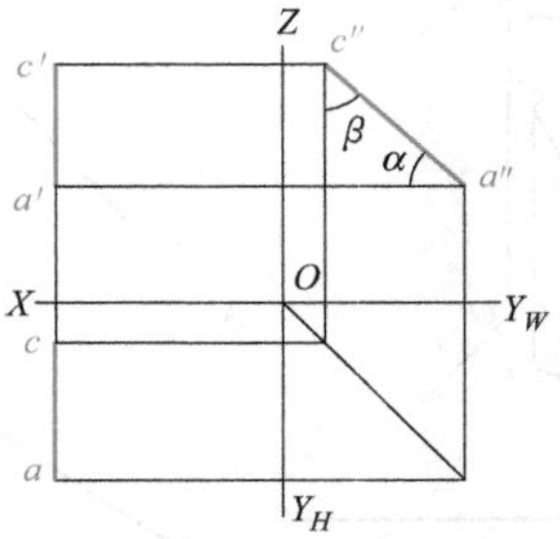	1. $a''c''=AC$ 2. $ac /\!/ OY, a'c' /\!/ OZ$ 3. 反映 α、β 夹角

根据表 2-2，投影面平行线的投影特性可归纳如下：

1）投影面平行线在所平行的投影面上的投影反映实长，与投影轴的夹角反映与相应投影面的夹角。

2）投影面平行线在其他两个投影面上的投影分别平行于相应的投影轴，且投影长度小

于实长。

也可以用"一斜两平行"来归纳其投影特点，"斜线"在哪个投影面就表示直线平行于哪个投影面，"平行"指投影平行于坐标轴。

（2）投影面垂直线　垂直于一个投影面的直线称为投影面垂直线。投影面垂直线分为三种：①正垂线，垂直于正投影面的直线；②铅垂线，垂直于水平投影面的直线；③侧垂线，垂直于侧投影面的直线。

三种投影面垂直线的轴测图、投影图及其投影特性见表 2-3。

表 2-3　投影面垂直线的投影特性

名称	轴测图	投影图	投影特性
正垂线	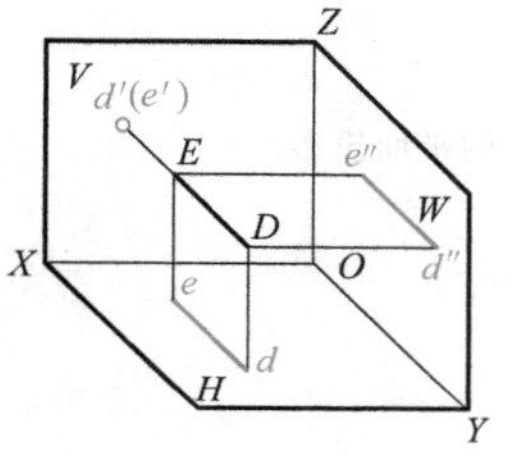	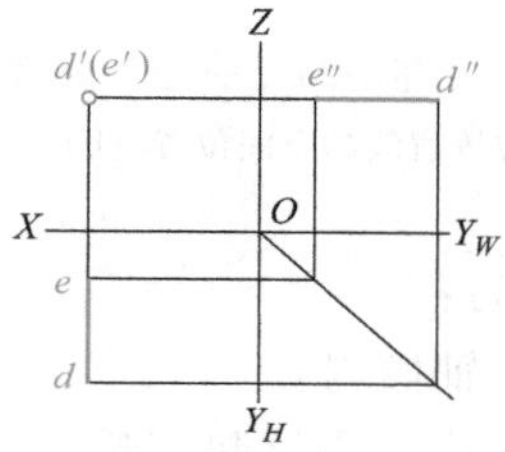	1. $d'e'$积聚成一个点 2. $de \parallel OY_H$, $d''e'' \parallel OY_W$ 3. $d''e'' = de = DE$
铅垂线	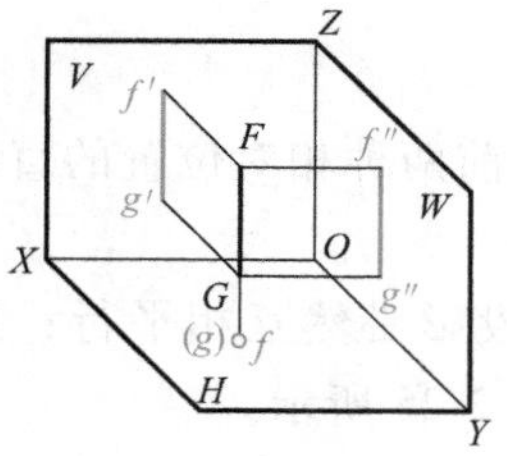	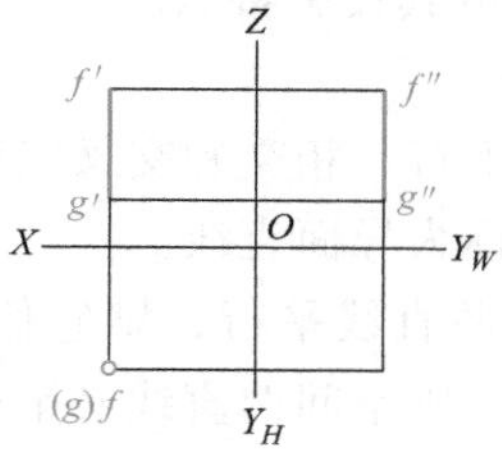	1. fg 积聚成一个点 2. $f'g' \parallel OZ$, $f''g'' \parallel OZ$ 3. $f'g' = f''g'' = FG$
侧垂线	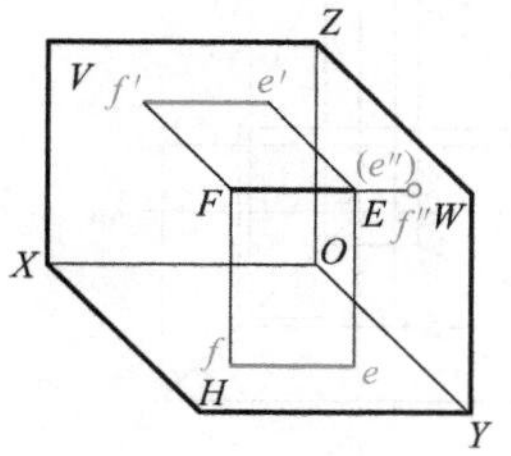	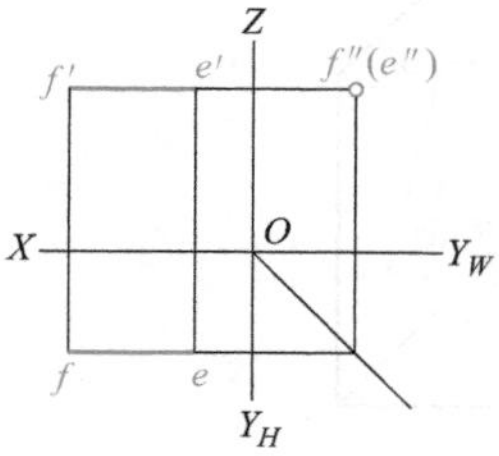	1. $f''e''$积聚成一个点 2. $e'f' \parallel OX$, $ef \parallel OX$ 3. $e'f' = ef = EF$

根据表 2-3，投影面垂直线的投影特性可以总结为：

1）直线在所垂直的投影面上的投影积聚成一点。

2）直线在其他两个投影面上的投影分别平行于相应的投影轴，且反映实长。

也可以用"一点两平行"来归纳其投影特点，"点"在哪个投影面就表示直线垂直于哪个投影面，"平行"指投影平行于坐标轴。

（3）一般位置直线　一般位置直线是相对于三个投影面都倾斜的直线，如图 2-24 所示。

一般位置直线段的三面投影的长度均小于直线段实长（不反映实长），直线的各面投影与投影轴的夹角不反映直线与投影面的真实倾角。

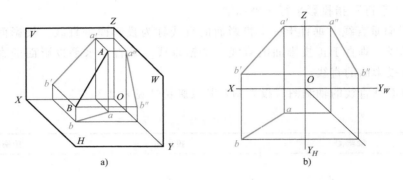

图 2-24　一般位置直线的投影

a）一般位置直线的空间位置　b）一般位置直线的平面投影

一般位置直线的投影特性为：

1）三面投影都相对于投影轴倾斜。

2）投影长度小于直线段实长（不反映实长）。

3）投影与投影轴的夹角不反映直线相对于投影面的倾角。

也可以用"三斜线"来归纳其投影特点。

5. 空间两直线的相对位置

空间两直线的相对位置有平行、相交和交叉三种情况。前两种相对位置的直线称为共面直线，后一种相对位置的直线称为异面直线。

（1）两直线平行　若空间两直线平行，则它们的同面投影必然互相平行；反之，如果两直线的同面投影均互相平行，则空间两直线必平行，如图 2-25 所示。

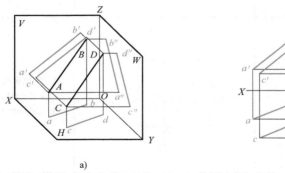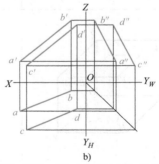

图 2-25　两平行直线的投影

a）空间两平行直线　b）两平行直线的平面投影

对于一般位置直线，只要两面投影相互平行就可以判定空间两直线平行；而对于两投影面平行线，则必须反映它们实长的投影相互平行，才可以判定两直线平行。图 2-26a 所示为两正平线的两面投影，它们的正面投影相互平行，即 $a'b' /\!/ c'd'$，因此 $AB /\!/ CD$；图 2-26b 所示为两侧平线的三面投影，侧面投影 $a''b''$ 不平行于 $c''d''$，因此判定两侧平线不平行。

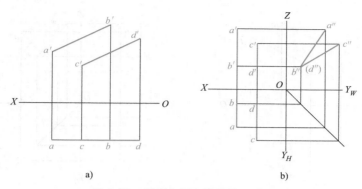

图 2-26　判断空间两直线是否平行

a）两正平线的两面投影　b）两侧平线的三面投影

（2）两直线相交　若空间两直线相交，则两直线的同面投影必相交，交点同时属于两直线，为两直线的共有点，且符合点的投影规律。反之，如果两直线的同面投影都相交，且各面投影的交点均符合点的投影规律，则两直线必为相交直线，如图 2-27 所示。

应用实例 2-6：

直线 AB 和 CD 的两面投影如图 2-28a 所示，试判断两直线是否相交。

分析：已知，两直线的两面投影各自相交，若其交点符合点的投影规律（即满足交点投影的"长对正、高平齐、宽相等"规律），才可以确定两直线为相交直线。

对 AB 和 CD 两直线的投影关系进行分析，两直线投影的交点不符合点的投影规律（长不对正），如图 2-28b 所示，因此，AB 和 CD 两直线不相交。

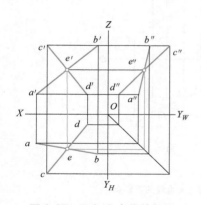

图 2-27　两相交直线的投影

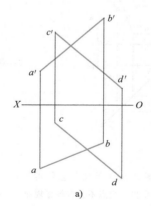

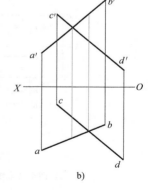

图 2-28　判断空间两直线是否相交

a）两直线的两面投影都相交　b）两直线两面投影的交点不符合投影规律

（3）两直线交叉　空间中既不平行又不相交的两条直线称为交叉直线，如图 2-29 所示。图 2-26b、图 2-28 所对应的两空间直线也是交叉直线。

如图 2-29 所示，两交叉直线可能有一面或两面投影是平行的，但绝不可能三面投影都互相平行。

两交叉直线可以有一面、两面甚至三面投影是相交的，但它们的交点一定不符合点的投影规律。若其中有一条直线为投影面平行线，则一定要检查两直线在三个投影面上的投影交

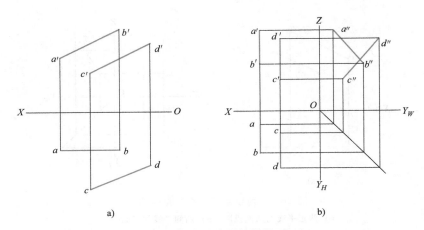

图 2-29　两交叉直线的投影（一）

a）一面投影平行　　b）两面投影平行

点是否符合点的投影规律，图 2-30a 所示交叉线在三个投影面上的投影交点即不符合点的投影规律。

如图 2-30b 所示，ab 和 cd 的交点实际上是 AB 上点 E 与 CD 上点 F 的重合投影，点 E、点 F 称为相对于 H 面的一对重影点。由于 $Z_E > Z_F$，所以 H 面上的投影中 e 可见，f 不可见。同理，g'、k' 的可见性也可判断，请读者自己分析。

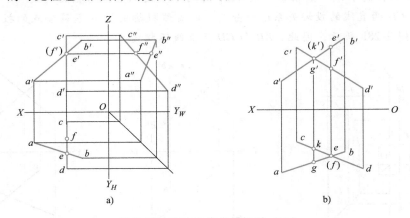

图 2-30　两交叉直线的投影（二）

a）两交叉直线的三个投影交点不符合投影规律　　b）两交叉直线的重影点

应用实例 2-7：

已知两侧平线的两面投影如图 2-31a 所示，判断两侧平线的相对位置。

分析： 由于两直线同为侧平线，有左右距离差，它们一定不相交，可能平行，也可能交叉。

解法一

作图： 如图 2-31b 所示，添加 W 面，将两面投影补充为三面投影，作出直线 AB、CD 的 W 面投影 $a''b''$ 和 $c''d''$。若 $a''b'' \parallel c''d''$，则 $AB \parallel CD$；否则 AB 和 CD 交叉。根据图 2-31b 所示结果，可判定 $AB \parallel CD$。

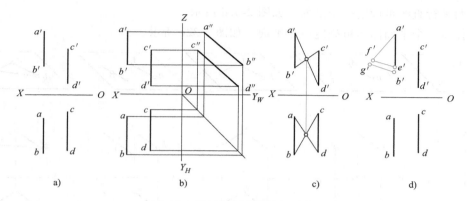

图 2-31   判断两侧平线的相对位置

a）两侧平线的两面投影   b）用作第三面投影的方法求解

c）用作辅助线求交点的方法求解   d）用定比性方法求解

解法二

作图： 假设两侧平线 AB、CD 是两条平行线，则 AB 和 CD 在一个平面内，分别连接 AD、BC，它们一定交于一点，否则，AB、CD 是两条交叉直线。如图 2-31c 所示，分别连接 $a'd'$ 和 $b'c'$、ad 和 bc。由于 $a'd'$ 和 $b'c'$ 的交点与 ad 和 bc 的交点符合点的投影规律，可判定 $AB /\!/ CD$。

根据此种解题方法还可进一步思考，如果连接 AC 和 BD 是否也可行。

解法三

分析： 前面已经分析得出 AB 和 CD 可能平行或交叉。可以先检查 AB 和 CD 在前、后、上、下方位的指向是否一致。

1）若指向不一致，则 AB 和 CD 交叉。

2）若指向一致，AB 和 CD 可能平行，也可能交叉；再继续检查 $a'b' : ab$ 是否等于 $c'd' : cd$。如果 $a'b' : ab = c'd' : cd$，则 $AB /\!/ CD$；否则，AB 和 CD 交叉。

如图 2-31a 所示，AB 和 CD 的指向都是向前、向下的，所以需要进一步判别 $a'b' : ab$ 是否等于 $c'd' : cd$。

作图：

1）如图 2-31d 所示，在 $a'b'$ 上量取 $a'e' = ab$。

2）过 a' 作一辅助直线，在其上分别量取 $a'f' = cd$、$a'g' = c'd'$。

3）连接 $e'f'$、$b'g'$。若 $e'f' /\!/ b'g'$，则 $a'b' : ab = c'd' : cd$，即 $AB /\!/ CD$。

根据图 2-31d 所示结果，可判定 $AB /\!/ CD$。

2.1.4   平面的投影

1. 平面的表示方法

由初等几何知识可知，不在同一直线上的三点可以表示一个平面（图 2-32a）。由此推广，也可用图 2-32b～e 所示的几何元素来表示平面：

1）一直线和不在该直线上的一点可确定一个平面，如图 2-32b 所示。

2）两相交直线可确定一个平面，如图 2-32c 所示。

3）两平行直线可确定一个平面，如图 2-32d 所示。

4）任意一个平面图形可确定一个平面，如图 2-32e 所示。

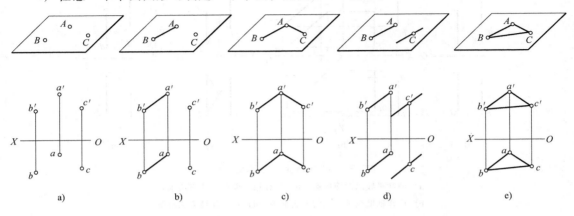

图 2-32　平面的几何元素表示法

a）三点确定一平面　b）一点一线确定一平面　c）两相交直线确定一平面

d）两平行直线确定一平面　e）一平面图形确定一平面

2. 平面的投影特性

与直线的投影特性类似，平面的投影也具有真实性、积聚性和类似性三个特性，分别对应平面平行于投影面、垂直于投影面和相对于投影面倾斜这三种情况，如图 2-33 所示。

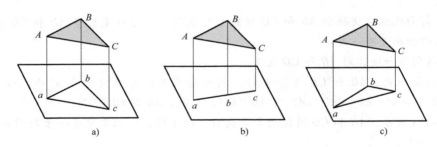

图 2-33　平面的投影特性

a）真实性　b）积聚性　c）类似性

3. 各种位置平面的三面投影及特性

平面按其与投影面的相对位置可分为三类：投影面平行面、投影面垂直面、一般位置平面，前两类又统称为特殊位置平面。

（1）投影面平行面　平行于一个投影面而与另两个投影面垂直的平面称为投影面平行面。投影面平行面分为三种：

1）水平面，平行于 H 面、垂直于 V 面和 W 面的平面。

2）正平面，平行于 V 面、垂直于 H 面和 W 面的平面。

3）侧平面，平行于 W 面、垂直于 V 面和 H 面的平面。

三种投影面平行面的轴测图、投影图及其投影特性，见表 2-4。

表 2-4 投影面平行面的投影特性

名称	轴测图	投影图	投影特性
正平面			1. V 面投影反映实形 2. H 面、W 面投影均积聚成一条直线，分别平行于 OX、OZ
水平面			1. H 面投影反映实形 2. V 面、W 面投影均积聚成一条直线，分别平行于 OX、OY_W
侧平面			1. W 面投影反映实形 2. V 面、H 面投影均积聚成一条直线，分别平行于 OZ、OY_H

根据表 2-4，投影面平行面的投影特性可归纳如下：

1）平面在所平行的投影面上的投影反映实形。

2）平面在其他两个投影面上的投影积聚成一条直线，且分别平行于相应的投影轴。

也可以用"一面两线"来归纳其投影特点。"面"在哪个投影面就表示平面平行于哪个投影面，"两线"指另两个投影面上的两条平行于坐标轴的直线。

（2）投影面垂直面　垂直于一个投影面而与另两个投影面相对倾斜的平面称为投影面垂直面。投影面垂直面分为三种：

1）铅垂面，垂直于 H 面、倾斜于 V 面和 W 面的平面。

2）正垂面，垂直于 V 面、倾斜于 H 面和 W 面的平面。

3）侧垂面，垂直于 W 面、倾斜于 V 面和 H 面的平面。

三种投影面垂直面的轴测图、投影图及其投影特性见表 2-5。

表 2-5 投影面垂直面的投影特性

名称	轴测图	投影图	投影特性
正垂面			1. V 面投影积聚成一条直线且反映 α 与 γ 夹角 2. H 面、W 面投影具有类似性
铅垂面			1. H 面投影积聚成一条直线且反映 β 与 γ 夹角 2. V 面、W 面投影具有类似性
侧垂面			1. W 面投影积聚成一条直线且反映 α 与 β 夹角 2. V 面、H 面投影具有类似性

根据表 2-5，投影面垂直面的投影特性可归纳如下：

1）平面在所垂直的投影面上的投影积聚成一条直线；该直线与投影轴的夹角反映平面与相应投影面的夹角。

2）平面在其他两个投影面上的投影具有类似性。

也可以用"一线两面"来归纳其投影特点。"线"指斜线，"线"在哪个投影面就表示平面垂直于哪个投影面，"两平面"指另两个投影均为类似形。

（3）一般位置平面 相对于三个投影面都倾斜的平面称为一般位置平面。

如图 2-34 所示，由于平面 $\triangle ABC$ 倾斜于三个投影面，所以它的三面投影 $\triangle abc$、$\triangle a'b'c'$、

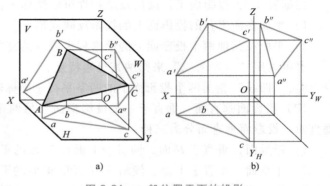

图 2-34 一般位置平面的投影

a）一般位置平面的空间位置 b）一般位置平面的平面投影

△a″b″c″均为原形的类似形，不反映实形，也不反映该平面与投影面的倾角。也可以用"三平面"归纳其投影特点。

4. 平面上直线和点的投影

（1）平面上的直线　确定平面上的一条直线的条件是：

1）直线经过平面上的两点。

2）直线经过平面上的一点，且平行于平面上的另一已知直线。

（2）平面上的点　确定平面上一点的条件是：若点在直线上，直线在平面上，则点一定在该平面上。因此，在平面上取点时，应先在平面上取直线，再在该直线上取点。

应用实例2-8：

如图2-35a、b所示，已知△ABC上的直线EF及其正面投影e′f′，求其水平面投影ef。

分析： 如图2-35a所示，因为直线EF在△ABC平面内，延长EF，与△ABC的边线交于点M、N，则直线EF是△ABC上直线MN的一部分，EF的投影必属于直线MN的同面投影。

作图：

1）延长e′f′，与a′b′和b′c′分别交于m′、n′，由m′n′求得mn，如图2-35c所示。

2）在mn上由e′f′求得ef，如图2-35d所示。

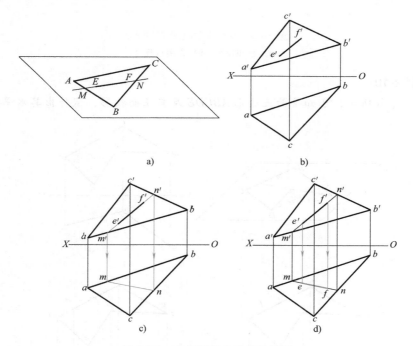

图2-35　求作平面上直线的投影

a）线在面上的空间表示　b）已知投影　c）作辅助线和辅助点　d）作EF的H面投影

应用实例2-9：

如图2-36a所示，已知△ABC上点E的正面投影e′和点F的水平面投影f，求其各自的另一面投影。

分析： 因为点E、F在△ABC平面内，分别过E、F在△ABC平面内各作一条辅助直线，则点E、F的投影必定在相应辅助直线的同面投影上。

作图：

1）如图 2-36b 所示，过 e′作一条辅助直线 MN 的正面投影 m′n′，使 m′n′∥a′b′，再求出水平面投影 m、n，然后过 e′作 OX 轴的垂线，与 mn 的交点 e 即为点 E 的水平面投影。

2）过 f 作辅助直线的水平面投影 fa，fa 交 bc 于 d，求出正面投影 a′d′，过 f 作 OX 轴的垂线，与 a′d′延长线的交点 f′即为点 F 的正面投影。

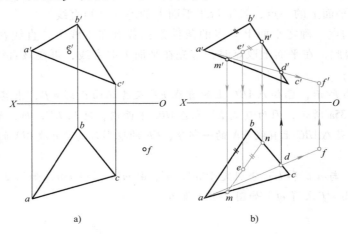

图 2-36　求作平面上点的投影

a）已知投影　b）作图过程

应用实例 2-10：

如图 2-37a、b 所示，已知平面五边形 ABCDE 及其正面投影，试作出其水平面投影。

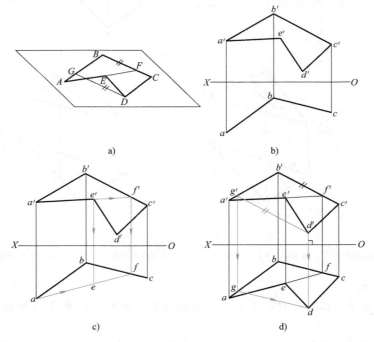

图 2-37　完成五边形的投影

a）已知图形　b）已知投影　c）确定投影 e　d）确定投影 d

分析：五边形的五个顶点在同一平面上，已知 A、B、C 三点的两面投影，可在 $\triangle ABC$ 所确定的平面上，应用平面上点的投影的确定方法，求点 D、E 的水平面投影，从而完成五边形的水平面投影。

作图：

1）过点 E 在 $\triangle ABC$ 上作辅助线 AF。延长 $a'e'$，与 $b'c'$ 交于 f'，由 f' 求得 f；连接 af，由 e' 求得 e，如图 2-37a、c 所示。

2）过点 D 在 $\triangle ABC$ 上作辅助线 $DG \parallel BC$。过 d' 作 $d'g' \parallel b'c'$，与 $a'b'$ 交于 g'，由 g' 求得 g；作 $dg \parallel bc$，由 d' 求得 d，如图 2-37a、d 所示。

3）连接 ae、ed 和 dc，完成五边形 $ABCDE$ 的水平面投影。

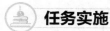 **任务实施**

1. 轴测图分析

如图 2-38a 所示，直角弯板由 8 个平面组成。若将直角弯板按特殊位置放置，即使下平面 $BCHI$ 平行于 H 面，右立面 $GHIJ$ 平行于 W 面，前表面 $CDEFGH$ 平行于 V 面，则 8 个平面均为特殊位置平面，即：平面 $CDEFGH$（前表面）、$ABIJKL$（后表面）为正平面；平面 $FGJK$（上平面）、$ADEL$（中平面）、$BCHI$（下平面）为水平面；平面 $ABCD$（左立面）、$EFKL$（中立面）、$GHIJ$（右立面）为侧平面。

分析出以上特点后，可利用特殊位置平面的投影特性分别作出各平面的三面投影，使之次第相连即可得到直角弯板的三视图。

2. 三视图绘制

1）建立三投影面体系，作下平面 $BCHI$ 的三面投影。其水平面投影反映实形，其他两面投影积聚为直线，如图 2-38b 所示。

2）作左立面 $ABCD$ 的三面投影。其侧面投影反映实形，其他两面投影积聚为直线，如图 2-38c 所示。

3）作中平面 $ADEL$ 的三面投影。其水平面投影反映实形，其他两面投影积聚为直线，如图 2-38d 所示。

4）作中立面 $EFKL$ 的三面投影。其侧面投影反应实形，其他两面投影积聚为直线，如图 2-38e 所示。

5）作上平面 $FGJK$ 的三面投影。其水平面投影反映实形，其他两面投影积聚为直线，如图 2-38f 所示。

6）作右立面 $GHIJ$ 的三面投影。其侧面投影反映实形，其他两面投影积聚为直线，如图 2-38g 所示。

7）作前表面 $CDEFGH$ 和后表面 $ABIJKL$ 的三面投影。实际上这两个平面上各极限点的投影已经作出，并且已经按照正确顺序相连，平面投影无须再作。前后两表面在正平面上的投影形状相同，且重合；在水平面上和侧面上的投影均积聚为直线。

8）去掉作图痕迹，可得直角弯板的三视图，如图 2-38h 所示。

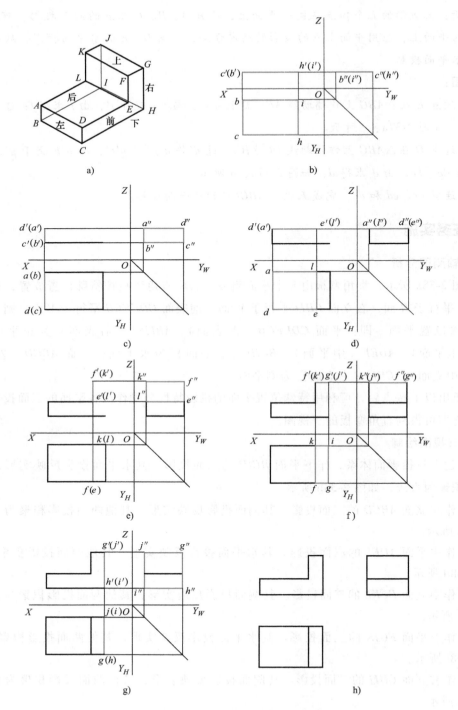

图 2-38　直角弯板三视图绘制

a）直角弯板轴测图　b）作下平面 *BCHI* 的三面投影　c）作左立面 *ABCD* 的三面投影　d）作中平面 *ADEL* 的三面投影　e）作中立面 *EFKL* 的三面投影　f）作上平面 *FGJK* 的三面投影　g）作立面 *GHIJ* 的三面投影　h）直角弯板的三视图

3. 绘制图框和标题栏（略）

 知识补充

第三角画法简介

依据国家标准规定，采用正投影法绘制工程图样时，第一角画法和第三角画法同样有效。我国优先采用第一角画法，而美国、日本、加拿大、澳大利亚等国家采用第三角画法。为适应国际技术交流的需要，应了解第三角画法。

1. 第三角画法的视图组成与布置

如图2-39所示，两个互相垂直的平面把空间分成四个部分，每一部分称为一个分角，依次为第Ⅰ、第Ⅱ、第Ⅲ、第Ⅳ分角。

第三角画法是将物体放在第三分角内，并使投影面处于观察者与物体之间而得到正投影的方法。采用第三角画法时，从前面观察到的物体在V面上的视图称为主视图；从上面观察到的物体在H面上的视图称为俯视图；从右面观察到的物体在W面上的视图称为右视图。各投影面的展开方法是：V面不动，H面向上旋转$90°$，W面向右旋转$90°$，使三个投影面处于同一平面内，如图2-40所示。

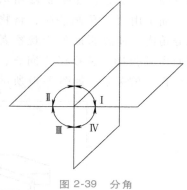

图2-39　分角

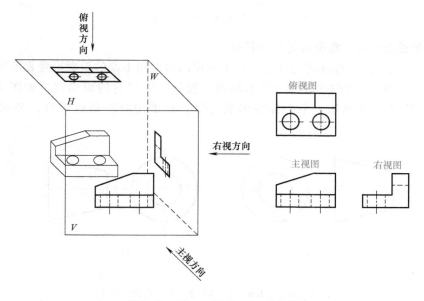

图2-40　第三角画法三视图的配置

也可以将物体放在正六面体中，分别从六个方向向各投影面进行投射，得到六个基本视图，即在三视图的基础上增加了后视图（从后向前投射）、左视图（从左向右投射）、仰视图（从下向上投射），如图2-41所示。

2. 第三角画法与第一角画法的区别

第三角画法与第一角画法的区别在于人、物、图的配置关系不同。

采用第一角画法时，将物体置于第一分角内，使物体处于观察者与投影面之间而得到投影。从投影方向看，是"人—物—面"的关系，如图 2-42 所示。

而采用第三角画法时，将物体置于第三分角内，使投影面处于观察者与物体之间而得到投影。从投影方向看，是"人—面—物"的关系，如图 2-40 所示。

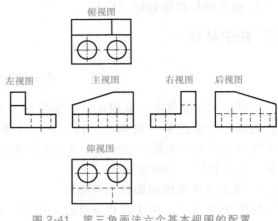

图 2-41　第三角画法六个基本视图的配置

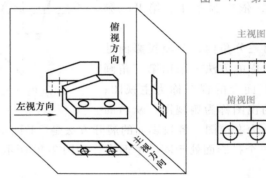

图 2-42　第一角画法三视图的配置

3. 第一角画法和第三角画法的识别符号

为了便于区别，国家标准规定在标题栏中专设的格内用不同的识别符号表示第一角画法和第三角画法。GB/T 14692—2008《技术制图　投影法》规定的识别符号如图 2-43 所示。图样中，如采用第一角画法，不必标注识别符号，而采用第三角画法时，必须画出识别符号。

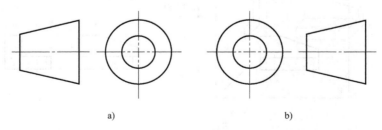

a)　　　　　　　　　　　　　　　b)

图 2-43　第一角画法和第三角画法的识别符号

a）第一角画法识别符号　b）第三角画法识别符号

 拓展任务

在 A4 图纸上使用尺规绘制图 2-44 所示模型的三视图，要求绘图比例 1:1，需绘制图框和标题栏。

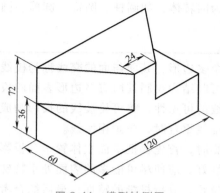

图 2-44 模型轴测图

任务 2.2 绘制和识读基本几何体的三视图

 学习目标

知识目标

1. 掌握平面立体的视图画法及其表面上点的投影。
2. 掌握曲面立体的视图画法及其表面上点的投影。

能力目标

1. 能够将组合体分解为简单几何体。
2. 能够正确绘制和识读简单几何体的三视图。
3. 能够正确绘制简单几何体表面上点的三面投影。

 任务布置

分析图 2-45 所示轴承座的基本结构组成，并想象各个结构的三视图。

 任务分析

在工程图中，各种复杂零件都可以分解为棱柱、棱锥等平面立体和圆柱、圆锥、圆球等曲面回转体。图 2-45 所示轴承座的组成部分包括板状平面立体和圆柱体（圆孔可视为体积为负的圆柱体），即平面立体和曲面回转体的组合。要正确绘制和识读复杂组合体的三视图，就必须掌握简单平面立体和曲面回转体的三视图特征和画法。

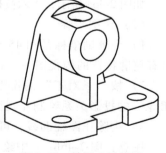

图 2-45 轴承座轴测图

 知识链接

根据立体表面的几何性质，立体分为平面立体和曲面立体。表面都是平面的立体称为平面立体，如棱柱、棱锥等。表面是曲面或曲面和平面组合的立体，称为曲面立体。若曲面立体的表面是回转曲面，则称为回转体，如圆柱、圆锥、圆球、圆环等。

2.2.1 平面立体

平面立体的表面是若干个多边形，其面与面的交线称为棱线，棱线与棱线的交点称为顶点。绘制平面立体的投影，可归结为绘制其所有多边形表面的投影，也就是绘制其所有棱线及顶点的投影。最后判别棱线的可见性，将可见棱线的投影画成粗实线，不可见棱线的投影画成细虚线。当粗实线与细虚线重合时，应画粗实线。

绘制某一平面立体的投影时，首先要把平面立体置于三投影面体系中的适当位置。为了使绘图简便和绘出的图度量性好，应使尽可能多的表面处于特殊位置。然后根据平面立体各表面和棱线与投影面的相对位置，分析投影的特性，最后综合考虑平面立体的投影图布置并确定画图顺序。

工程图中常见的平面立体是棱柱和棱锥（包括棱台）。

1. 棱柱

棱柱的棱线互相平行。常见的棱柱有三棱柱、四棱柱、五棱柱和六棱柱等。下面以六棱柱为例，分析棱柱的投影特征和作图步骤。

（1）投影分析 正六棱柱的顶面和底面是互相平行的正六边形，六个侧面均为矩形，且与顶面和底面垂直。为方便作图，在投影体系中摆放正六棱柱时，使顶面和底面平行于水平面，并使前、后两个侧面与正面平行，如图 2-46a 所示。

正六棱柱的投影特征是：

1）顶面和底面的水平面投影重合，并反映实形，即正六边形。

2）顶面和底面正六边形的正面投影和侧面投影均积聚为一条直线。

3）六个侧面的水平面投影分别积聚为六边形的六条边；由于前、后两个侧面平行于正面，所以正面投影反映实形，侧面投影积聚为两条直线；其余侧面不平行于正面或侧面，所以其正面投影和侧面投影虽仍为矩形，不反映实形。

如图 2-46a 所示，正六棱柱的正面投影为三个可见的矩形，侧面投影为两个可见的矩形。

（2）作图步骤

1）作辅助坐标系和 45°辅助斜线，作出正六棱柱的对称中心线和底面基线；先绘制出具有轮廓特征的俯视图——正六边形（图 2-46b）。

2）按"长对正"的投影关系，量取正六棱柱的高度，绘制主视图；再按"高平齐、宽相等"的投影关系绘制左视图（图 2-46c）。

3）去除作图辅助线，可得正六棱柱的三面投影（图 2-46d）。

注意：图 2-46b、c 中绘制的轮廓线应当为细实线，去除辅助线后才能加粗轮廓线。为了明显区分轮廓线和辅助线，特将轮廓线绘制为粗实线。

（3）棱柱上点的投影 如图 2-47a 所示，已知正六棱柱侧面 $ABCD$ 上点 M 的正面投影 m'，求作 m 和 m''。

分析：由于点 M 所在侧面 $ABCD$ 是铅垂面，其水平面投影积聚成直线 $a(b)(c)d$，由此，点 M 的水平面投影必在该直线上。

作图：可由 m' 直接作出 m，再应用"高平齐"和"宽相等"的投影关系由 m' 和 m 作出 m''。

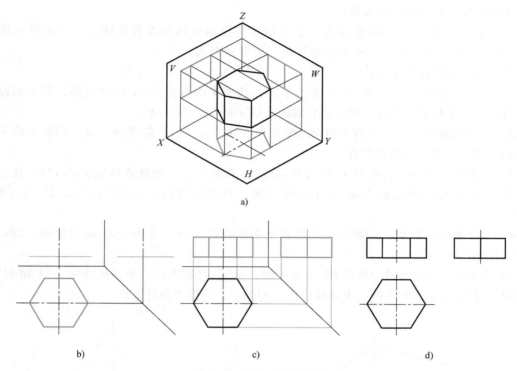

图 2-46 正六棱柱的投影

a）正六棱柱的空间位置 b）绘制俯视图 c）绘制主视图和左视图 d）去除辅助线

因为侧面 *ABCD* 的侧面投影可见，所以 *m″* 可见，如图 2-47a 所示。

同理，如图 2-47b 所示，已知正六棱柱顶面上点 *N* 的水平面投影 *n*，求其正面投影和侧面投影时可采用相同的方法，即正六棱柱的顶面在主视图上的投影积聚成一条直线，点 *N* 的正面投影也必在该直线上。

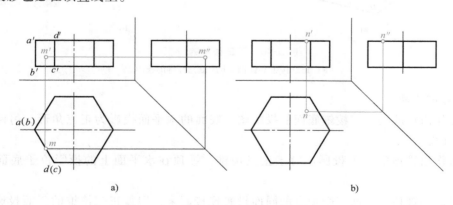

图 2-47 正六棱柱表面上点的投影

a）作点 *M* 的各面投影 b）作点 *N* 的各面投影

2. 棱锥

棱锥的棱线交于一点。常见的棱锥有三棱锥、四棱锥、五棱锥等。下面以三棱锥为例，分析棱锥的投影特征和作图步骤。

（1）投影分析 图 2-48 所示为一正放的正三棱锥立体图及投影图。正三棱锥由底面（正三角形）和三个侧面（三个全等的等腰三角形）围成。

正三棱锥的投影特征是：

1）正三棱锥的底面 △ABC 平行于水平面，其水平面投影 △abc 反映实形，其正面投影和侧面投影分别积聚为平行于相应投影轴的直线 $a'b'c'$ 和 $a''(c'')b''$。

2）三个侧面中，左、右两个侧面 △SAB 和 △SBC 为一般位置平面，其三面投影均不反映实形，且二者的侧面投影重合。

3）后侧面 △SAC 为侧垂面（AC 为侧垂线），其侧面投影积聚成斜线 $s''a''(c'')$，其正面投影 △$s'a'c'$ 和水平面投影 △sac 均不反映实形，且正面投影 △$s'a'c'$ 与 △$s'a'b'$、△$s'b'c'$ 重合。

4）三个侧面 △SAB、△SBC、△SAC 的水平面投影 △sab、△sbc、△sac 与底面 △ABC 的水平面投影 △abc 重合。

5）底面的三条棱线中 AB 和 BC 是水平线，AC 是侧垂线；三条侧棱线中，SA 和 SC 是一般位置直线，SB 是侧平线。上述棱线的三面投影，请读者自行分析。

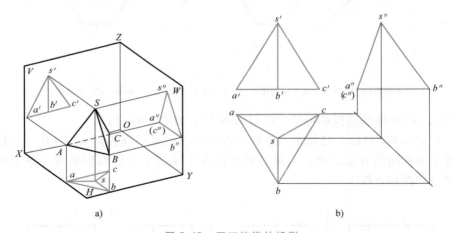

图 2-48 正三棱锥的投影
a）正三棱锥立体图 b）正三棱锥的投影

（2）作图步骤

1）先作出正放的正三棱锥底面的投影图。底面的水平面投影为正三角形，另两个投影均积聚为直线。

2）再作出锥顶的三个投影。对于正三棱锥，锥顶在水平面上的投影位于底面投影的形心。

3）最后将锥顶和底面三个顶点的同面投影连接起来，即得正三棱锥的三面投影。也可以先作出三棱锥（包括底面和三个侧面）的一个投影（如水平面投影），再依照投影关系画出另两个投影。

注意：很多初学者想当然地将 s'' 绘制在 $a''b''$ 的中垂线上，这是错误的。

（3）棱锥上点的投影 如图 2-49a 所示，已知正三棱锥 S-ABC 表面上点 M 的正面投影

m' 和点 N 的水平面投影 n，求作点 M、点 N 在其他两投影面上的投影。

1）作点 N 的投影。如图 2-49b 所示，根据点 N 的水平面投影 n 的位置及可见性，可知点 N 在正三棱锥 $S\text{-}ABC$ 的侧面 SAC 上，且平面 SAC 的侧面投影有积聚性，可利用积聚性求出 n''，再由 n 和 n'' 求出 n'。由于点 N 所属侧面 $\triangle SAC$ 的 V 面投影不可见，所以 n' 不可见。

2）作点 M 的投影。由于点 M 所在的平面 $\triangle SAB$ 是一般位置平面，其三面投影均没有积聚性，所以点 M 的其他投影需利用点在平面上投影的特性规律进行作图，即借助辅助线作图，具体方法如下。

解法一：

在侧面 $\triangle SAB$ 上过点 M 作直线 SD，与 AB 交于点 D。因为点 M 在直线 SD 上，故点 M 的投影必在 SD 的同面投影上。只要作出 SD 的水平面投影 sd，即可作出点 M 的水平面投影 m；再利用"高平齐"和"宽相等"的投影特性作出点 M 的侧面投影 m''。

具体作法：如图 2-49c 所示，在主视图上作直线 $s'm'$ 并延长，与 $a'b'$ 交于 d'，再由 $s'd'$ 作出 sd，在 sd 上作出 m，最后根据 m 和 m' 作出 m''。

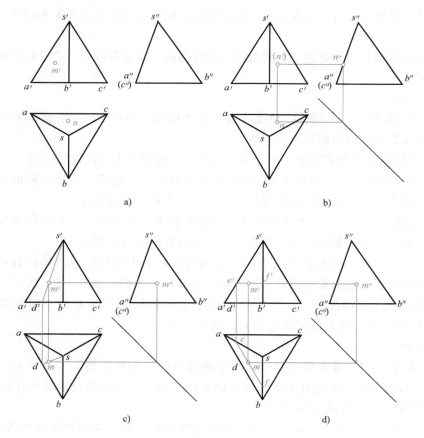

a）　　　　　　　　　　　　b）

c）　　　　　　　　　　　　d）

图 2-49　正三棱锥表面上点的投影

a）已知投影　b）作点 N 的投影　c）辅助线法 1 作点 M 的投影

d）辅助线法 2 作点 M 的投影

解法二：

在侧面 $\triangle SAB$ 上过点 M 作 AB 的平行线 EF。因为点 M 在直线 EF 上，故点 M 的投影必在 EF 的同面投影上。只要作出 EF 的水平面投影，即可作出点 M 的水平面投影 m。

具体作法：如图 2-49d 所示，在主视图上过 m' 作 $a'b'$ 的平行线 $e'f'$，与棱线 $s'a'$ 交于 e'，与棱线 $s'b'$ 交于 f'，由 $e'f'$ 作出 ef，在 ef 上作出 m，最后根据 m 和 m' 作出 m''。

2.2.2 曲面立体

工程图中常见的曲面立体是回转体，即立体表面由回转面或回转面和平面组成。回转面是由一条动线（曲线或直线）绕一固定轴线旋转一周所形成的曲面。旋转的动线称为母线，母线在回转面上的任意位置称为素线。母线上的各点绕轴线旋转，在回转面上形成垂直于轴线的纬圆。最基本的回转体有圆柱、圆锥、圆球、圆环等。

在绘制回转体的投影图时，除了回转体的轮廓线和顶点的投影，还要画出转向轮廓线。如图 2-50a 所示，转向轮廓线就是圆柱面前半部分（可见部分）和后半部分（不可见部分）的分界线。

绘制回转体的投影图时，应先在投影图中用细点画线画出轴线的投影和圆的中心线。

1. 圆柱

圆柱的表面由圆柱面和顶圆、底圆组成。圆柱面由一条直母线绕与之平行的轴线回转而成（图 2-50a）。

（1）投影分析

1）如图 2-50b 所示，当圆柱的轴线垂直于水平面时，圆柱上、下底面的水平面投影反映实形，正面投影和侧面投影积聚成直线。

2）圆柱面的水平面投影积聚为一个圆，与上、下底面的水平面投影重合。

3）在正面投影中，前、后两半圆柱面的投影重合为一个矩形，矩形两侧的竖线分别是圆柱面最左、最右素线的投影，也是圆柱面前、后分界的转向轮廓线。

4）在侧面投影中，左、右两半圆柱面的投影重合为一个矩形，矩形两侧的竖线分别是圆柱面最前、最后素线的投影，也是圆柱面左、右分界的转向轮廓线。

（2）作图方法　绘制圆柱的三视图时，先画各投影的中心线，再画投影具有积聚性的圆柱面的水平面投影，然后根据圆柱的高度画出另外两个投影，如图 2-50c 所示。

（3）圆柱表面上点的投影　如图 2-50d 所示，已知圆柱面上点 M 的正面投影 m'，求作 m 和 m''；已知圆柱面上点 N 的正面投影 n'，求作 n 和 n''。

作图步骤如下：

1）作点 M 的投影。首先根据圆柱面水平面投影的积聚性作出 m。由于 m' 是可见的，点 M 必在前半圆柱面上，m 必在水平面投影圆的前半周上。再根据投影关系作出 m''，由于点 M 在右半圆柱面上，所以 m'' 不可见。

2）作点 N 的投影。首先由 n' 的位置和不可见性可知，点 N 在圆柱体后半部分的中间素线上（即后半部分的左、右转向轮廓线上），故可直接作出点 N 的水平面投影 n，即圆的上半部分与轴线的交点，如图 2-50d 所示；再利用"高平齐"对应关系作出侧面投影 n''，即等高线与侧投影左侧竖线的交点。

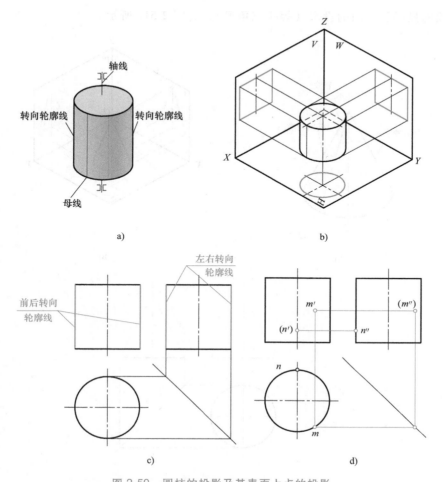

图 2-50 圆柱的投影及其表面上点的投影

a）圆柱体 b）圆柱的空间投影 c）圆柱的三视图 d）圆柱表面上点的投影

2. 圆锥

圆锥的表面由圆锥面和底圆组成。圆锥面可看作是由一条直母线绕与之相交的轴线回转而成的，如图 2-51a 所示。

（1）投影分析

1）如图 2-51b 所示，当圆锥的轴线垂直于水平面时，锥底面平行于水平面，其水平面投影反映实形，正面投影和侧面投影均积聚成直线。

2）圆锥面的三个投影均没有积聚性，其水平面投影与底面的水平面投影重合，全部可见。

3）正面投影由前、后两半圆锥面的投影重合为一个等腰三角形，三角形的两腰分别是圆锥面最左、最右素线的投影，也是圆锥面前、后分界的转向轮廓线。

4）侧面投影由左、右两半圆锥面的投影重合为一个等腰三角形，三角形的两腰分别是圆锥面最前、最后素线的投影，也是圆锥面左、右分界的转向轮廓线。

（2）作图方法 绘制圆锥的三视图时，先画各投影的轴线，再画底圆的各面投影，然后画出锥顶的投影和锥面的投影（等腰三角形），如图 2-51c 所示。

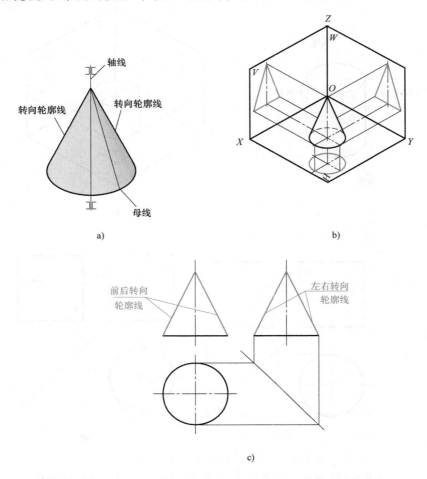

图 2-51　圆锥的投影
a）圆锥体　b）圆锥的空间投影　c）圆锥的三视图

（3）圆锥表面上点的投影　如图 2-52 所示，已知圆锥表面上点 K 的正面投影 k'，求作 k 和 k"。

分析：根据 k' 的位置和可见性，可确定点 K 在前、右圆锥面上，点 K 的侧面投影不可见，水平面投影可见。

作图：

（1）辅助素线法　如图 2-52a 所示，过锥顶 S 与点 K 作辅助素线 SG，并作出其正面投影和水平面投影，再根据直线上点的投影规律作出 k，最后利用"高平齐"和"宽相等"的投影特性作出 k"。

（2）纬圆法　如图 2-52b 所示，过点 K 作平行于锥底的辅助圆，即在正面投影中过 k' 作一水平线 a'b'，a'b' 即为辅助圆的正面投影，并反映辅助圆的直径。在水平面投影中，以 s 为圆心，以 a'b' 为直径作圆，该圆即为辅助圆的水平面投影，因为点 K 在辅助圆上，故可

作出点 K 的水平面投影 k（注意在圆的前半部分），最后利用"高平齐"和"宽相等"的投影特性作出 k''。

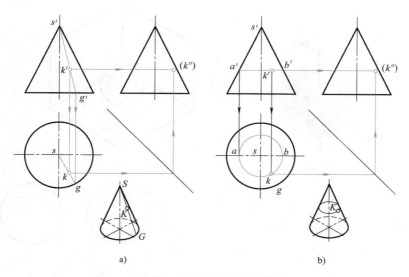

图 2-52　圆锥表面上点的投影

a）辅助素线法作点的投影　b）纬圆法作点的投影

3. 圆球

圆球由球面围成。球面是以半圆为母线，绕半圆对应直径回转一周所形成的回转面，如图 2-53a 所示。

（1）投影分析

1）如图 2-53b 所示，圆球的各面投影均为直径与圆球直径相等的圆。

2）圆球的正面投影是平行于正投影面的最大圆的投影，为圆球前、后转向轮廓线，前半球面可见，后半球面不可见。

3）圆球的水平面投影是平行于水平投影面的最大圆的投影，为圆球上、下转向轮廓线，上半球面可见，下半球面不可见。

4）圆球的侧面投影是平行于侧立投影面的最大圆的投影，为圆球左、右转向轮廓线，左半球面可见，右半球面不可见。

（2）作图方法　如图 2-53c 所示，首先确定球心的三个投影，然后再以三个球心投影为圆心作直径与球直径相等的圆。

（3）圆球表面上点的投影　如图 2-53d 所示，已知圆球面上点 M 的水平面投影 m，求作 m' 和 m''。

分析：由于圆球面是回转面，求球面上点的投影时，需过该点在球面上作平行于任一投影面的辅助纬圆，然后在该纬圆的投影上取点，即纬圆法。

作球面上点的投影，只能使用纬圆法，不能使用辅助素线法。

作图：过点 M 作平行于正投影面的辅助纬圆，其水平面投影为 ab，正面投影是以 $a'b'$ 为直径的圆，m' 必在该圆上，由 m 作出 m'，再由 m、m' 求出 m''。点 M 在前半球面上，因此正面投影 m' 可见；同理，点 M 在左半球面上，侧面投影 m'' 也可见。

求 m'、m'' 也可作平行于水平面或侧面的辅助纬圆，读者可自行分析。

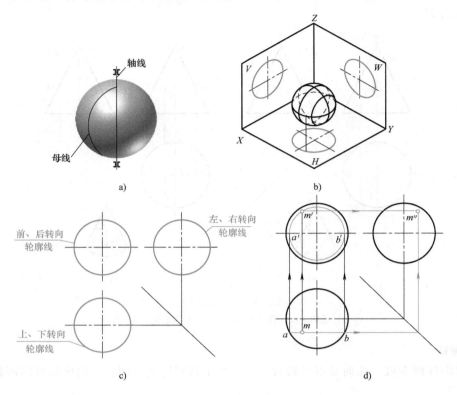

图 2-53　圆球的投影及其表面上点的投影

a）圆球　b）圆球的空间投影　c）圆球的三视图　d）圆球表面上点的投影

 拓展任务

1. 补绘图 2-54 所示两个平面立体的第三视图，并作出立体表面上各点的其他两个投影。

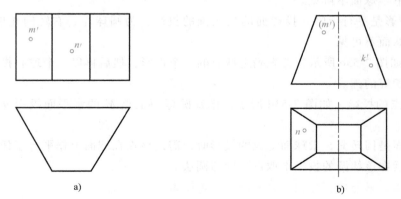

图 2-54　平面立体投影

2. 补绘图 2-55 所示三个曲面立体的第三视图，并作出立体表面上各点的其他两个投影。

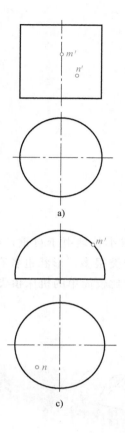

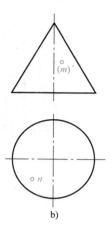

a)

b)

c)

图 2-55　曲面立体投影

任务2.3　绘制和识读顶尖的三视图

 学习目标

知识目标

1. 掌握截平面和截交线的概念。

2. 掌握平面立体被切割后截交线的特点。

3. 掌握曲面立体被切割后截交线的特点。

4. 掌握组合体被切割后截交线的分析方法。

能力目标

1. 能够正确绘制平面立体截交线的投影。

2. 能够正确绘制曲面立体截交线的投影。

3. 能够正确绘制组合立体截交线的投影。

 任务布置

根据图 2-56 所示结构及尺寸绘制顶尖头部的三视图，锥顶角为 90°。

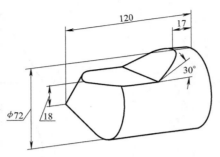

图 2-56　顶尖头部轴测图

 任务分析

　　顶尖是车削工件时常用的一种工具。在加工长轴时，为了减小长轴由于自重产生的弯曲，需要用顶尖顶住轴的一端或两端，如图 2-57 所示。顶尖的种类很多，形状也各有不同，但都有一个锥顶和一个锥台形尾部。图 2-58 所示三维模型是一种比较简单的机床顶尖。

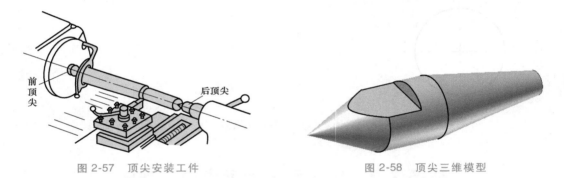

图 2-57　顶尖安装工件　　　　　　　　　　图 2-58　顶尖三维模型

　　根据顶尖的三维模型，顶尖可以看作是共轴圆锥体、圆柱体和圆台的组合体被两个相交平面截去一部分后所剩的实体。在顶尖的三视图中必须重点画出被切割部分的轮廓曲线，而轮廓曲线的形状依据被切割几何体的类型不同而有较大差异。本任务主要研究切割部分轮廓曲线（截交线）的绘制方法。

 知识链接

2.3.1　切割体与截交线

1. 切割体与截交线的概念

　　一些机件的形状呈现为一个基本立体或者几个基本立体的组合体被平面切割以后所形成的实体，这类实体被称为切割体。例如，图 2-59a 所示的方形斜槽可以看作是四棱柱被平面切割而成的；图 2-59b 所示的顶尖可以看作是圆柱和圆锥的组合体被平面切割而成的。

　　其中，用以切割立体的平面称为截平面，截平面与立体表面的交线称为截交线，如图 2-59 所示。

2. 截交线的性质

　　截交线的形状依据立体表面形状和截平面位置的不同而不同。但所有截交线都具有以下性质：

（1）共有性　截交线是立体表面和截平面共有的直线或曲线，截交线上的点都是截平面与立体表面的共有点。

（2）封闭性　截交线所围成的图形是一个封闭的空间曲线或空间多边形，反映到三视图中为封闭的平面图形。

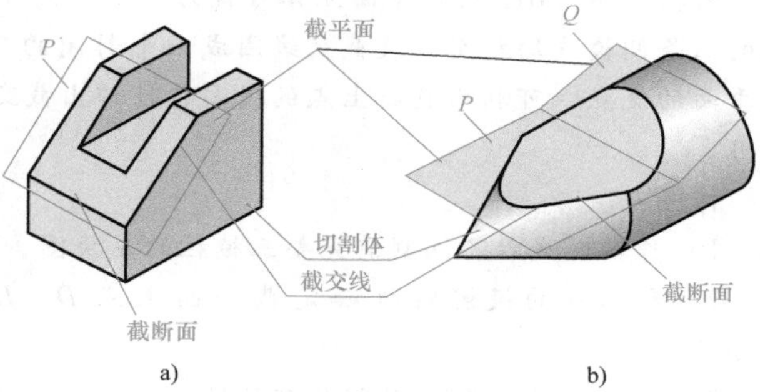

3. 截交线的形状

截交线的形状取决于被截立体的形状及截平面与立体的相对位置。截交线投影的形状取决于截平面与投影面的相对位置。

4. 求作截交线的步骤

1）找出截交线上一系列的特殊点。

2）作出若干一般位置点。

3）判别各点的可见性。

4）顺次连接各点。

图 2-59　切割体和截交线

a）方形斜槽　b）顶尖

2.3.2　平面立体的截交线

常见平面立体为多棱柱或棱锥，如图 2-60 所示。

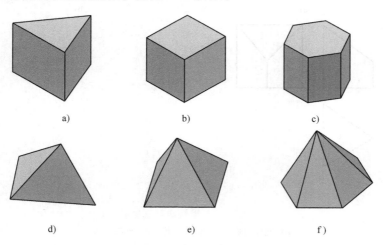

图 2-60　常见平面立体

a）三棱柱　b）四棱柱　c）六棱柱　d）三棱锥　e）四棱锥　f）六棱锥

由于平面立体的表面是平面图形，因此截平面与平面立体的截交线为封闭的平面多边形。多边形的各个顶点是截平面与立体棱线或底边的交点，多边形的各条边是截平面与平面立体表面的交线。

应用实例 2-11：

分析图 2-61a 所示平面立体截交线的投影，求作第三视图。

分析： 图 2-61a 所示平面立体可视为一个三棱柱被一个正垂面切割而成。正垂面与三棱柱的三条侧棱线均相交，故截交线围成一个封闭的三角形，其顶点 D、E、F 是各侧棱线与正垂面的交点。可利用直线上点的投影特性作出截交线各端点在第三面上的投影，顺次连线即可。

作图：

1）作辅助线以及切割前完整三棱柱的左视图。

2）利用点的投影特性确定截平面上点 D、E、F 在左视图中的位置，如图 2-61b 所示。

3）连接 $d''e''$、$d''f''$，并判断可见性。

4）擦除辅助线和多余线条，并将可见轮廓线加粗，结果如图 2-61c 所示。

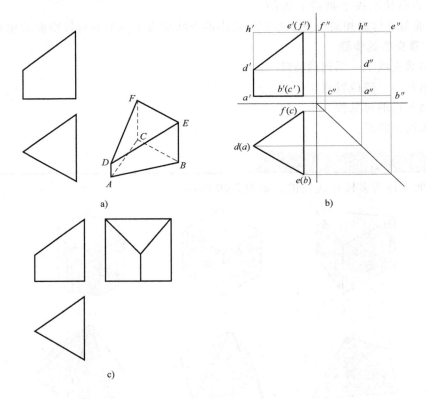

图 2-61　正垂面切割三棱柱

a）已知投影　b）作图过程　c）作图结果

应用实例 2-12：

如图 2-62a 所示，已知平面立体的两个视图，分析截交线形状并补作第三视图。

分析： 图 2-62a 所示立方体可视为一个开 V 形槽的四棱柱被一个侧垂面切割而成，如图 2-62b 所示。侧垂面与棱柱的各个棱边相交，截交线围成一个封闭的多边形。

因为截平面为侧垂面，故截交线上各点的侧面投影具有积聚性，可利用点的投影特性作出其水平面投影。

作图:

1）作辅助线以及切割前开 V 形槽的四棱柱的俯视图, 如图 2-62c 所示。

2）确定截平面上点 A、B、C、D、E、F、G、H 八个顶点在正面投影和侧面投影中的位置, 并根据点的投影特性作出其水平面投影, 如图 2-62d 所示。

3）判断顶点的可见性, 顺次连接各点, 擦除辅助线和多余线条, 并将可见轮廓线加粗, 结果如图 2-62e 所示。

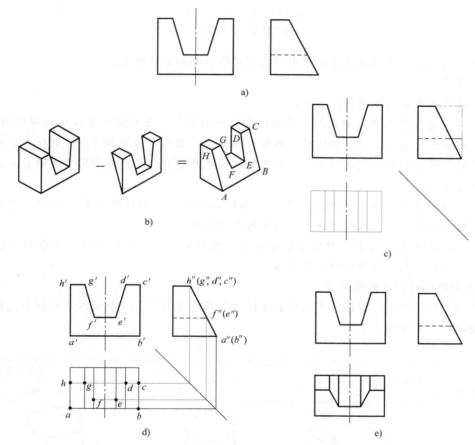

图 2-62　侧垂面切割开 V 形槽的四棱柱

a）已知投影　b）切割关系　c）切割前的三视图　d）切割后确定顶点投影　e）作图结果

2.3.3　曲面立体的截交线

曲面立体泛指有曲面表面的立体, 本书主要讨论曲面立体中的回转体。

回转体是由回转面或回转面和平面共同组成的立体。如图 2-63 所示, 母线为动线, 它绕回转轴线（即定线, 简称轴线）回转一周后形成的曲面称为回转面。

常见回转体为圆柱、圆锥和圆球等简单回转体, 以及由简单回转体组合而成的复杂回转体。

由回转体的形成原理可知, 回转体被平面切割时, 截交线一般为封闭的平面曲线或平面曲线与直线的组合, 在特殊情况下是平面多边形。为简化作图, 一般将截平面设为特殊位置

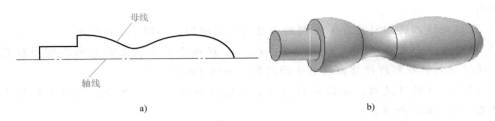

图 2-63　回转体的形成

a）母线及轴线　b）生成回转体

平面，这样截交线的投影就重合在截平面具有积聚性的同面投影上。

特别提示：

绘制回转体截交线投影的一般步骤：

（1）先作出特殊位置点的投影　特殊位置点一般是截平面与回转体转向轮廓线的交点、截交线上的极限位置点，以及椭圆长、短轴的端点等，它们有时互相重合。特殊位置点对确定截交线的范围、趋势，判别可见性，以及准确地求作截交线投影有非常重要的作用，作图时必须首先作出。

（2）再确定中间位置点的投影　为使作图较为精确，还需作出一定数量的一般位置点的投影，所取的点越多，最终结果越接近实际截交线的形状。

（3）光滑连接各点投影　判别上述各点投影的可见性，去除辅助线和多余线条，将各点投影顺次连接成截交线并加粗可见轮廓线。

1．平面与圆柱相交的截交线

平面与圆柱相交时，根据截平面相对于圆柱轴线的位置不同，截交线的形状有三种：矩形、圆和椭圆，示例见表 2-6。

表 2-6　平面与圆柱相交

截平面位置	平行于轴线	垂直于轴线	与轴线斜交
截交线形状	矩形	圆	椭圆
切割体立体图			
切割体投影图			

应用实例2-13：

如图2-64a、b所示，圆柱被平面P切割，已知正面投影与水平面投影，求作侧面投影。

分析： 根据已知投影，可知截平面P为正垂面，与圆柱轴线斜交，截交线为椭圆。椭圆的正面投影积聚为斜线；椭圆上各点都在圆柱面上，故其水平面投影与圆柱面的水平面投影重合；侧面投影仍是椭圆的类似形。

作图：

（1）求作特殊位置点投影　特殊位置点是指截交线上最左、最右、最前、最后、最高、最低位置处的点。这种点一般在实体的转向轮廓线上，其投影一般也在轮廓线上，限定截交线的范围。

图2-64a所示椭圆长、短轴的端点A、C、B、D是特殊位置点。求作投影时，先在正面投影上定出左、右轮廓线上最低点和最高点的投影a'、c'，再利用点的投影特性在侧面投影上求得a''、c''；在正面投影上定出前、后轮廓线上最前、最后的重影点$b'(d')$，再求得侧面投影上的b''、d''，如图2-64b所示。

（2）求作中间位置点投影　为了精确作图，还需在特殊位置点之间作出适当数量的中间位置点E、F、G、H。先在水平面投影的圆周上定出对称点投影e、f、g、h，并求得正面

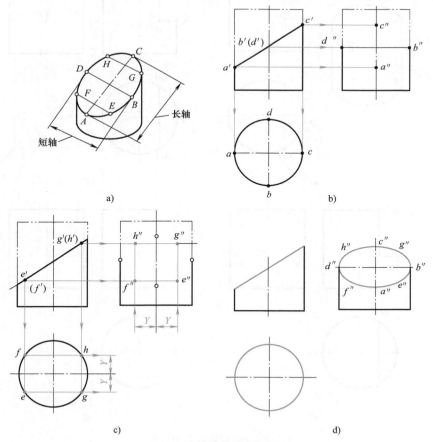

图2-64　圆柱斜截交线的投影

a）截交线分析　b）作特殊位置点投影　c）作中间位置点投影　d）作图结果

投影 $e'(f')$、$g'(h')$，再求得侧面投影 e''、f''、g''、h''，如图 2-64c 所示。

（3）连成光滑曲线　按顺序连接 a''、e''、b''、g''、c''、h''、d''、f''、a''，连成光滑曲线，判断可见区域，去除辅助线和多余线条，并将可见轮廓线加粗，结果如图 2-64d 所示。

应用实例 2-14：

如图 2-65a 所示，圆柱体左上部被切割，已知正面投影与水平面投影，求作侧面投影。

分析：图 2-65a 所示曲面立体是由圆柱体被一个侧平面和一个水平面切割而成的。侧平面与圆柱体的截交线为矩形；水平面与圆柱体的截交线为圆弧（圆冠）。

作图：

（1）作圆冠投影　如图 2-65b 所示，圆冠的侧面投影是一条水平线，其宽度与矩形的宽度相等。

（2）作矩形投影　如图 2-65c 所示，先作出圆柱完整的侧面投影，根据矩形的四个顶点 A、B、C、D 的正面投影和水平面投影作出各顶点的侧面投影。

（3）判断可见性，加粗可见轮廓线　去除多余图线后，结果如图 2-65d 所示。

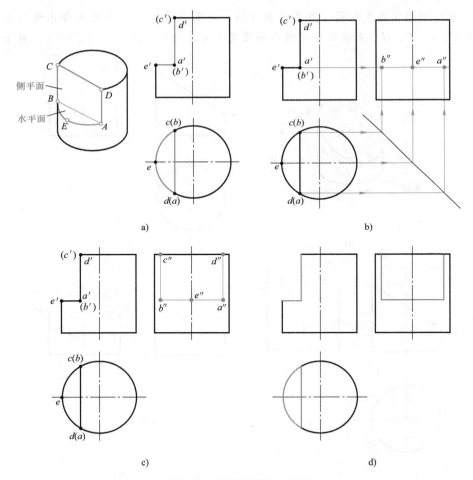

a）已知投影　b）作圆冠投影

c）作矩形投影　d）作图结果

图 2-65　圆柱切割体的投影

a）已知投影　b）作圆冠投影　c）作矩形投影　d）作图结果

2. 平面与圆锥相交的截交线

平面与圆锥相交时，根据截平面相对于圆锥轴线的位置不同，截交线的形状有五种：三角形、圆、椭圆、双曲线和直线段、抛物线和直线段，示例见表 2-7。

表 2-7　平面与圆锥相交

截平面位置	过锥顶	垂直于轴线	与轴线斜交 （$\alpha<\theta$）
截交线形状	三角形	圆	椭圆
切割体立体图	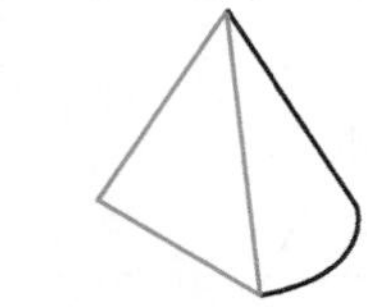	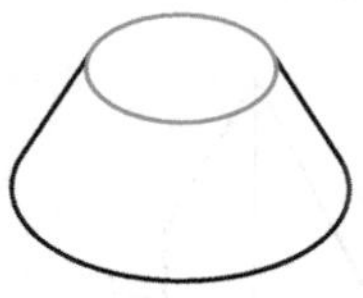	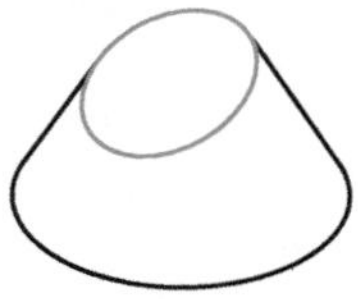
切割体投影图	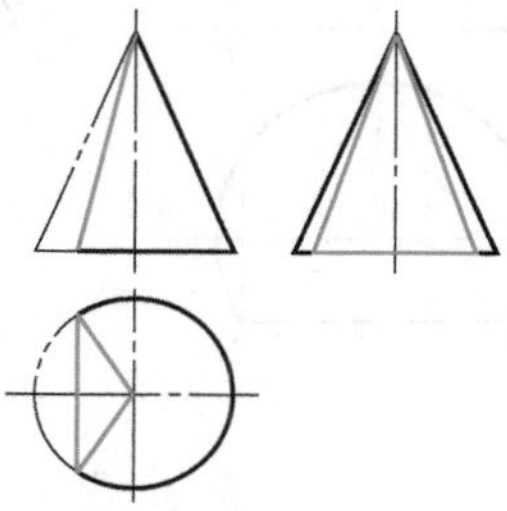	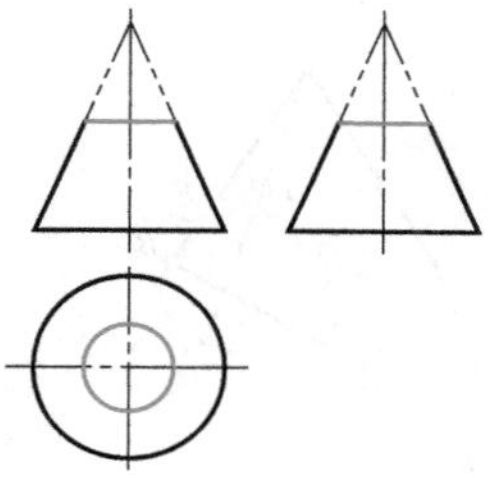	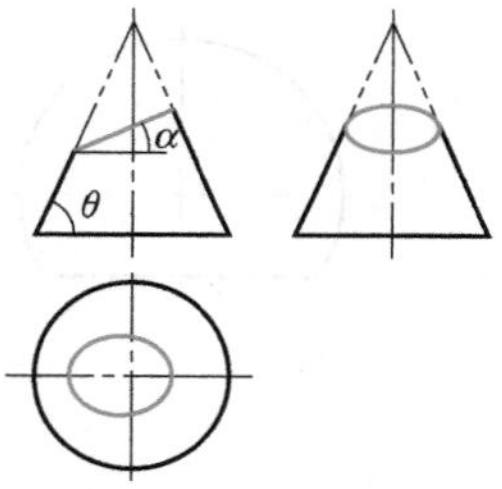

截平面位置	与轴线平行或斜交 （$\alpha>\theta$）		平行于某一条素线 （$\alpha=\theta$）
截交线形状	双曲线和直线段		抛物线和直线段
切割体立体图			
切割体投影图			

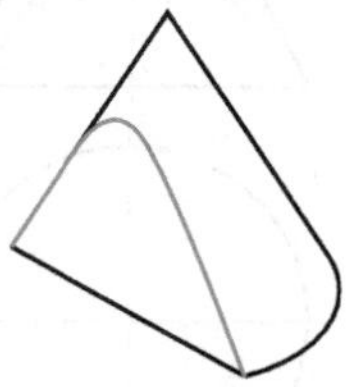

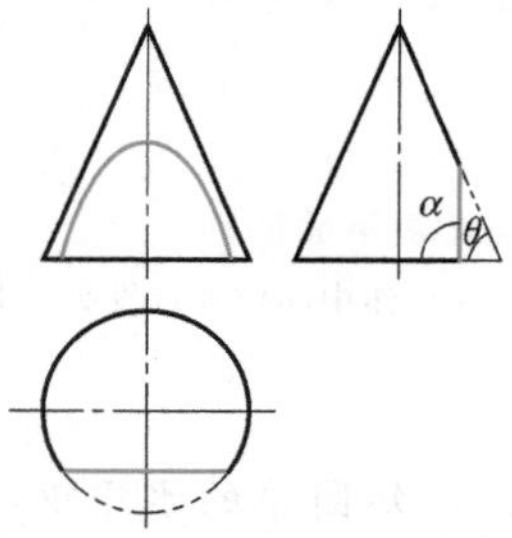

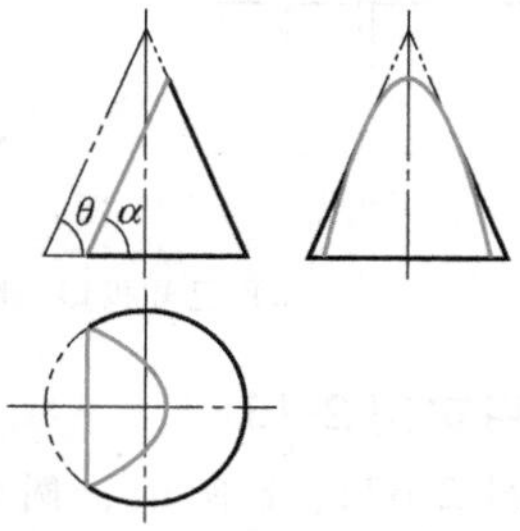

应用实例 2-15：

如图 2-66a 所示圆锥被正平面切割，已知水平面投影和侧面投影，求作正面投影。

分析：截平面为正平面，即与圆锥轴线平行，则截交线为双曲线和直线段，其正面投影反映实形，水平面投影和侧面投影均积聚为直线。

作图：

（1）求作特殊位置点投影　先作出圆锥完整的正面投影。点 A、点 B 位于底圆上，是截交线最低位置处的点，也是最左点和最右点；点 C 位于圆锥的最前素线上，是截交线的最高点。可利用点的投影特性直接求得 a'、b' 和 c'，如图 2-66b 所示。

（2）求作中间位置点投影　用纬圆法在特殊位置点之间再作出若干中间位置点，如点 D、E 的投影 d'、e' 等，如图 2-66c 所示。

（3）连成光滑曲线　按顺序连接 a'、d'、c'、e'、b'、a'，连成光滑曲线，判断可见区域，去除辅助线和多余线条，并将可见轮廓线加粗，结果如图 2-66d 所示。

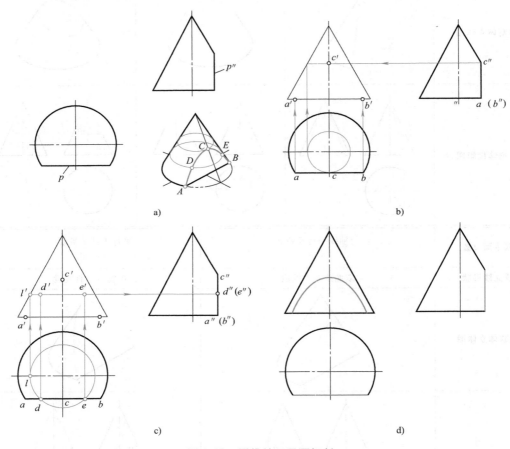

图 2-66　圆锥被正平面切割

a）已知投影　b）作特殊位置点投影　c）作中间位置点投影　d）作图结果

应用实例 2-16：

如图 2-67a、b 所示，圆锥被正垂面切割，已知圆锥的水平面投影与切割体的正面投影，求作切割体的水平面投影和侧面投影。

分析：截平面与圆锥轴线斜交（$\alpha < \theta$），截交线为一个椭圆，设椭圆长、短轴的四个端点为 A、B、C、D。

作图：

（1）求作特殊位置点投影　先作出圆锥完整的侧面投影。截平面与圆锥最左、最右、最前、最后四条特殊位置素线相交，其交点 A、C、M、N 的投影可直接作出，如图 2-67c 所示。点 A、点 C 是椭圆长轴的两个端点，短轴两个端点 B、D 的正面投影 b'、d' 重影于 $a'c'$ 的中点，如图 2-67d 所示，利用纬圆法可以求出 b、d 和 b''、d''。

（2）求作中间位置点投影　利用纬圆法在特殊位置点之间再作出若干中间位置点，如

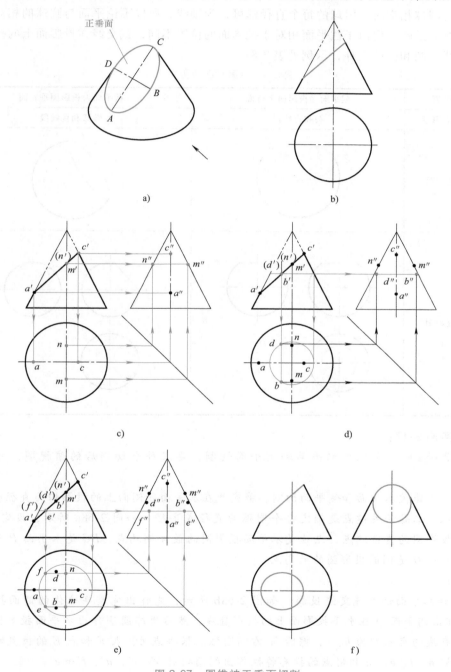

a）　　　　　　　　　　　　　b）

c）　　　　　　　　　　　　　d）

e）　　　　　　　　　　　　　f）

图 2-67　圆锥被正垂面切割

a）截交线分析　b）已知投影　c）作特殊位置点 A、C、M、N 投影　d）作特殊
位置点 B、D 投影　e）作中间位置点 E、F 投影　f）作图结果

点 E、F 的投影 e'、e'' 和 f'、f''，如图 2-67e 所示。

（3）连成光滑曲线 按顺序连接各点的水平面投影和侧面投影，连成光滑曲线，判断可见区域，去除辅助线和多余线条，并将可见轮廓线加粗，结果如图 2-67f 所示。

3. 平面与圆球相交的截交线

平面与圆球相交时，因球的每个直径都可视为轴线，所以不论平面与圆球的相对位置如何，截交线总是圆。但由于截平面相对于投影面的位置不同，截交线在投影面上的投影形状可分为直线、圆和椭圆三种，示例见表 2-8。

表 2-8 平面与圆球相交

截平面位置	截平面为投影面平行面	截平面为投影面垂直面
截交线投影形状	圆和直线段	椭圆和直线段
切割体立体图	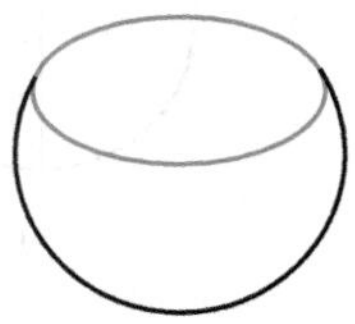	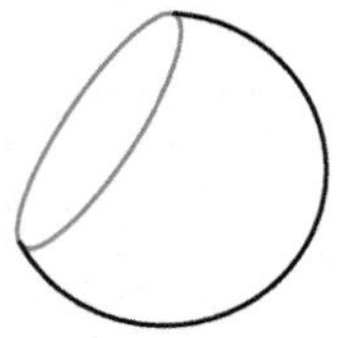
切割体投影图	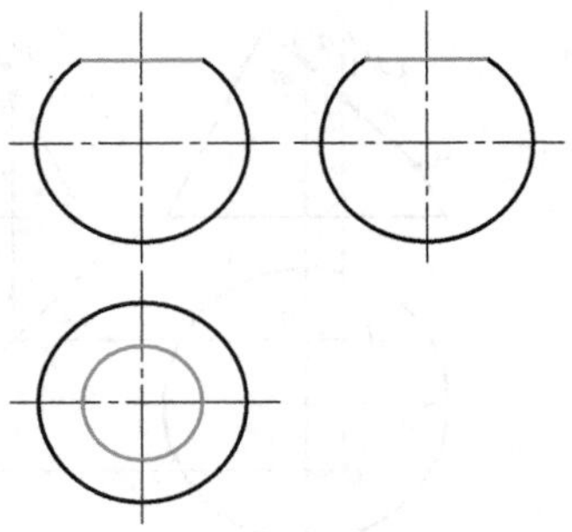	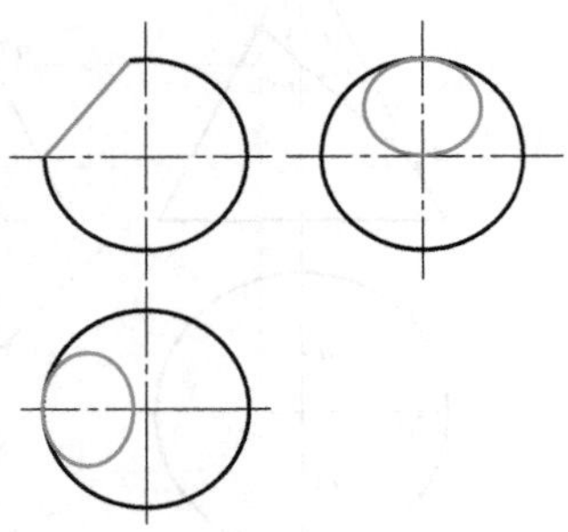

应用实例 2-17：

如图 2-68a 所示半球被水平面和侧平面切割，要求补全切割后的俯视图，并完成左视图。

分析：半球被水平面和侧平面切割，截交线在水平面和侧面上的投影均为直径小于圆球直径的圆弧。本题的关键点是确定每个圆弧的直径或半径。如图 2-68a 所示，设定点 E、F 为水平面投影圆的直径端点，点 A 是水平面投影圆的最左侧端点，BC 是水平面 P 与侧平面 Q 的交线，点 D 是侧面投影圆的最高点。

作图：

（1）作水平面切割截交线投影 如图 2-68b 所示，先作出完整半球体的侧面投影（左视图）。作出侧平面 Q 在水平投影面上的投影直线，然后用纬圆法作出水平面投影圆，投影圆与投影直线的交点即为 b、c，擦除 bc 右侧圆弧。根据点 A、点 F 和点 E 的位置特点作出水平面投影 a、f、e，并利用点的投影特性作出侧面投影 b''、c''、a''、f'' 和 e''。

（2）作侧平面切割截交线投影 $b''c''$ 是侧面投影圆的弦，只需确定对应圆弧的直径或半径即可作出截交线的侧面投影。如图 2-68c 所示，由 d' 应用"高平齐"可得到 d''，$o''d''$ 即为截交线圆弧半径（纬圆法原理）。

（3）判断可见性，加深可见轮廓线 整理完成后的结果如图2-68d所示。

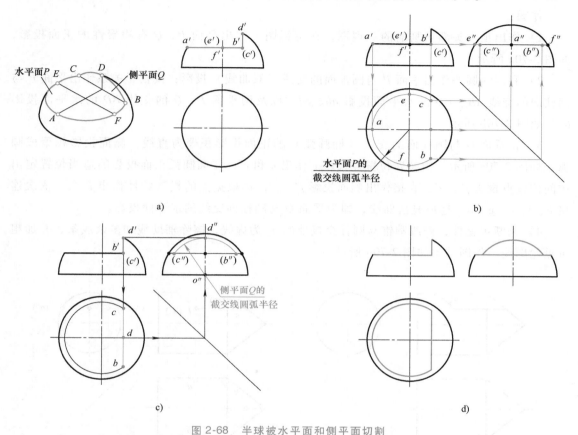

a)

b)

c)

d)

图2-68 半球被水平面和侧平面切割

a）截交线分析 b）作水平面切割截交线投影 c）作侧平面切割截交线投影 d）作图结果

任务实施

已知顶尖是由圆锥、圆柱和锥台组合而成的组合回转体，并用两个平面对顶尖进行切割。

平面与组合回转体相交时，其截交线形状是由截平面与各个回转体表面的交线所组成的平面图形。在求作平面与组合回转体的截交线的投影时，可分别作出截平面与组合回转体各个回转面的交线的投影，然后合成所求的截交线的投影。

结合图2-56所示结构，本任务只需绘制有切割部分的顶尖头部（即圆锥和圆柱部分）的三视图。

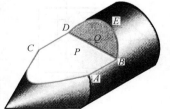

图2-69 顶尖头部

分析：顶尖头部的三维模型如图2-69所示。顶尖头部由同轴（侧垂线）的圆锥和圆柱被水平面 P 和正垂面 Q 切割而成水平面。P 与圆锥面的交线为双曲线，与圆柱面的交线为两条侧垂线（AB、CD）。正垂面 Q 与圆柱面的交线为椭圆弧。两平面 P、Q 的交线 BD 为正垂线。由于面 P、面 Q 的正面投影以及面 P 和圆柱面的侧面投影都有积聚性,所以主要绘制截交线以及截平面 P 和 Q 交线的水平面投影。

作图:

1)作出顶尖头部切割前的三视图,在主视图上作出平面 P、Q 有积聚性的正面投影,如图 2-70a 所示。

2)利用纬圆法作出平面 P 与圆锥面的交线(双曲线)投影;按投影关系作出平面 P 与圆柱面的交线 AB、CD 的水平面投影 ab、cd,以及两平面 P、Q 的交线 BD 的水平面投影 bd,如图 2-70b 所示。

3)正垂面 Q 与圆柱面的交线(椭圆弧)的正面投影积聚为直线,侧面投影积聚成圆弧。如图 2-70c 所示,由特殊位置点投影 e' 作出 e 和 e'';在椭圆弧正面投影的适当位置定出中间位置点投影 f'、g',直接作出侧面投影 f''、g'',再根据点的投影特性作出 f、g。依次连接 b、f、e、g、d,连成光滑曲线,即为平面 Q 与圆柱面交线的水平面投影。

4)判断可见性,修改圆锥与圆柱交接处的 ac 为虚线,擦除辅助线和多余线条,并加粗可见轮廓线,作图结果如图 2-70d 所示。

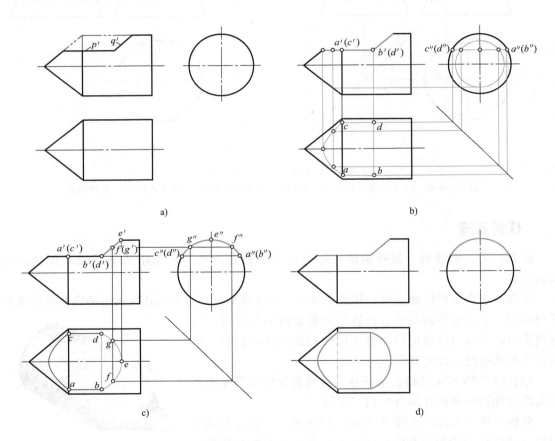

a)顶尖头部切割前的三视图　b)作水平面切割截交线投影　c)作正垂面切割截交线投影　d)作图结果

图 2-70　顶尖头部的三视图

拓展任务

1. 补绘图 2-71a 所示平面立体切割后的左视图。
2. 补绘图 2-71b 所示曲面立体切割后的左视图，并补全俯视图。

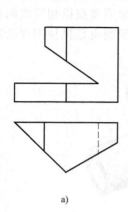

a)

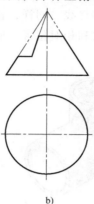

b)

图 2-71　切割体的三视图

a）平面立体切割　b）曲面立体切割

任务 2.4　绘制和识读三通管的三视图

学习目标

知识目标

1. 掌握平面立体与回转体相贯时的相贯线特征。
2. 掌握回转体与回转体相贯时的相贯线特征。
3. 掌握复杂相贯体的基本体组成分析及相贯线特征。

能力目标

1. 能够判断不同基本体相贯时相贯线的类型。
2. 能够绘制简单平面立体与回转体相贯、回转体与回转体相贯时的相贯线。
3. 能够分析复杂相贯体的基本体组成并正确绘制相贯线。

任务布置

补绘图 2-72 所示三通管的主视图，注意相贯线的画法。

任务分析

三通管是一种用于改变液体或气体流向的机械零

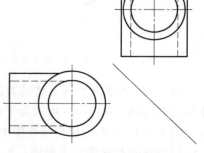

图 2-72　三通管俯视图及左视图

件，常用于液压、气动等技术领域。其基本形状如图2-73所示，可以看作由两个空心管组合而成，这种形体称为相贯体，两个圆柱面在连接部位的交线称为相贯线。

三通管根据两个圆柱体的直径是否相等可分为不等径三通管（图2-73a）和等径三通管（图2-73b）。直径关系不同，相贯线的形状也不同。正确绘制零部件的一项重要内容就是正确绘制不同基本体连接处的相贯线。同样，正确识读零部件三视图也需要根据相贯线的位置和形状正确判断基本体的形状和相对位置。所以，相贯线的分析和绘制也是机械图样绘制过程中的一项重要内容。

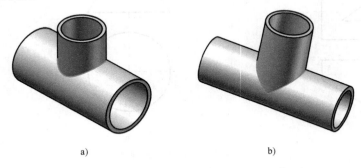

a)   b)

图 2-73   三通管

a）不等径三通管   b）等径三通管

 知识链接

2.4.1   相贯线

1. 两立体相交及相贯线的概念

两立体相交按其立体表面性质的不同可分为：两平面立体相交、平面立体与回转体相交、两回转体相交三种情况，分别如图 2-74a、b、c 所示。两立体表面的交线即为相贯线。

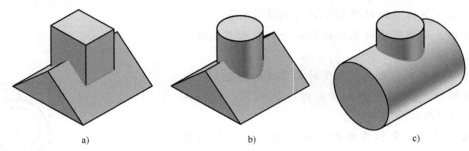

a)   b)   c)

图 2-74   两立体相交

a）两平面立体相交   b）平面立体与回转体相交   c）两回转体相交

图 2-74a 所示两平面立体的表面均为平面，因而两平面立体相交的实质是平面与平面立体相交的问题；图 2-74b 所示为平面立体与回转体相交，其实质是平面与曲面立体相交的问题。图 2-74a、b 中的相贯线作图方法可参考截交线的作图方法，相贯线的形状与切除较小形体后得到的截交线完全相同，此处不再详述。本任务主要学习曲面立体中的两回转体相交时相贯线的性质和作图方法。

2. 相贯线的性质

（1）共有性　相贯线是两立体表面的共有线，相贯线上的点是两立体表面的共有点。

（2）分界性　相贯线是两立体表面的分界线。

（3）封闭性　由于立体表面是封闭的，因此相贯线一般是封闭的空间曲线，特殊情况下为平面曲线或直线。

根据相贯线的性质，可知相贯线的作图问题实质是确定相贯的两立体表面的共有点，再将这些点光滑连接，即得相贯线。相贯线的作图方法主要有两种：积聚性法、辅助平面法。

特别提示：

绘制相贯线的一般步骤：

1）分析两相贯立体的形状、大小和相互位置，以及它们相对于投影面的位置，然后分析相贯线的性质。

2）先作出特殊位置点的投影。特殊位置点能确定相贯线的形状和范围，如立体表面转向轮廓线上的点、对称相贯线在其对称平面上的点，以及相贯线最高、最低、最前、最后、最左、最右位置处的点。

3）确定一般位置点的投影。为使作出的相贯线投影更加准确，需要在特殊位置点之间确定若干一般位置点，并作出其投影。

4）判别可见性。对相贯线的各个投影应分别进行可见性判别。

5）依次光滑连接各点的同面投影，即为所求。

2.4.2　两回转体相交的相贯线

1. 圆柱与圆柱相交的相贯线

当两曲面立体相交，其中至少有一个为圆柱体，且其轴线垂直于某投影面时，圆柱面在该投影面上的投影积聚为一个圆；其他投影可通过绘制表面上点的投影作出。这种方法称为积聚性法。

应用实例2-18：

如图2-75a所示，求作轴线正交的两圆柱的相贯线的投影。

分析：两圆柱轴线垂直相交，即正交。当直立圆柱轴线为铅垂线，水平圆柱轴线为侧垂线时，直立圆柱面的水平面投影和水平圆柱面的侧面投影都具有积聚性，所以相贯线的水平面投影和侧面投影分别积聚在对应的圆周上，此实例宜使用相贯线的积聚性法作图。因此，只要根据已知的水平面投影和侧面投影求作相贯线的正面投影即可。两不等径圆柱正交形成的相贯线为空间曲线，立体图如图2-75b所示。相贯线前后对称，在其正面投影中，可见的前半部分与不可见的后半部分重合，且左右也对称。因此，求作相贯线的正面投影只需作出前半部分的一半即可。

作图：

（1）求作特殊位置点投影　水平圆柱的最高素线与直立圆柱最左、最右素线的交点 A、B 是相贯线上的最高点，也是最左、最右点。a'、b'、a、b、a''、b'' 均可直接作出。点 C 是相贯线上的最低点，也是最前点，c'' 和 c 可直接作出，再由 c'' 和 c 求得 c'，如图2-75b所示。

（2）求作一般位置点投影　利用积聚性，在侧面投影和水平面投影上定出 e''、f'' 和 e、f，再作出 e'、f'，如图2-75c所示。

（3）判别可见性 相贯线正面投影的可见部分与不可见部分重合，故画成粗实线。

（4）依次光滑连接各点的正面投影 去除辅助线和多余线条，结果如图2-75d所示。

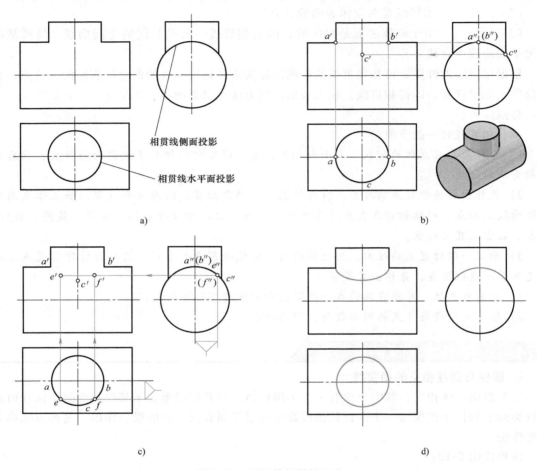

图 2-75 两不等径圆柱正交

a）已知投影 b）作特殊位置点投影 c）作一般位置点投影 d）作图结果

特别提示：

1）由于圆柱面可以是圆柱体的外表面，也可以是圆柱孔的内表面，因此两圆柱轴线垂直相交时相贯线可能有两种形式：两圆柱外表面相交的相贯线（图2-76a），外表面与内、外表面同时相交的相贯线（图2-76b）。

与圆柱孔内表面相交的相贯线作图方法与两圆柱外表面相贯线的绘制方法相同。

2）如图2-77所示，当两正交圆柱的相对位置不变，而直径大小发生变化时，相贯线的形状和位置也随之变化。

两正交圆柱直径关系不同时相贯线有以下三种情况：

① 当 $\phi_1 > \phi$ 时，相贯线的正面投影为上下对称的两段曲线，开口朝向直径较小圆柱的端部，如图2-77a所示。

② 当 $\phi_1 = \phi$ 时，相贯线为空间两个相交的椭圆，其正面投影呈现为两条相交的直线，如图2-77b所示。

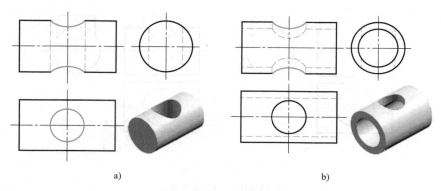

图 2-76 两圆柱正交的相贯线

③ 当 $\phi_1 < \phi$ 时，相贯线的正面投影为左右对称的两段曲线，开口同样朝向直径较小圆柱的端部，如图 2-77c 所示。

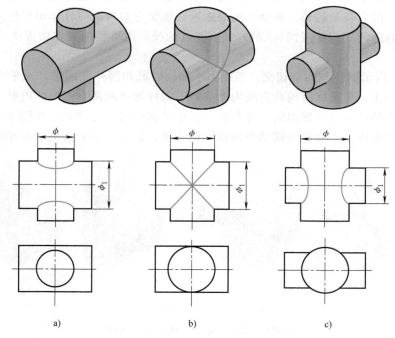

图 2-77 两正交圆柱相贯线的变化

a）$\phi_1 > \phi$，相贯线投影上下对称　b）$\phi_1 = \phi$，相贯线投影为直线　c）$\phi_1 < \phi$，相贯线投影左右对称

因此，当两个直径不同的圆柱正交时，其相贯线的非积聚性投影总为曲线，开口始终朝向直径较小圆柱的端部。

3）相贯线的简化画法。国家标准规定，允许采用简化画法作出相贯线的投影，即以圆弧代替非圆曲线。当轴线均平行于正投影面的两个不等径圆柱正交时，相贯线的正面投影以大圆柱的半径为半径画圆弧即可。相贯线简化画法示例如图 2-78 所示。

2. 圆柱与圆锥、圆球相交的相贯线

圆柱与圆锥、圆球相交时，绘制相贯线宜采用辅助平面法。

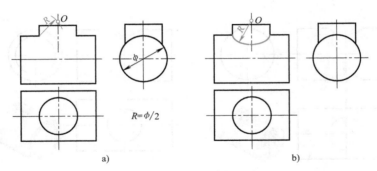

图 2-78　相贯线简化画法

a）已知投影　b）作图结果

　　辅助平面法的原理为：用辅助平面同时截切相贯的两回转体，在两回转体表面得到两条截交线，这两条截交线的交点即为相贯线上的点；这些点既在两相贯立体的表面上，又在辅助平面上，因此根据三面共点原理，可通过若干个辅助平面求出相贯线上一系列共有点，从而求得相贯线。但应强调的是，辅助平面的选取必须使它们与两回转体相交后所得截交线的投影为最简单的形状（直线或圆）。另外，有些点的投影也可根据立体表面上点、线的投影特性求得。

　　如图 2-79a 所示圆柱与圆锥相交，若用水平面同时截切圆柱和圆锥，水平面与圆锥面的截交线为水平圆弧，与圆柱面的截交线为含平行于圆柱轴线的两直素线的矩形。显然，两截交线的交点即为圆柱面与圆锥面的一对共有点，也是相贯线上的两点。如图 2-79b 所示圆柱与圆球相交，若采用正平面作为辅助平面截切两立体，截交线的交点也必为相贯线上的点。

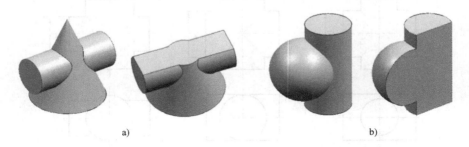

图 2-79　辅助平面法示例

a）圆柱与圆锥相交　b）圆柱与圆球相交

应用实例 2-19：

　　如图 2-80a 所示圆台和圆柱正交，求作相贯线投影。

　　分析：圆台和圆柱的轴线垂直相交，其相贯线为左右、前后均对称的封闭空间曲线。由于圆柱轴线垂直于侧面，其侧面投影积聚为圆。因此，相贯线的侧面投影也积聚在该圆周上，是圆台和圆柱侧面投影共有部分的一段圆弧。此实例中，相贯线的正面投影和水平面投影采用辅助平面法作出。

　　作图：

　　（1）求作特殊位置点投影　相贯线的最高点 A、B 同时也是最左、最右点，最低点 C、D 同时也是最前、最后点，这四点的正面投影和水平面投影可根据其侧面投影直接作出，如

图 2-80b 所示。

（2）求作中间位置点投影 在最高点与最低点之间接近中间位置处作辅助平面 P。如图 2-80c 所示，平面 P（水平面）与圆台的截交线是圆，其水平面投影反映实形，该圆的作法与圆锥截交线投影绘制中的纬圆法相同，即通过正面投影中圆台外轮廓线的延长线与平面 P 的交点投影作圆。平面 P 与圆柱面的交线是两条与轴线平行的直线，它们在水平面投影中的位置可根据侧面投影量取。在水平面投影中，截交线圆与两条直线的交点 e、f、g、h 即为相贯线上四个点的水平面投影，再由水平面投影作出对应的正面投影 e'、f'、g'、h'。

（3）判别可见性 相贯线正面投影的可见部分与不可见部分重合，水平面投影均可见，故均为粗实线。

（4）依次光滑连接各点的同面投影 去除辅助线和多余线条，结果如图 2-80d 所示。

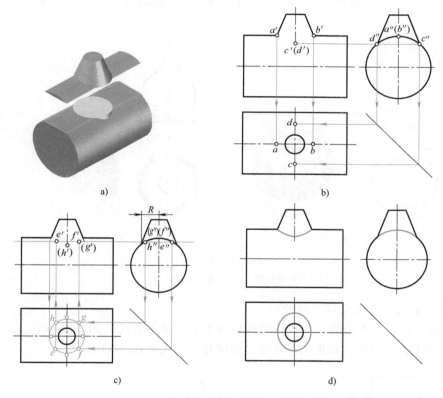

图 2-80 辅助平面法求作相贯线

a）相贯线分析 b）作特殊位置点投影 c）作中间位置点投影 d）作图结果

3. 相贯线的特殊情况

1）轴线正交且平行于同一投影面的圆柱与圆柱、圆柱与圆锥、圆锥与圆锥相交，若相交部分公切于一个球，则它们的相贯线是垂直于轴线所平行的投影面的椭圆。

如图 2-81 所示，圆柱与圆柱、圆柱与圆锥、圆锥与圆锥正交，轴线正交且都平行于正平面，相交部分公切于一个球。因此，它们的相贯线都是垂直于正平面的两个椭圆；连接正面投影中转向轮廓线的交点，即得相贯线的正面投影。

2）两个同轴回转体的相贯线，是垂直于轴线的圆（图 2-82）。

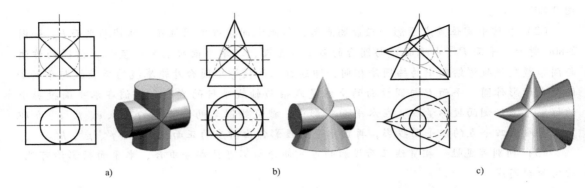

a)　　　　　　　　　　　　b)　　　　　　　　　　　　c)

图 2-81　公切于一个球的正交圆柱、圆锥的相贯线

a）两圆柱正交　b）圆柱与圆锥正交　c）两圆锥正交

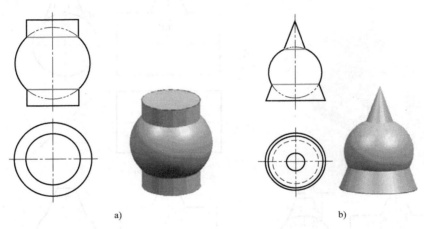

a)　　　　　　　　　　　　　　　b)

图 2-82　两个同轴回转体的相贯线

a）圆柱与圆球同轴　b）圆锥与圆球同轴

3）相贯线是直线的情况有以下两种：

① 两相交圆柱的轴线平行时，相贯线在圆柱面上的部分是直线（图 2-83a）。

② 两相交圆锥共锥顶时，相贯线在锥面上的部分是直线（图 2-83b）。

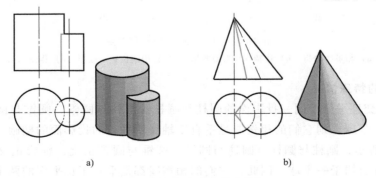

a)　　　　　　　　　　　　　　b)

图 2-83　相贯线是直线的情况

a）两相交圆柱轴线平行　b）两相交圆锥共锥顶

任务实施

分析图 2-72 所示三通管视图，可知水平圆柱与垂直圆柱外径不等，轴线正交，其主视图相贯线应为可见平面曲线，可采用简化画法作圆弧（粗线）；两圆柱均有圆柱孔，通过分析俯视图和左视图可知两孔直径相同，其主视图相贯线应为不可见直线，如图 2-84 所示。

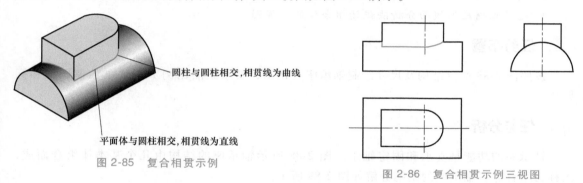

图 2-84 三通管的三视图

 知识补充

复合相贯

三个或三个以上的立体相交时，称为复合相贯。复合相贯的相贯线由若干条相贯线组合而成，结合处的点称为结合点。

处理复合相贯问题，关键在于分析曲面立体两两相交的情况，从而确定有几段相贯线相结合。如图 2-85 所示，大形体为半圆柱，小形体为一个四棱柱和一个半圆柱组合而成的 U 形块，二者的相贯线即为复合相贯线，其三视图如图 2-86 所示。

圆柱与圆柱相交，相贯线为曲线

平面体与圆柱相交，相贯线为直线

图 2-85 复合相贯示例

图 2-86 复合相贯示例三视图

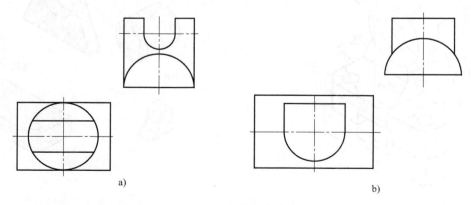 **拓展任务**

补绘图 2-87 所示两个相贯体的主视图，注意相贯线的画法。

a)

b)

图 2-87 相贯体的部分视图
a）相贯体 1 b）相贯体 2

任务 2.5　绘制轴承座的三视图

 学习目标

知识目标

1. 掌握组合体的构成形式。
2. 掌握形体分析法。
3. 掌握线面分析法。

能力目标

1. 能够正确分析组合体的组合方式。
2. 能够正确绘制叠加型和切割型组合体的三视图。
3. 能够正确应用形体分析法识读组合体的三视图。
4. 能够正确应用线面分析法识读组合体的三视图。

 任务布置

按照图 2-88 所示结构及尺寸绘制轴承座三视图，要求绘图比例 1∶1，并绘制图框和标题栏。

 任务分析

轴承座的功能是支承和固定轴承。图 2-88 所示轴承座的结构由几个基本体组合而成，故称为组合体。轴承座的结构分解如图 2-89 所示。

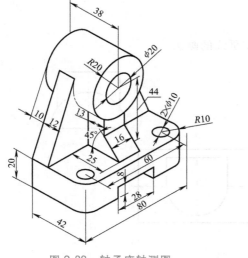

图 2-88　轴承座轴测图

图 2-89　轴承座结构分解图

工程实践中用到的绝大多数零部件都是组合体，其组合形式多样，三视图绘制也要注意线条之间的相切、共面和异面关系，故而组合体三视图的绘制和识读相对较复杂。要正确地绘制和识读组合体的三视图，就必须正确掌握组合体的组合形式及分析方法。

 知识链接

任何机件，从形体的角度来看，都可以看成是由一系列简单的基本体经过叠加、切割或穿孔等方式组合而成的。这种由两个或两个以上基本体组合构成的整体称为组合体。

2.5.1 组合体的组合方式

1. 组合体的构成形式

组合体按其构成形式的不同，通常分为叠加型和切割型两种。叠加型组合体由若干基本体叠加而成，如图 2-90a 所示；切割型组合体由基本体经过切割或穿孔后形成，如图 2-90b 所示；多数组合体则是既有叠加又有切割的综合型，如图 2-90c 所示。

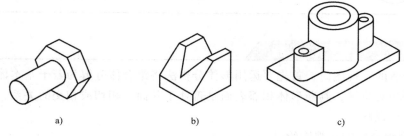

图 2-90　组合体的构成形式

a）叠加型　b）切割型　c）综合型

2. 组合体相邻两表面之间的关系

组合体中的基本体经过叠加、切割或穿孔后，形体相邻表面之间可能形成共面（又称平齐）、不共面（又称异面、相错）、相切及相交四种特殊关系，示例及说明见表 2-9。

表 2-9　组合体相邻两表面间的关系

关系	图　　例			说　　明
共面		无线		相邻两表面共面，两表面投影之间无分界线
不共面	有线	虚线		相邻两表面不共面，两表面投影之间应有分界线

（续）

关系	图　例	说　明
相切	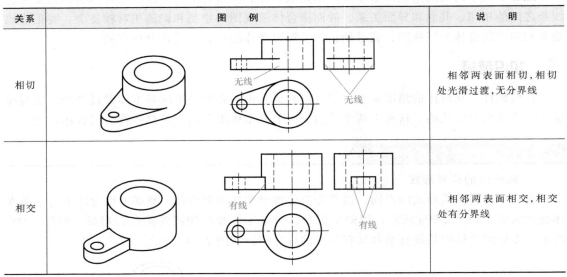 无线　无线	相邻两表面相切，相切处光滑过渡，无分界线
相交	有线　有线	相邻两表面相交，相交处有分界线

　　绘制组合体的三视图时，首先要运用形体分析法将组合体分解为若干基本体，分析它们的组合形式和相对位置，判断形体相邻表面是否处于共面、相切或相交的关系，然后逐个绘出各基本体的三视图。

1. 叠加型组合体的三视图绘制

　　以图 2-91 所示支架为例，说明叠加型组合体三视图的绘制步骤。

　　（1）形体分析　绘制组合体视图之前，应对组合体进行形体分析，了解组合体各组成基本体的形状、组合形式、相对位置关系，以便对组合体的形状有整体概念。

　　1）分析组成基本体。如图 2-92 所示，组成支架的 4 个基本体为底板、直立空心圆柱、水平空心圆柱和肋板。

图 2-91　支架轴测图

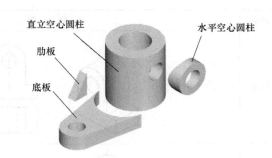

直立空心圆柱　水平空心圆柱
肋板
底板

图 2-92　支架结构分解

　　2）分析组合形式。底板与直立空心圆柱底面平齐，底板的侧面与直立空心圆柱外表面相切，在相切处没有分界线；水平空心圆柱与直立空心圆柱垂直相交，在外表面和内表面都有相贯线；肋板的左、右侧面与直立空心圆柱相交，截交线为直线，肋板斜面也与直立空心圆柱相交，截交线为一段椭圆弧。

3）分析相对位置关系。整体结构左右不完全对称。

（2）视图选择

1）选择主视图。主视图是三视图中最重要的视图。主视图选择是否恰当，直接影响组合体三视图表达的清晰性。选择主视图的关键是确定如何放置所表达的物体和采用怎样的投影方向作为主视图的投射方向。

选择主视图时，一般遵循以下原则：

① 组合体应按自然位置放置，即选择保持组合体自然稳定的位置。

② 主视图应尽可能最大限度地反映组合体的结构形状特征及各基本体之间的相对位置关系，即把反映组合体各基本体及其相对位置关系最多的方向作为主视图的投影方向。

③ 主视图中应尽量少地出现虚线，即选择组合体的安放位置和投影方向时，要同时考虑使各视图中的不可见部分最少，以尽量减少各视图中的虚线。

对于图 2-91 所示支架，通常将直立空心圆柱的轴线置于铅垂位置，为了清楚地表达支架结构并最大限度地减少视图中的虚线，将水平空心圆柱朝前放置，选择图 2-91 所示方向 A 作为主视图的投射方向。

2）选择其他视图。要完整地表达支架各基本体的结构形状及其相对位置关系，还需要画出俯视图和左视图。

（3）绘制三视图的方法和步骤

1）在绘制组合体的三视图时，应分清组合体结构形状的主次关系，先画主要部分，后画次要部分。

2）在绘制每一部分的视图时，要先画反映该部分形状特征的视图，后画其他视图。

3）要严格按照投影关系，三个视图配合逐一画出每一组成部分的投影，切忌一次性画完一个视图的所有内容，再画另一个视图的所有内容。主视图确定后，其他视图也随之确定。

具体作图步骤如下：

1）选比例、定图幅。绘图时，应遵照国标，尽量选用 1∶1 的比例绘制，这样可以在图样上直接看出机件的真实大小。选定比例后，由机件的长、宽、高尺寸估算三个视图所需的面积，并在视图之间留出标注尺寸的位置和适当的间距。根据估算的结果，选用恰当的标准图幅。

2）布局（布置图面）。布局面是指确定各视图在图纸上的位置。布局前先把图纸的边框和标题的边框画出来。各视图的位置要匀称，并注意两视图之间要留出适当距离以标注尺寸。大致确定各视图的位置后，画对称中心线、轴线等作图基准线。基准线也是画图时测量尺寸的基准，每个视图应画出两个方向的基准线。

3）画底稿。根据形体分析的结果，逐步画出组合体的三视图。画图时，要先用细实线轻而清晰地画出各视图的底稿。画底稿的顺序如下：

① 先画主要形体，后画次要形体。

② 先画外形轮廓，后画内部细节。

③ 先画可见部分，后画不可见部分。

特别提示：底稿线一定要用细实线轻轻地画，能看清即可，以便检查时修改。

④ 检查、描深。底稿完成后，逐个检查每个组成部分的各个视图，改正错误，去掉多余图线，添画遗漏图线。检查完后，采用国家标准规定的各种线型描深所有图线。

描深顺序一般是：先描深细线，再描深粗线；描深粗线时先描深曲线，再描深直线。当几种线型重合时，一般按"粗实线、细虚线、细点画线、细实线"的顺序优先选画排序在前面的线型。

支架三视图的绘制过程如图 2-93 所示。

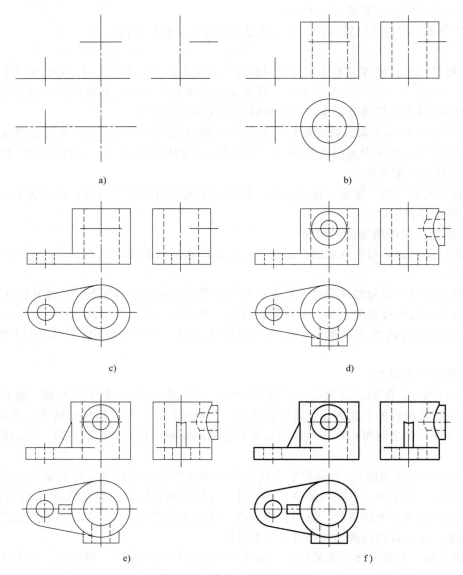

图 2-93　支架三视图的绘制

a）画作图基准线　b）画直立空心圆柱三视图　c）画底板三视图　d）画水平空心圆柱三视图　e）画肋板三视图　f）按标准线型描深

2. 切割型组合体的三视图绘制

以图 2-94 所示切割体为例，说明切割型组合体三视图的绘制步骤。

视图绘制步骤如下：

（1）形体分析　该形体属于切割型组合体，是在长方体的基础上，由正垂面切去左上角的三棱柱后，在剩下的立体中间再挖去一个四棱柱形成一个侧垂通槽，如图 2-94 所示。

（2）视图选择　选择图 2-94 所示箭头方向为主视图方向，并进行三视图绘制。

（3）定比例、图幅　根据组合体的大小选定适当的比例和图幅。

（4）布局、绘制底稿　画出作图基准线，先画未切割的完整的长方体的三视图，再画出切去左上角的三棱柱后的截交线投影，去掉多余的图线，如图 2-95a 所示。在此基础上，画出通槽，投影，具体步骤可先画通槽的左视图，然后根据投影特性补画主视

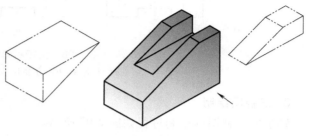

图 2-94　切割型组合体

图，最后根据主视图和左视图完成俯视图及其他图线的绘制，如图 2-95b 所示。

（5）检查、描深　全面检查视图，利用正投影的类似性性质检查左上表面的正确性，即其水平面投影和侧面投影都是"凹"字形八边形。采用国标规定的线型对图线进行描深，结果如图 2-95c 所示。

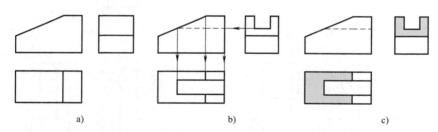

　　a)　　　　　　　　　　b)　　　　　　　　　　c)

图 2-95　切割体三视图的绘制

a）画基本切割体三视图　b）画通槽三视图　c）按标准线型描深

 任务实施

1. 形体分析

（1）分析组成基本体　如图 2-89 所示，轴承座可看作由 4 个基本体组成，即底板、支撑板、肋板和套筒。

（2）分析组合形式　支撑板叠放在底板上，它们的后表面共面（平齐）；支撑板的上部支承套筒下侧，其两侧面与套筒圆柱面相切，但二者后表面相错；肋板居中叠放在底板上，后表面与支撑板相交，而肋板的上部支承套筒下侧，两侧面与套筒圆柱面相交。

（3）分析相对位置关系　轴承座整体结构左右对称。

2. 主视图选择

如图 2-96 所示，三个方案均选择底面在下，符合自然位置选择原则。其中，方案 A 能较充分地反映轴承座各部分的位置关系；方案 B 虚线较多，不适合作主视图；方案 C 中的主视图也有较多的虚线，且不能最大程度地表达整体形状。故选用方案 A 较为合适。

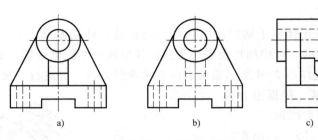

图 2-96　主视图的选择

a）方案 A　b）方案 B　c）方案 C

3. 三视图绘制

轴承座三视图的绘制过程如图 2-97 所示。

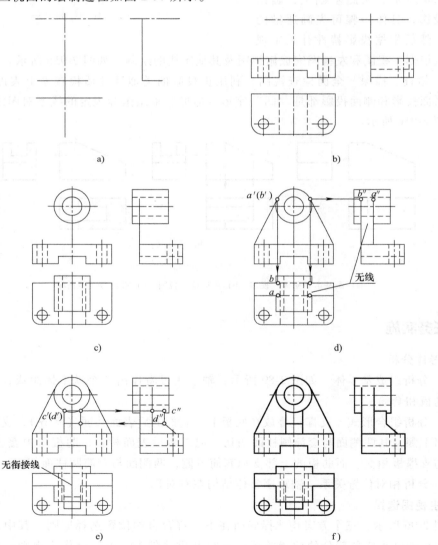

图 2-97　轴承座三视图的绘制

a）画作图基准线　b）画底板三视图　c）画套筒三视图　d）画支撑板三视图　e）画肋板三视图　f）按标准线型描深

4. 绘制图框和标题栏（略）

 知识补充

识读组合体视图

读图是绘图的逆过程。绘图是把空间立体的组合体用正投影法表示为其各面投影（如三视图），而读图则是根据已画出的视图，运用投影规律和一定的分析方法（常用方法是形体分析法和线面分析法），想象出组合体的立体形状。绘图和读图是同等重要的，掌握读图方法并能熟练运用，是工程技术人员必备的基本能力。

要快速熟练地读懂组合体视图，首先需要掌握一定的有关读图的基本知识，学习读图的基本方法与步骤，然后通过大量的读图练习提高读图的速度和准确度。

1. 读图的基本要领

（1）明确视图中图线、线框的投影含义　视图中的每个封闭线框通常都是机件的一个表面（包括平面和曲面）或孔的投影。视图中的每条图线则可能是平面或曲面的积聚投影，也可能是线的投影。因此，必须将各个视图联系起来对照分析，才能明确视图中线框和图线所表示的意义，相关示例如图 2-98 和图 2-99 所示。

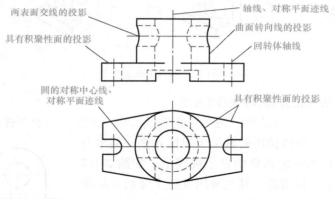

图 2-98　视图中图线的含义

（2）将各个视图联系起来进行识读　在工程图样中，组合体的形状是通过多个视图来表达的，每个视图只能反映机件在一个方向上的形状。因而，仅由一个或两个视图往往不能唯一地表达某一组合体的形状。

图 2-100 所示的五组视图，主视图均相同，仅看一个主视图不能确定组合体的空间形状和各部分间的相对位置，必须同俯视图联系起来，才能

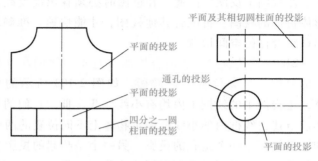

图 2-99　视图中线框的含义

明确组合体各部分的形状和相对位置。由组合体的主视图了解各部分之间上下、左右的相对位置，由俯视图可了解各部分之间前后、左右的相对位置。

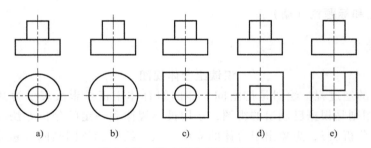

图 2-100　联系两个视图进行读图

有时两个视图也不能完全确定组合体的形状，如图 2-101 所示，前两组视图、后两组视图的主视图和左视图分别相同，但由于它们的俯视图均不同，所以表达的是四个不同的形体。由此可见，读图时必须把所给出的各个视图联系起来，才能想象出组合体的确切形状。

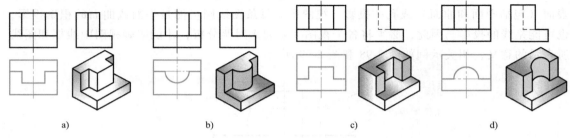

图 2-101　联系三视图进行读图

（3）从反映形状和位置特征的视图入手

1）能清楚表达机件形状特征的视图，称为形状特征视图。一般主视图能较多地反映组合体的整体形状特征，所以读图时常从主视图入手。但组合体各部分的形状特征不一定都集中在主视图上，如图 2-102 所示的支架由三部分叠加而成，其主视图反映了竖板的形状以及底板和肋板的相对位置，但底板和肋板的形状分别在俯、左视图上反映。因此，在读图时必须找出能反映各部分形体特征的视图，再配合其他视图，才能快速、准确地想象出该组合体的空间形状。

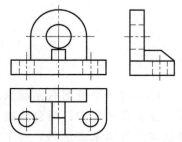

图 2-102　分析形状特征视图

2）能清楚表达构成组合体的各基本体之间相互位置关系的视图，称为位置特征视图。如图 2-103 所示的两个物体，主视图中的线框 I 内均有小线框 II、III，它们的形状特征很明显，但相对位置不清楚。如前所述，线框内的小线框表示物体上不同位置的两个表面投影。对照俯视图可看出，圆形和矩形线框中一个是孔的投影，另一个是凸起的投影，但并不能确定哪个形体是孔，哪个形体是凸起，只能再对照左视图才能确定，所以图 2-103 所示三视图中的左视图就是位置特征视图。

2．读图的基本方法

组合体视图的识读一般采用形体分析法。所谓形体分析法，就是假想地将组合体分解成若干个基本体，分析各基本体之间的相对位置及相邻表面过渡关系，再进行读图。

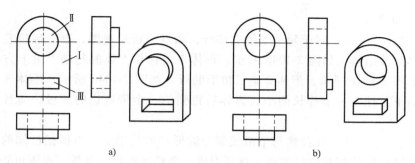

图 2-103　分析位置特征视图

a)　　　　　　　　　　　　　　　b)

对于形状比较复杂的组合体，在运用形体分析法的同时，还常运用线面分析法来帮助想象和识读不易看明白的局部形状。

（1）用形体分析法读图　在读图时，根据组合体各个视图的特点将视图分成若干部分，即根据投影特性逐个找出各个基本体在视图中的投影，确定各基本体的形状以及各基本体之间的相对位置，最后想象出组合体的整体形状。

图 2-104a 所示为轴承座的三视图，试想象该组合体的空间形状。

采用形体分析法，读图步骤如下：

1）分线框，对投影。如图 2-104a 所示，从主视图入手，将其分解为 4 个封闭的线框，每个线框代表一个形体的投影，分别标记为 1、2、3（左右对称的两个三角形线框编一个序号）。由形体投影 1 开始，根据"三等"投影关系找到它们在俯、左视图上的对应投影，如

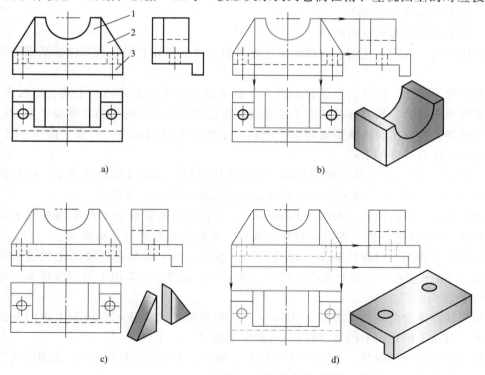

a)　　　　　　　　　　　　　　　b)

c)　　　　　　　　　　　　　　　d)

图 2-104　轴承座三视图的识读

a) 轴承座三视图　b) 形体 1 投影分析　c) 形体 2 投影分析　d) 形体 3 投影分析

图 2-104b、c、d 所示。

2）想形状，定细节。对于每一个组成部分，通过分析三视图，首先确定它们的大体形状，再分析其细节结构。如图 2-104b 所示，形体 1 是在长方体的基础上由上方挖出半圆槽而得到的。如图 2-104c 所示，形体 2 是三角形肋板。如图 2-104d 所示，形体 3 是在长方体的基础上由后下方挖去一个等长的小长方体后得到的一个带弯边的底板，而且上面有两个通孔。

3）定位置，想整体。在读懂每个组成部分的形状的基础上，再根据已知的三视图，利用投影关系判断它们的相互位置关系，逐渐形成一个整体形状。分析三视图可知，开槽方块 1 在底板 3 的上方，位置是左右置中，二者后表面平齐；三角形肋板 2 在方块 1 的两侧，与方块 1、肋板 2 后表面平齐；底板 3 的弯边可由左视图清楚地看到。这样结合起来，就能想象出组合体的空间形状，如图 2-105 所示。

（2）用线面分析法读图　线面分析法是把组合体分为若干个面，根据面的投影特点逐个确定其空间形状和相对位置，从而想象出组合体的形状。线面分析法一般用于辅助形体分析法读图。

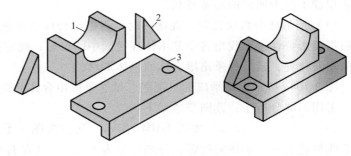

图 2-105　轴承座的整体形状

图 2-106a 所示为压块的三视图，试想象该组合体的空间形状。

分析压块的三视图，它的三面投影都接近矩形，由此得知它是在长方体的基础上切割而成的。

分析主视图可知，压块的形成首先由一个正垂面切去了长方体的左上角，形成平面 P；然后联系俯视图可知，长方体又被两个铅垂面切出左侧前后对称的缺角，形成平面 Q；再联系左视图可知，长方体又由水平面和正平面切出了前后下方的缺块，形成平面 R 和平面 S。具体的分析方法与步骤如下：

1）分线框，定面形。从主视图开始，结合其他视图，根据投影规律逐个分析特征平面 P、Q、R、S 的三个投影，从而得到它们所表示的面的形状和空间位置。

分析压块左上方的缺角。如图 2-106b 所示，主视图上的斜线 p' 对应于俯视图上的等腰梯形线框 p，对应于左视图上的类似梯形线框 p''，可断定平面 P 为正垂面。

分析压块左侧前后对称的缺角。如图 2-106c 所示，前方缺角在俯视图上的投影是一条斜直线 q，对应于主视图上的七边形线框 q'，对应于左视图上的类似七边形线框 q''，可断定平面 Q 为铅垂面。

分析压块前下方的缺块。如图 2-106d 所示，左视图上的直线 r'' 对应于主视图上的小矩形线框 r'，对应于俯视图中的直虚线 r，可断定平面 R 为正平面。

分析压块前下方的缺块。如图 2-106e 所示，俯视图中的四边形线框 s，分别对应于主视图和左视图中的直线 s' 和 s''，可断定平面 S 为水平面。

依次划框并对照投影，即可将组合体上各面的形状和空间位置分析清楚。如面 T 是正平面，它与正平面 R 前后错开，中间以水平面 S 相连。

2）识交线，想整体。直线 AB 是铅垂面 Q 与正平面 R 的交线，必定是铅垂线；直线 AD 是铅垂面 Q 与水平面 S 的交线，必定是水平线；直线 CD 是铅垂面 Q 与正平面 T 的交线，也必定是铅垂线。在视图中确定投影的对应关系，如图 2-106e 所示。

将线、面分析综合起来，就可以想象出压块的空间形状，如图 2-106f 所示。

综上所述，形体分析法多用于叠加和综合型的组合体；线面分析法多用于切割型的组合体。读图时，通常是形体分析法与线面分析法配合使用。对于形状比较复杂的组合体，可用形体分析法分离形体，分析位置关系；再用线面分析法分析各个形体的具体形状和细节结构，两者紧密配合，最终达到读懂图形的目的。

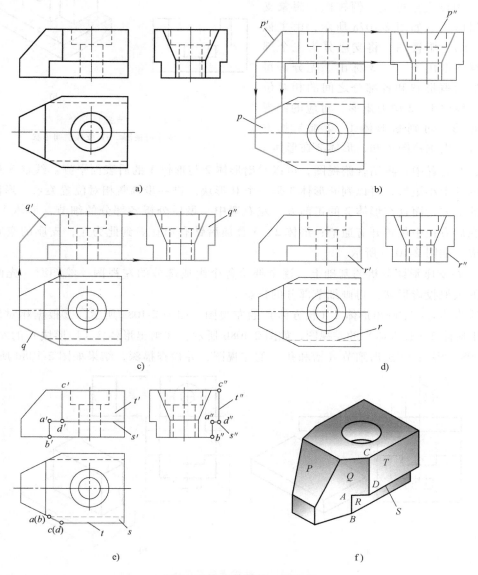

图 2-106　压块的线、面分析

a）压块三视图　b）分析正垂面 P　c）分析铅垂面 Q　d）分析正平面 R　e）分析水平面 S、T　f）压块立体图

3. 由组合体的两视图补画第三视图

根据已给的完整两视图或缺线的几个视图，通过分析，想象出组合体的形状，再补绘出第三视图或所缺的图线是一种读图的训练方法和考查方法。

补图或补线时，应认真、仔细地分析已知条件，利用形体分析法和线面分析法，对照投影、想象形状。对于初学者，可以利用三角板来辅助对齐长度、高度投影线，也可以画出立体草图帮助理解。

如图 2-107a 所示为支座的主、俯视图，试想象支座的空间形状，并补绘它的左视图。

（1）识读支座的主、俯视图，想象支座的空间形状 如图 2-107a 所示，由主视图入手，结合俯视图，将支座分为三个部分，主视图中用 1、2、3 标出。先分析每一部分的大概形状和各部分之间的相对位置关系。线框 1、2 均为矩形，对应的俯视图也为矩形，可判断形体 1、2 都是长方体。而且，由主视图可知，形体 2 在形体 1

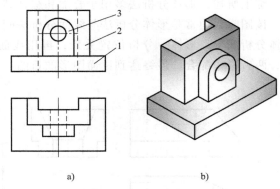

a)　　　　　　　　b)

图 2-107　支座的形体分析

a）支座两视图　b）支座空间形状

的上方，左右置中；再结合俯视图，可以看出形体 2 与形体 1 的后表面平齐。线框 3 对应俯视图中的一个小矩形，可以判断形体 3 是一个 U 形块。进一步判断相对位置关系，形体 3 在形体 1 的上方，而且在形体 2 的正前方，左右置中。最后分析各部分的细节，形体 1、2 叠加后，在后方正中位置开有通槽；形体 2、3 叠加后钻有通孔。到此为止，支座的空间形状就已形成，如图 2-107b 所示。

（2）在支座形体分析的基础上，逐个补绘各个组成部分的左视图 绘图时，先画出各个部分的大概投影形状，再画细节部分的投影。

具体步骤为：①画出形体 1（长方体）的左视图，如图 2-108a 所示；②根据相对位置关系，画出形体 2（长方体）的左视图，如图 2-108b 所示；③画出形体 3（U 形块）的左视图，如图 2-108c 所示；④画出细节（槽和孔）的左视图，并检查描深，结果如图 2-108d 所示。

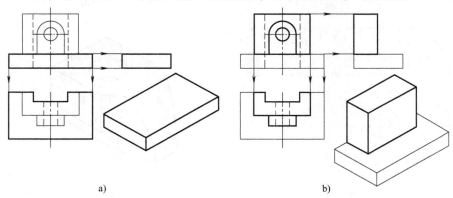

a)　　　　　　　　　　　　　　　　b)

图 2-108　补绘支架左视图

a）画形体 1　b）画形体 2

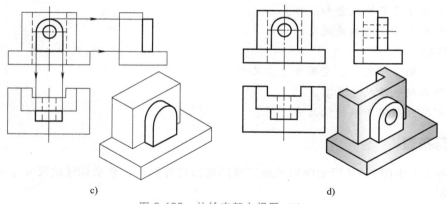

图 2-108 补绘支架左视图（续）

c）画形体 3 d）画细节及描深

拓展任务

按照图 2-109 所示立体结构及尺寸绘制机件三视图，要求按绘图比例 1.5∶1 在 A4 图纸上绘制，并绘制图框和标题栏。

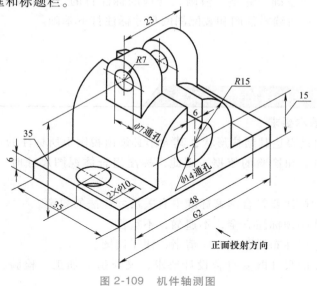

图 2-109 机件轴测图

任务 2.6 标注轴承座三视图的尺寸

 学习目标

知识目标

1. 掌握尺寸的分类。

2. 掌握尺寸基准的概念和选择。

3. 掌握尺寸标注的相关规定。

能力目标

1. 能够正确分析定位、定形与总体尺寸。

2. 能够正确选择尺寸基准。

3. 能够按照规定正确标注尺寸。

 任务布置

对任务 2.5 中图 2-97f 所示的轴承座三视图进行尺寸标注，要求标注的尺寸正确、完整、清晰、合理。

 任务分析

任务 2.5 完成了组合体三视图的绘制，但要正确阅读图样并成功加工所绘零件，离不开正确、完整、清晰、合理的尺寸标注。

尺寸是描述组合体形状特征和加工要求的技术参数。要正确地标注尺寸，不仅要正确选择基准，而且为了达到正确、完整、清晰、合理的标注目的，还要掌握尺寸标注的相关规定。掌握这些内容可为后续零件图和装配图的尺寸标注打下基础。

 知识链接

2.6.1 组合体尺寸标注的基本知识

1. 尺寸标注的基本要求

组合体的三视图只表达其结构形状，其大小必须由视图上所标注的尺寸来确定。三视图上的尺寸是制造、加工和检验的依据。因此，标注组合体视图尺寸时，必须达到以下基本要求：

（1）正确　尺寸标注要符合国家标准中有关尺寸注法的规定。

（2）完整　尺寸必须标注齐全，不遗漏，不重复。

（3）清晰　尺寸标注布局要整齐、清晰，便于读图。

（4）合理　标注的尺寸既要符合设计要求，又应适应加工、检验、装配等生产工艺的要求。

2. 尺寸标注的基本原则

1）尺寸数值为零件的真实大小，与绘图比例无关。

2）尺寸通常以毫米为单位，如采用其他单位，则需标明单位名称。

3）图样中所注尺寸为加工完成后的尺寸。

4）一个尺寸一般只标注一次，并应标注在最能清晰反映该形状特征的视图上。

5）尺寸配置要合理。

2.6.2 尺寸的分类

组合体的尺寸根据其作用不同可以分为三类：定形尺寸、定位尺寸和总体尺寸。

1. 定形尺寸

即用以确定组合体中各个组成部分形状和大小的尺寸，如图 2-110b 所示底板的长、宽、高分别为 28mm、17mm、7mm。

2. 定位尺寸

即用以确定组合体中各个组成部分之间相对位置关系的尺寸，如图 2-110b 所示的高度尺寸"21"用于确定 R9 圆弧和 φ9 孔的中心位置。

3. 总体尺寸

即用以直接确定组合体总长、总宽、总高的尺寸，如图 2-110b 所示尺寸值"28"、"17"、"21"均为总体尺寸。

如果某个总体尺寸与已有的定形尺寸或定位尺寸重合，则不再重复标注。组合体的端部是回转体时，则该组合体的总体尺寸不直接注出，而是注出回转体中心轴线到底面的距离（位高），即组合体总高为这个距离和回转体半径之和，如图 2-110b 所示组合体的总高为 30mm（21mm+9mm）。

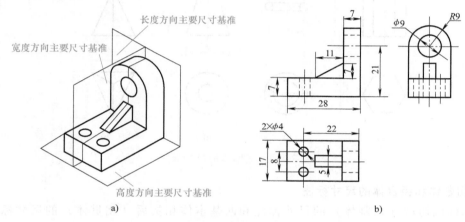

图 2-110 组合体的尺寸分析

a）组合体的三个尺寸基准   b）组合体的尺寸标注

2.6.3 尺寸基准

所谓尺寸基准，就是尺寸标注的起点。组合体有长、宽、高三个方向（或径向、轴向两个方向）的基准，每个方向至少应该有一个尺寸基准，用来确定该方向上各基本体之间的相对位置。同方向的尺寸基准中，有一个是主要基准，通常由它注出的尺寸较多。除此之外，还可能有若干个辅助基准。

组合体上的点、直线、平面都可以作为基准，曲面一般不能被选作基准。通常选择组合体中较大的平面（对称面、底面、端面）、直线（回转轴线、对称线）、点（球心、顶点）等作为尺寸基准。

2.6.4 常见基本形体的尺寸标注

1. 基本体的尺寸标注

基本体的尺寸标注方法如图 2-111 所示，所标注的尺寸以能确定基本体的形状、大小为原则。平面立体一般要标注长、宽、高三个方向的尺寸；回转体一般只标注径向和轴向两个方向的尺寸，标注径向尺寸时，尺寸数值前应加上直径符号"ϕ"或半径符号"R"，若标注球体尺寸，则数值前应加上球体半径符号"SR"或球体直径符号"$S\phi$"。

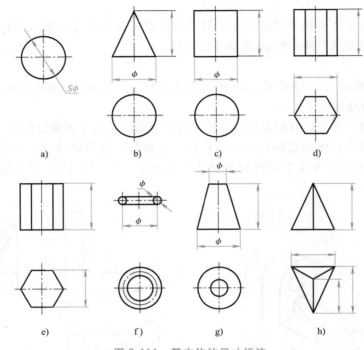

图 2-111　基本体的尺寸标注

2. 切割体和相贯体的尺寸标注

基本体截切后（切割体）的尺寸标注和两基本体相贯后（相贯体）的尺寸标注如图 2-112所示。截交线和相贯线上不应直接标注尺寸，因为它们的形状和大小取决于平面与立体或立体与立体的形状、大小及其相对位置。

标注截交部分的尺寸时，只需标注参与截交的基本体的定形尺寸和截平面的定位尺寸，如图 2-112a ~ e 所示。

标注相贯部分的尺寸时，只需标注参与相贯的基本体的定形尺寸及其相贯位置的定位尺寸，如图 2-112f ~ h 所示。

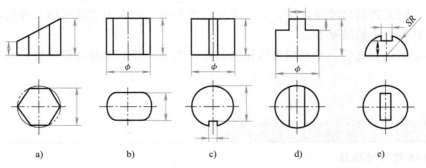

图 2-112　切割体和相贯体的尺寸标注

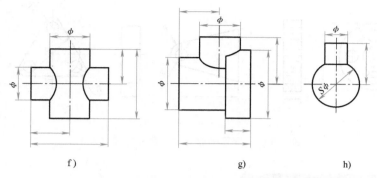

f)

g)

h)

图 2-112 切割体和相贯体的尺寸标注（续）

如图 2-113 所示的相贯体尺寸标注示例中，尺寸线上画有符号"×"的四个尺寸均不应标出。

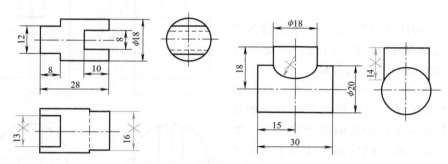

图 2-113 相贯体的尺寸标注示例

3. 常见平板立体的尺寸标注

几种常见平板立体的尺寸标注如图 2-114 所示。

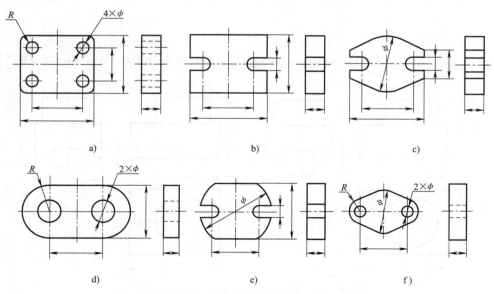

a)

b)

c)

d)

e)

f)

图 2-114 常见平板立体的尺寸标注

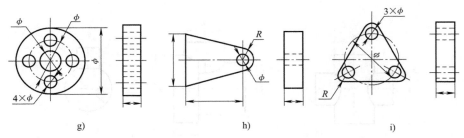

图 2-114　常见平板立体的尺寸标注（续）

2.6.5　尺寸标注的注意事项

要完整地标注组合体的尺寸，并且标注清晰、合理，易于理解，还应注意以下事项：

1）尺寸应尽量标注在反映形体特征最明显的视图上。如图 2-115 所示，凹槽形体的主视图最能反映形体特征，因此，槽宽尺寸"13"标注在主视图上更为合理。

2）同一形体的尺寸应尽量集中标注，以便读图时查找尺寸。通常形体三个方向的尺寸应尽量集中标注在相邻的两个视图上。如图 2-116a 所示，圆柱的定形尺寸及定位尺寸均标注在主视图上，底板的相关尺寸主要集中在俯视图及主视图上，凹槽的相关尺寸集中在左视图中，这样的尺寸布局更为合理。

3）半径尺寸一定要标注在投影为圆弧的视图上；圆孔的直径尺寸尽量标注在投影为圆的视图上；外圆的直径尺寸最好标注在投影为非圆的视图上，如图 2-117 所示。小于或

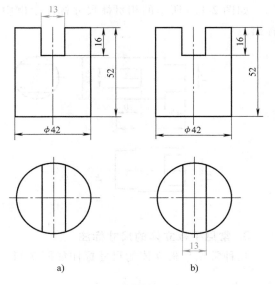

图 2-115　尺寸标注在反映
形体特征最明显的视图上

a）槽宽标注合理　b）槽宽标注不合理

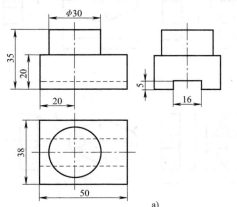

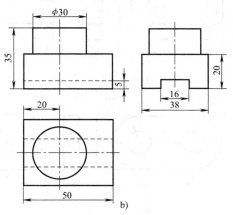

图 2-116　同一形体的尺寸应尽量集中标注

a）尺寸标注集中，合理　b）尺寸标注分散，不合理

等于半圆的圆弧标注半径；大于半圆的圆弧标注直径；但多段圆弧同心时，无论是否大于半圆都需要标注直径；特别是同心圆弧较多时，尺寸不宜集中标注在投影为圆的视图上，避免尺寸被标注成辐射形式。

4）尺寸应尽量避免标注在虚线上，如图2-117所示，内孔直径尺寸"2×φ8"应标注在俯视图上。

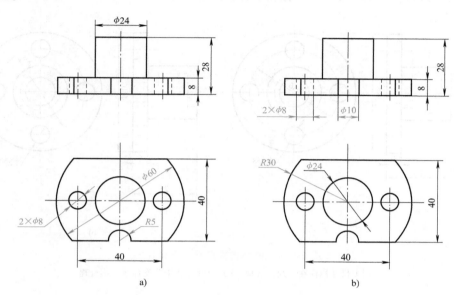

a) b)

图 2-117 半径、直径、外圆尺寸的标注

a）尺寸标注合理 b）尺寸标注不合理

5）尺寸线平行排列时，应将小尺寸标注在内侧，靠近视图，大尺寸标注在外侧。尽量避免尺寸线、尺寸界线及轮廓线发生相交，如图2-118所示。

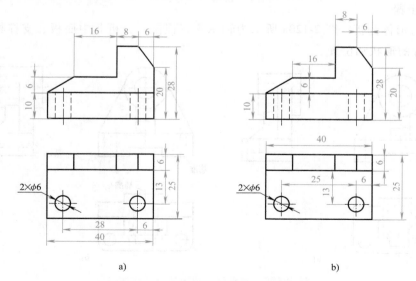

a) b)

图 2-118 避免尺寸线、尺寸界线及轮廓线相交

a）小尺寸在内，大尺寸在外，图线无交叉，合理 b）尺寸排列不齐，图线有交叉，不合理

6）尺寸应尽量标注在视图外侧，以保持视图清晰；同一方向连续的多个尺寸应尽量标注在同一条尺寸线上，使尺寸标注整齐，如图2-118a主视图中的三个长度尺寸"16"、"8"、"6"，俯视图中的尺寸"13"与"6"、尺寸"28"与"6"。

7）同一方向上的内、外结构尺寸，应尽量分开标注，以方便读图。如图2-119a所示，主视图中的外形尺寸"26"和"6"标在下方，内部尺寸"12"和"10"标在上方。

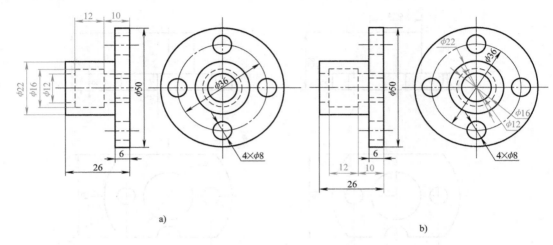

图 2-119　内外结构尺寸分开标注

a）同类尺寸标注在一起，合理　b）尺寸标注未分类标注，不合理

任务实施

1. 方法选择

采用形体分析法分析组合体的组成部分，逐个标注每部分的相关尺寸。

2. 实施步骤

（1）进行形体分析　图2-120a所示为轴承座三视图，分析其中底板、支撑板、肋板和套筒四个部分的形状和位置。

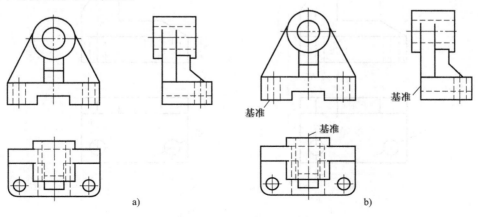

图 2-120　轴承座三视图的尺寸标注

a）轴承座三视图　b）选定尺寸基准

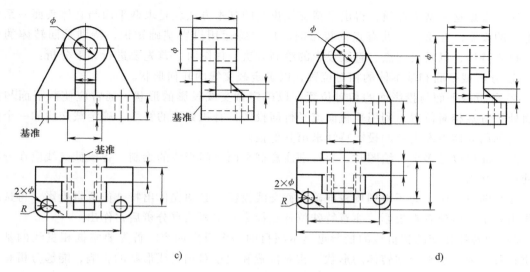

图 2-120 轴承座三视图的尺寸标注（续）

c）标注定形、定位尺寸 d）标注总体尺寸

（2）选定尺寸基准 在组合体长、宽、高三个方向上依次选定主要尺寸基准。根据轴承座的结构特点，长度方向以左右对称面为基准，高度方向以底面为基准，宽度方向以背面为基准，如图 2-120b 所示。

（3）标注定形、定位尺寸 从组合体长、宽、高三个方向的尺寸基准出发，依次标注出各基本体的定形尺寸和定位尺寸，如图 2-120c 所示。

（4）标注总体尺寸 在长、宽、高三个方向上标注轴承座的总体尺寸，然后依次检查、确定四个组成部分的定形尺寸和定位尺寸齐全、正确，并使尺寸配置符合清晰、合理的要求，结果如图 2-120d 所示。

拓展任务

对任务 2.5 中图 2-109 所示机件的三视图进行尺寸标注，要求尺寸标注正确、完整、清晰、合理。

项 目 小 结

通过本项目多个任务的学习和训练，学生应当掌握以下知识和技能：

1）掌握正投影法的基本概念、三视图的投影规律以及各种位置点、线、面的投影特性。

2）点的投影是直线、平面和立体投影的基础，应从学习点的投影开始注意培养空间想象的能力。

3）作直线的投影时，一般先画出直线两端点的投影，将两端点的同面投影相连即为直线的投影；求作平面的投影时，其实质也是求平面各个顶点的投影。

4）基本（几何）体是组合体的基本组成部分。应了解基本体的形状特征、投影方式，熟练掌握基本体三视图的绘制方法；重点掌握基本体的投影特征。

5）截交线投影的绘制是本项目的一个重点内容。首先必须掌握截交线"共有性"的基本性质，根据这一基本性质，得出求截交线投影的基本方法就是求截平面与立体表面一系列共有点的投影。在求这些共有点的投影时，应熟练运用投影基础知识，特别是回转体的形成、投影特性，以及表面点、直线投影的绘制方法。作图时，首先要进行如下分析：

① 分析截平面和基本体的相对位置，以确定截交线的几何形状。

② 分析截平面与投影面的相对位置，以确定截交线投影的形状。通常应使截平面与投影面处于特殊相对位置，利用垂直面或平行面投影具有积聚性的特性，确定截交线的一个投影，再利用立体表面上点的投影特性求出其他投影。

截平面可以是多个，绘图时，要特别注意截平面之间交线的绘制。各段截交线应在分界点处连接起来。

在绘图过程中，为了得到比较准确的截交线投影，必须先作出特殊位置点投影，再选取并作出若干一般位置点投影。注意特殊位置点投影一定要认真分析后再作出。

6）回转体相交的相贯线的投影也是本项目的一个重点内容。首先要掌握相贯线的基本性质；其次要熟悉相交回转体的形状、相对位置和大小对相贯线形状的影响，能够分析相贯线形状的变化规律。

求作相贯线投影的方法主要有积聚性法和辅助平面法两种。凡相交回转体之一是圆柱的，就可以利用圆柱投影的积聚性作图；若相交回转体没有积聚性，则用辅助平面法作图。在选择辅助平面时，必须使辅助平面和相交回转体的交线投影为直线或圆等简单的形状。

作图时，首先要分析是何种基本体相交、何处有交线、交线的大致形状如何、可以用何种方法作图；其次要求出特殊位置点投影，为了作图准确，一定要求出转向轮廓线上的点以及一些极限位置点的投影；然后要注意完成转向轮廓线的投影，注意转向轮廓线上的特殊位置点须在相贯线上；最后光滑连接这些点的同面投影，判断相贯线及转向轮廓线的可见性。

7）基本体投影的绘制和截交线、相贯线投影的绘制是绘制组合体三视图的基础。要能够正确分析组合体的组合形式，掌握基本体相切、相交、共面和异面对三视图绘制的影响。

8）要能够正确应用形体分析法和线面分析法绘图和读图，能由组合体的两个视图补画出第三视图或补绘漏线。

9）绘制组合体三视图时，应注意视图间的配合作图，切忌画完一个视图的全部内容后，再画另一个视图。

10）掌握组合体三视图的绘制方法必不可少的一个能力就是空间想象能力。为了培养良好的空间想象能力，平时要注意多观察、多思考、多想象。

11）在标注组合体视图的尺寸时，应注意合理选择各方向的尺寸基准。尺寸标注应当正确、完整、清晰、合理。

项目 3

绘制填料压盖正等轴测图

学习目标

知识目标

1. 掌握轴测图的基本知识。

2. 掌握正等轴测图的基本画法。

3. 了解斜二等轴测图的基本画法。

能力目标

1. 能够正确理解正等轴测图和斜二等轴测图的画法技巧。

2. 能够正确绘制平面体、回转体和组合体的正等轴测图。

 任务布置

绘制图 3-1a 所示填料压盖的正等轴测图，结果如图 3-1b 所示。

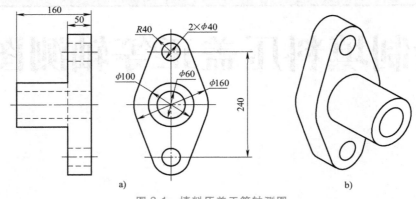

图 3-1　填料压盖正等轴测图

a）填料压盖尺寸　　b）填料压盖轴测图

 任务分析

工程上广泛采用的多面正投影图，能够完全确定物体的形状和大小，且度量性好，但缺乏立体感，只有经过专业训练的工程技术人员才能够读懂。因此，工程上有时采用富有立体感但度量性较差的单面投影图，即轴测图作为辅助图样。轴测图是基于平行投影法形成的一种单面投影图，能同时反映出物体长、宽、高三个方向的尺寸，所以具有较好的直观性，能够进一步反映物体的结构、设计思想、工作原理，有助于多面正投影图的识读。

根据视角的不同，常用的轴测图分为正等轴测图和斜二轴测图。因为轴测图要体现物体的空间立体感，因此在绘制时要同时应用 X、Y、Z 三根轴。各轴之间的夹角、每个方向上线条的绘制比例以及圆的画法都有严格的规定，这也是本项目学习的重点。

 知识链接

3.1.1　轴测图的基本知识

1. 轴测图的形成

如图 3-2 所示，将物体连同其参考直角坐标系，沿不平行于任一坐标平面的方向 S，用平行投影法向单一投影面 P 进行投射得到的投影图称为轴测图。轴测图能够反映出物体多个面的形状，立体感较强。被选定的单一投影面 P，称为轴测投影面；被选定的直角坐标轴 O_0X_0、O_0Y_0、O_0Z_0 在投影面 P 上的投影 OX、OY、OZ 称为轴测投影轴，简称轴测轴。

轴测投影中，两轴测轴之间的夹角 $\angle XOY$、$\angle XOZ$、$\angle YOZ$ 称为轴间角，它可以控制物体轴测投影的形状变化。

轴测轴上的单位长度与相应投影轴上的单位长度的比值，称为轴向伸缩系数。OX、OY、OZ 轴上的伸缩系数分别用 p、q、r 表示，它可以控制物体轴测投影的大小变化。

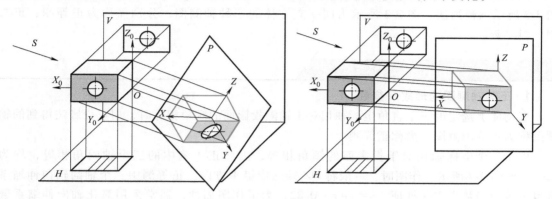

图 3-2　轴测图的形成

2．轴测图的投影特性

由于轴测投影也属于平行投影，因此，轴测图具有平行投影的所有特性：

1）物体上互相平行的线段，其轴测投影互相平行，且互相平行的两线段或同一直线上两线段的长度之比，在轴测图上保持不变。

2）物体上平行于轴测投影面的直线和平面，在轴测图上反映实长和实形。

3）物体上不平行于轴测投影面的平面图形，在轴测图上的投影为原形的类似形。如正方形的轴测投影可能是平行四边形，圆的轴测投影可能是椭圆等。

由此可见，与坐标轴平行的线段，它们的轴测投影长度等于线段的空间实长与相应投影轴的轴向伸缩系数的乘积。因此，已知轴间角和轴向伸缩系数，就可以沿轴向进行度量，画出物体上的点和线段，从而画出整个物体的轴测投影，轴测图中的"轴测"即由此而来。

3．轴测图的分类

（1）根据投射线与投影面的相对位置不同，轴测投影可分成两类

1）正轴测投影。投射线垂直于轴测投影面的投影，如图 3-3a、b 所示。

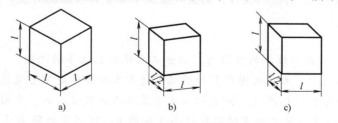

图 3-3　常用的三种轴测图

a）正等测　b）正二测　c）斜二测

2）斜轴测投影。投射线倾斜于轴测投影面的投影，如图3-3c所示。

（2）根据轴向伸缩系数是否相等，上述两类轴测投影又可分为三种

1）正（斜）等轴测投影。三个轴向伸缩系数相等的轴测投影，即 $p=q=r$。

2）正（斜）二等轴测投影。三个轴向伸缩系数中有两个相等的轴测投影，即 $p=q\neq r$，或 $p=r\neq q$，或 $q=r\neq p$。

3）正（斜）三轴测投影。三个轴向伸缩系数中都不相等的轴测投影，即 $p\neq q\neq r$。

国家标准 GB/T 4458.3—2013《机械制图 轴测图》规定，在绘制轴测图时，一般采用图3-3所示三种画法。图3-3所示为同一立方体的三种轴测图，分别简称为正等测、正二测、斜二测。

3.1.2 正等轴测图

1. 正等轴测图的形成及参数

当物体上选定的三个直角坐标轴相对于轴测投影面的倾角相等时，用正投影法得到的轴测图称为正等轴测图，简称正等测。

由于三个坐标轴相对于投影面的倾角相等，因此正等测中的三个轴间角相等，均为120°，如图3-4所示。作图时，一般将 OZ 轴画成铅垂方向。正等测中三个轴的轴向伸缩系数也相等，经数学方法推证，$p=q=r\approx0.82$，为了作图简便，通常采用简化轴向伸缩系数 $p=q=r=1$，这样所有轴向尺寸只需用实长度量，示例如图3-5所示。

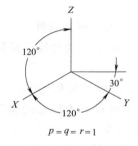

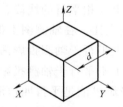

图3-4 正等轴测图的轴间角与轴向伸缩系数　　　　图3-5 轴向伸缩系数为1的轴测图

2. 正等轴测图的画法

（1）平面立体的正等轴测图的画法　绘制平面立体正等轴测图的基本方法是坐标法。所谓坐标法就是选好坐标系，画出对应的轴测轴，根据立体表面上各个顶点的坐标，按照"轴测"原理，画出它们的轴测投影，然后连接成平面立体投影的方法。下面举例说明其绘制过程。

应用实例3-1：

根据图3-6a所示正六棱柱的投影图，画出正六棱柱的正等轴测图。

分析： 在轴测图中，为了使图形更加明显，通常不画物体的不可见轮廓。所以本题作图的关键是选好坐标轴和坐标原点。将坐标原点设置在正六棱柱顶面，先确定顶面各顶点的坐标，有利于沿 OZ 轴方向从上向下量取棱柱高度距离 h，可避免画很多多余的图线，简化作图过程。

作图：

1）如图 3-6a 所示，确定坐标轴。将直角坐标系原点 O 设置在顶面中心位置，并确定坐标轴 OX_0、OY_0。

2）如图 3-6b 所示，作出轴测轴 OX、OY、OZ，并采用坐标量取的方法，在轴 OX 上量取 $OC_1 = OF_1 = Oc = Of$；在轴 OY 上量取 $OA_1 = OB_1 = Oa = Ob$。过 A_1、B_1 分别作 $D_1E_1 /\!/ OX$，$G_1H_1 /\!/ OX$，并使 D_1E_1、G_1H_1 等于六边形的边长，顺次连接各点，可得正六棱柱的顶面投影。

3）如图 3-6c 所示，过顶面各投影点 H_1、C_1、D_1、E_1 沿轴 OZ 向下作 OZ 平行线并截取高度 h，得到底面顶点投影 I_1、K_1、L_1、M_1，顺次连接各点，可得正六棱柱的底面投影。

4）如图 3-6d 所示，擦去多余图线，用粗实线加深可见轮廓线，得到正六棱柱的正等轴测图。

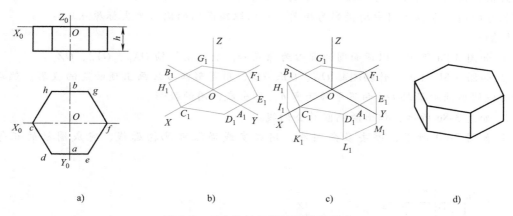

图 3-6　正六棱柱正等轴测图的画法

a）确定直角坐标轴及原点　b）绘制顶面　c）绘制底面和棱线　d）描深完成图形

（2）圆的正等轴测图（椭圆）的画法　与各坐标平面平行的圆在正等轴测图中投影为椭圆。椭圆常用的简化画法是菱形四心法，即椭圆弧由四段圆弧代替，这四段圆弧根据椭圆的外切菱形确定四个圆心求得。如图 3-7 所示，作图步骤如下：

1）如图 3-7a 所示，过圆心 O 作坐标轴 OX_0、OY_0，再作圆的外切正方形，切点为 a、b、c、d。

2）如图 3-7b 所示，作轴测轴 OX、OY，从原点 O 沿轴向量得切点 A_1、B_1、C_1、D_1，过这四点作轴测轴的平行线，得到菱形，并作出菱形的对角线。

3）如图 3-7c 所示，过点 A_1、B_1、C_1、D_1 作菱形各边的垂线，在菱形的对角线上得到四个交点 O_2、O_3、O_4、O_5，这四个点就是代替椭圆弧的四段圆弧的圆心。

4）如图 3-7d 所示，分别以 O_2、O_3 为圆心，以 O_2A_1（O_2B_1）、O_3C_1（O_3D_1）为半径画圆弧 A_1B_1、D_1C_1；再以 O_4、O_5 为圆心，以 O_4A_1（O_4D_1）、O_5B_1（O_5C_1）为半径画圆弧 D_1A_1、B_1C_1，即得近似椭圆。

（3）基本回转体的正等轴测图的画法

1）圆柱的正等轴测图绘制参见应用实例 3-2。

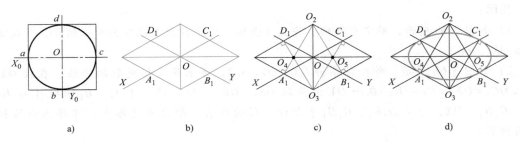

图 3-7　正等轴测图中椭圆的近似画法（菱形四心法）

a）作直角坐标轴和外切正方形　b）作菱形　c）作菱形各边垂线　d）绘制椭圆

应用实例 3-2：

根据图 3-8a 所示圆柱的投影图，画出圆柱的正等轴测图。

分析： 由投影图可知，此圆柱的轴线垂直于水平面；顶面和底面为两个与水平面平行且大小相等的圆，在轴测图中均投影为椭圆。可以取顶面圆的圆心为坐标原点。

作图：

① 如图 3-8a 所示，以顶面圆的圆心为原点 O，确定坐标轴 OX_0、OY_0、OZ_0。

② 如图 3-8b 所示，作轴测轴 OX、OY、OZ，用菱形四心法画出顶面圆的投影。然后将顶面四段圆弧圆心沿轴 OZ 向下平移距离 h，画出底面圆的投影。

③ 如图 3-8c 所示，作出两椭圆的公切线。

④ 如图 3-8d 所示，擦去多余图线，用粗实线描深可见轮廓线，完成圆柱的正等轴测图。

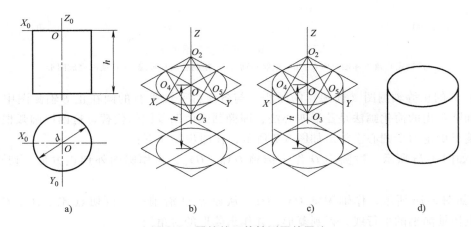

图 3-8　圆柱的正等轴测图的画法

a）确定原点及直角坐标轴　b）作顶面椭圆和底面椭圆　c）作两椭圆公切线　d）描深完成图形

2）其他基本回转体的正等轴测图。

① 绘制圆锥的正等轴测图，先作出底圆的轴测图，即底面椭圆；再画顶点到椭圆的切线，即圆锥转向轮廓线的轴测投影，如图 3-9a 所示。

② 圆台的正等轴测图的绘制与圆柱类似，其转向轮廓线的投影为两椭圆的外公切线，如图 3-9b 所示。

③ 球的正等轴测图为直径与球的直径相等的圆，若采用简化轴向伸缩系数，则圆的直径为 d。为使图形有立体感，常画出过球心的平行于三个轴测投影面的圆的轴测投影，即三个不同方向的椭圆，如图 3-9c 所示。

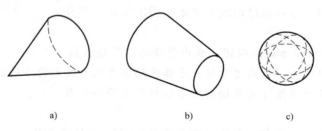

a)　　　　　　　　　　b)　　　　　　　　c)

图 3-9　基本回转体的正等轴测图

a）圆锥　b）圆台　c）球

3）圆角的正等轴测图绘制参见应用实例 3-3。

应用实例 3-3：

如图 3-10a 所示，根据圆角的投影图，画出圆角的正等轴测图。

分析：形体经常有圆角结构，绘图时可先按方角画出，再根据圆角半径，参照圆的正等轴测投影椭圆的近似画法，定出近似轴测投影圆弧的圆心，作出圆角的正等轴测图。

作图：

① 如图 3-10a 所示，确定坐标轴 OX_0、OY_0、OZ_0，由已知圆角半径 R 找出切点 a、b、c、d，过切点作切线的垂线，两垂线的交点即为圆角的圆心。

② 如图 3-10b 所示，作出长方体，由圆角半径 R 找出切点投影 A_1、B_1、C_1、D_1，过切点作切线的垂线，两垂线的交点即为投影圆弧的圆心。以 O_2 为圆心，作圆弧 A_1B_1；以 O_3 为圆心，作圆弧 C_1D_1。

③ 如图 3-10c 所示，采用移心法将 O_2、O_3 沿轴 OZ 向下平移距离 h，即得下底面两投影圆弧的圆心 O_4、O_5，分别以 O_4、O_5 为圆心作对应的圆弧。

④ 如图 3-10d 所示，擦除多余图线，用粗实线描深可见轮廓线，完成圆角的正等轴测图。

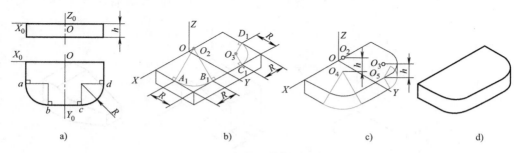

a)　　　　　　　　b)　　　　　　　c)　　　　　　　d)

图 3-10　圆角的正等轴测图的画法

a）确定原点及直角坐标轴　b）绘制长方体及圆弧　c）绘制圆角　d）描深完成图形

（4）组合体的正等轴测图的画法　画组合体的正等轴测图，首先要进行形体分析，了解形体的基本组成情况，如形体的基本体组成、组合方式及相对位置关系等；然后由正投影图选定坐标轴，按坐标关系将各个基本体的正等轴测图逐一作出；最后按组合方式完成组合体正等轴测图，擦去各基本体之间不该有的交线和被遮挡的图线。

绘制组合体轴测图的基本方法是坐标法，根据组合体组合方式不同，还有切割法、组合法和综合法。其中坐标法参见应用实例 3-1。

1）切割法。切割法适用于带切口的平面立体，它以坐标法为基础，先用坐标法画出完整平面立体的轴测图，然后通过切割方法依次画出各切口部分。

应用实例 3-4：

根据图 3-11a 所示垫块的三视图，画出垫块的正等轴测图。

分析：由三视图可知，垫块可看作长方体被切去左上角及左前方的三棱柱后形成的。此类完全由切割形成的切割体可采用切割法来绘制其正等轴测图。

作图：

① 如图 3-11a 所示，分析三视图，确定坐标轴 OX_0、OY_0、OZ_0。

② 如图 3-11b 所示，作轴测轴 OX、OY、OZ，按坐标法作出完整的长方体的正等轴测图。

③ 如图 3-11c 所示，切去左上角的三棱柱。根据三视图中的尺寸 c、d，沿相应轴测轴方向量取尺寸，应用两平行线的投影特性，作出左上角三棱柱的投影。

④ 如图 3-11d 所示，切去左前方的三棱柱，并完成对应部分投影的绘制。

⑤ 如图 3-11e 所示，擦去多余图线，用粗实线描深可见轮廓线，完成垫块的正等轴测图。

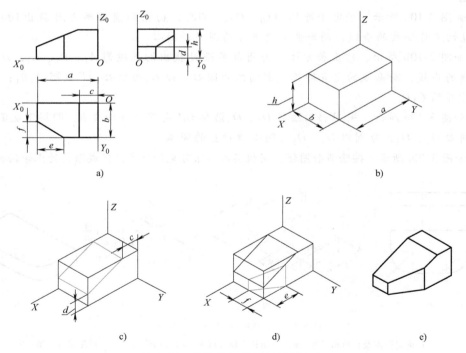

图 3-11　垫块的正等轴测图的画法

a）确定原点及坐标轴　b）绘制基本长方体　c）切去左上角三棱柱　d）切去左前方三棱柱　e）描深完成图形

2）组合法。组合法又称叠加法，即先应用形体分析法将形体分解成几个简单的基本体，然后按照位置关系依次绘出各部分的轴测图，最后根据相互之间的表面过渡关系组合形成形体的轴测图。当形体明显由几个部分组成时，一般采用组合法。

应用实例 3-5：

根据图 3-12a 所示组合体的三视图，画出该组合体的正等轴测图。

分析：由三视图可知，该组合体可看作由底板、竖板、支撑板三部分组合而成。此类完全由基本体组合形成的组合体可采用组合法绘制其正等轴测图。

作图：

① 如图 3-12a 所示，分析三视图，确定坐标轴 OX_0、OY_0、OZ_0，将组合体分解为三个基本体。

② 如图 3-12b 所示，作出轴测轴 OX、OY、OZ，按坐标法作出底板的正等轴测图。

③ 如图 3-12c 所示，根据相应坐标作出竖板的正等轴测图，再根据各轴向坐标将竖板左上角三棱柱切掉，作出对应部分的投影。

④ 如图 3-12d 所示，根据相应坐标作出支撑板的正等轴测图。

⑤ 如图 3-12e 所示，擦去多余图线，用粗实线描深可见轮廓线，完成组合体的正等轴测图。

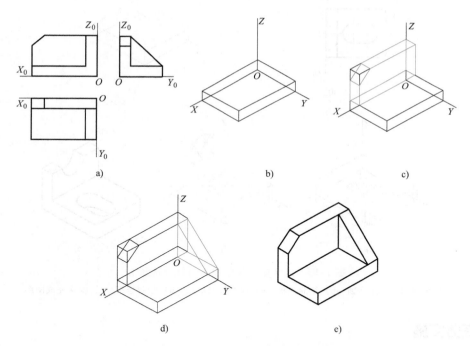

a)   b)   c)

d)   e)

图 3-12　组合体正等轴测图的组合法画法

a）确定原点及坐标轴　b）绘制底板　c）绘制竖板　d）绘制支撑板　e）描深完成图形

3）综合法。绘制轴测图时既用到组合法又用到切割法的绘制方法叫作综合法。

应用实例 3-6：

根据图 3-13a 所示组合体的三视图，画出其正等轴测图。

分析：由三视图可知，该组合体可看作由矩形底板和竖板组成，且底板挖有长圆形孔，竖板被切去半圆槽。对于这种既有切割又有叠加的组合体，可采用综合法绘制其正等轴测图。

作图：

① 如图 3-13a 所示，分析三视图，确定坐标轴 OX_0、OY_0、OZ_0。

② 如图 3-13b 所示，作出轴测轴 OX、OY、OZ；沿轴向分别量取底板在三个轴向的尺寸，作出底板的正等轴测图，并在底板左侧前、后方作圆角。

③ 如图 3-13c 所示，在底板顶面作出长圆形孔的投影，然后将其沿轴 OZ 向下平移一个底板的厚度。

④ 如图 3-13d 所示，沿轴向分别量取竖板在三个轴向的尺寸，作出竖板的正等轴测图，然后在竖板的左侧面作出半圆槽轮廓，并将其沿轴 OX 向后平移一个竖板的宽度。

⑤ 如图 3-13e 所示，擦去多余图线，用粗实线描深可见轮廓线，完成组合体的正等轴测图。

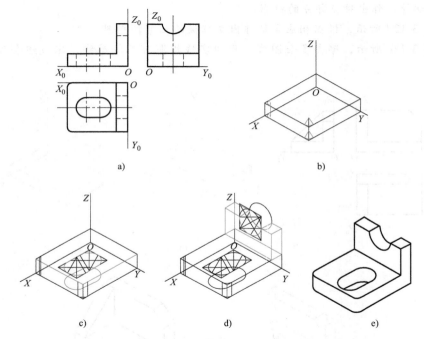

a) b)

c) d) e)

图 3-13　组合体正等轴测图的综合法画法

a）确定原点及坐标轴　b）绘制底板　c）绘制长圆形孔　d）绘制竖板　e）描深完成图形

🏛 **任务实施**

填料压盖（图 3-1）可视为 4 个圆柱组合在一起，再切割出 3 个圆孔而形成的，所以应采用综合法绘图。

作图：

1）如图 3-14a 所示，在平面视图上确定坐标轴 OX_0、OY_0、OZ_0，以及各圆柱两端面中心点 O_a、O_b、O_c、O_d、O_e、O_f。

2）如图 3-14b 所示，建立正等轴测轴 OX、OY 和 OZ，并应用坐标法确定 O_b 的投影 O_B，分别以 O 和 O_B 为中心，绘制中间圆柱两端面圆的投影。

3）如图 3-14c 所示，应用坐标法确定 O_C、O_D、O_E、O_F，并以这些点为中心绘制上、下两个小圆柱两端面圆的投影。

4）如图 3-14d 所示，作上、下两个小圆柱的转向轮廓线，并作大圆柱和小圆柱的切线，擦去多余部分；绘制上、下两个圆孔的投影。

5）如图 3-14e 所示，应用坐标法确定 O_A，分别以 O_A、O_B 为中心，绘制凸起圆柱前后两端面圆的投影，并绘制中间圆孔的投影。

6）如图 3-14f 所示，擦去多余图线，用粗实线描深可见轮廓线，完成填料压盖的正等轴测图。

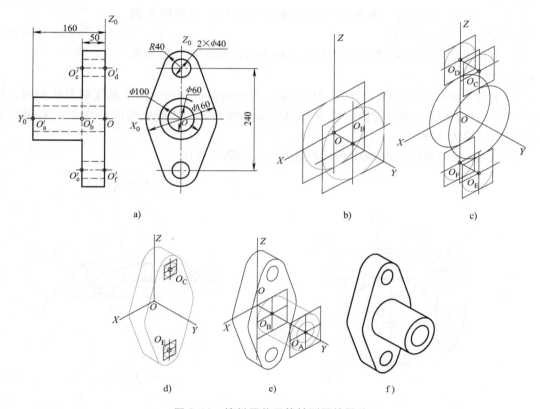

a）确定原点及坐标轴 b）绘制中间圆柱两端面圆 c）绘制上、下圆柱两端面圆

图 3-14 填料压盖正等轴测图的画法

a）确定原点及坐标轴 b）绘制中间圆柱两端面圆 c）绘制上、下圆柱两端面圆
d）绘制转向轮廓线和圆孔 e）绘制中间凸起圆柱两端面圆和圆孔 f）描深完成图形

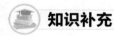 **知识补充**

斜二轴测图

1. 斜二轴测图的形成及参数

使物体的 XOZ 坐标平面平行于轴测投影面 P，采用斜投影法使投射方向相对于三个坐标轴都倾斜，这样得到的轴测图称为斜二轴测图。轴测轴 OX、OZ 分别为水平方向和铅垂方向，轴向伸缩系数 $p_1 = r_1 = 1$，而轴测轴 OY 的轴向伸缩系数 q_1 可随投射方向的变化而变化，当 $q_1 \neq 1$ 时得到斜二轴测图。

最常用的一种斜二轴测图为斜二等轴测图，简称斜二测。其轴向伸缩系数为 $p_1 = r_1 = 1$，

$q_1 = 0.5$；轴间角 $\angle XOZ = 90°$，$\angle XOY = \angle YOZ = 135°$。作图时，规定轴 OZ 为铅垂方向，轴 OX 为水平方向，轴 OY 与水平线成 $45°$，如图 3-15 所示。

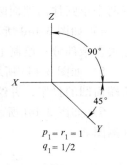

图 3-15　斜二等轴测图的参数

2. 平面立体及圆的斜二等轴测图

（1）平面立体的斜二等轴测图　作平面立体的斜二等轴测图时，只要采用相应的轴间角和轴向伸缩系数，其作图步骤和绘制正等轴测图完全相同。

（2）圆的斜二轴测图　图 3-16 所示为平行于坐标平面的圆的斜二等轴测图，其特点如下：

1）平行于坐标平面 XOZ 的圆的斜二等轴测图反映实形，仍为直径相同的圆。

2）平行于坐标平面 XOY、YOZ 的圆的斜二等轴测图是椭圆，两个椭圆的形状相同，但长、短轴的方向不同。两个椭圆的长轴分别与轴测轴 OX、OZ 所成角度约为 $7°$，长轴约为 $1.06d$，短轴约为 $0.33d$。

图 3-17 所示为平行于面 XOY 的圆的斜二等轴测图的画法。

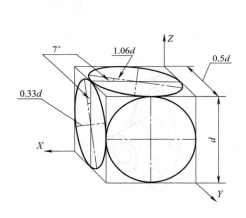

图 3-16　平行于坐标平面的
圆的斜二等轴测图

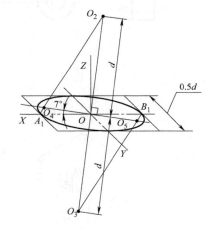

图 3-17　平行于面 XOY 的圆的
斜二等轴测图画法

应用实例 3-7：

如图 3-18a 所示，根据支架的主、俯视图，画出支架的斜二等轴测图。

作图：

1）如图 3-18a 所示，分析形体，确定坐标轴。

2）如图 3-18b 所示，作轴测轴 OX、OY、OZ。

3）如图 3-18c 所示，作支架前端面的轴测图。

4）如图 3-18d 所示，在轴 OY 上距点 $OL/2$ 处取点作为圆心，再重复上一步的步骤，作出支架后端面轴测图，并作出上部圆的公切线及 OY 方向的轮廓线。

5）如图 3-18e 所示，擦去多余图线，用粗实线描深可见轮廓线，完成全图。

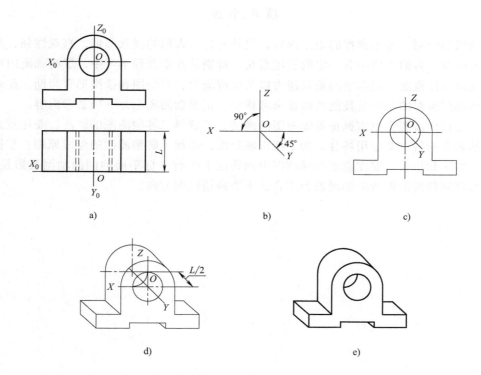

a)   b)   c)

d)   e)

图 3-18　支架的斜二等轴测图的画法

a）确定原点及坐标轴　b）作轴测轴　c）作前端面轴测图

d）作后端面轴测图及其他轮廓线　e）描深完成图形

拓展任务

根据图 3-19 所示组合体的三视图，画出该组合体的正等轴测图。

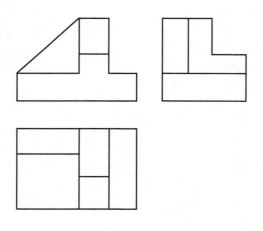

图 3-19　组合体三视图

项 目 小 结

　　轴测图的绘制不是本课程的重点内容，但是它符合人们的视觉习惯，直观性强，所以在课程学习中及今后的工作中有一定的实用意义。特别是在本课程学习中，了解轴测图可进一步加强空间立体概念，提高空间想象能力以及分析能力，对绘图和读图都有帮助。此外，在国家劳动部门组织的制图员技能资格证书考核中，正等轴测图也是一项必考内容。

　　学习过程中需要重点掌握正等轴测图的画法，了解斜二等轴测图的画法，要注意总结两种常用轴测图的特点及应用场合。为了能正确绘图，必须了解轴测图的形成原理，掌握绘图的要点、方法和步骤。要注意正等轴测图中回转面上平行坐标平面的圆的轴测投影是椭圆，其短轴与该回转面的轴线的轴测投影重合，不要画错椭圆方向。

项目 4

齿轮油泵的拆装与零件图绘制

任务4.1　绘制轴的零件图

 学习目标

知识目标

1. 掌握各种零件的结构特点。
2. 掌握轴套类零件的表达方法。
3. 掌握剖视图、断面图与放大图的画法。
4. 掌握轴类零件的尺寸标注方法。

能力目标

1. 能正确使用各种工具拆卸齿轮油泵并进行组装，使油泵在组装后能正常工作。
2. 能分辨零件的基本类型并能正确选择零件的表达方案。
3. 能正确绘制剖视图、断面图与放大图。
4. 能正确标注轴套类零件的尺寸。

 任务布置

　　正确使用拆卸工具拆解齿轮油泵装配体，观察长、短轴零件，分析其结构特点及各自功用，要求按照 1:1 比例绘制长轴零件图，并正确标注尺寸。

 任务分析

　　本任务采用齿轮油泵作为任务载体。油泵的长轴为输入轴，也称为主动轴；主动轴上的齿轮称为主动轮。短轴为输出轴，也称为从动轴；从动轴上的齿轮称为从动轮。两个齿轮相对转动时，通过轮齿将油由进油口带到出油口并排出。

　　齿轮油泵分解图如图 4-1 所示。

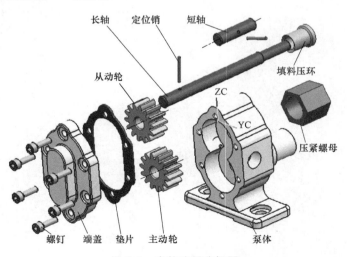

图 4-1　齿轮油泵分解图

不论长轴还是短轴，由于要与箱体、带轮、轴承配合，轴上要有轴肩，故要分段设计。为了保证与齿轮的同步转动，轴上要设有键槽。为了方便加工和装配，轴上也要有退刀槽和倒角。所以，齿轮油泵中的长轴具有绝大部分轴类零件的工艺结构，是一种极具代表性的轴类零件。

本任务从拆卸齿轮油泵入手，通过拆卸和组装过程了解各种零件的结构特点和功用，通过绘制长轴的零件图掌握常见轴类零件的表达方案和辅助视图的表达方法。

 知识链接

4.1.1 零件及零件图

1. 零件的分类

零件是装配机器、仪表以及各种设备的基本单元。零件一般是不采用装配工序而直接制成的构件，如螺钉、螺母、弹簧、齿轮等。有时，也将由简单方式构成的构件称为"零件"，如轴承等。

零件的形状虽然千差万别，但根据它们在机器（或部件）中的作用和形状特征，通过比较、归纳，可将它们大体划分为轴套类零件、盘盖类零件、叉架类零件和箱体类零件等类型。

（1）轴套类零件 轴套类零件结构形状比较简单，一般由直径大小不同的同轴回转体组成，具有轴向尺寸大于径向尺寸的特点。轴上因直径不等所形成的台阶称为轴肩，可对安装在轴上的零件进行轴向定位。轴套类零件常设有倒角、倒圆、退刀槽、砂轮越程槽、挡圈槽、键槽、花键、螺纹、销孔、中心孔等结构，如图4-2所示。

图4-2 轴套类零件

（2）盘盖类零件 盘盖类零件一般包括法兰盘、端盖、压盖和各种轮子等，在机器中主要起轴向定位、防尘、密封及传递转矩等作用。

盘盖类零件的主体一般为不同直径的回转体或其他形状的扁平板状体，其厚度相对于直径小得多，其上常设有凸台、凹坑、均匀分布的安装孔、轮辐和键槽等结构，如图4-3所示。

（3）叉架类零件 叉架类零件包括各种拨叉、连杆、摇杆、支架、支座等，此类零件多数通过铸造或模锻制成毛坯，再经机械加工而成。叉架类零件的结构大都比较复杂，一般分为支承部分、工作部分和连接安装部分；其上常设有凸台、凹坑、销孔、螺纹孔及倾斜结构，如图4-4所示。

（4）箱体类零件 箱体类零件主要用来支承、包容和保护运动零件或其他零件，也起定位和密封作用。箱体类零件的结构较复杂，内部设有空腔、轴承孔、凸台、凹坑、肋板及螺纹孔等结构。箱体类零件的毛坯多为铸件，零件经机械加工而成，如图4-5所示。

2. 零件图的作用和内容

表示单个零件结构、大小及技术要求的图样称为零件图。它是制造、检验零件的依据，也是指导生产的重要技术文件。

如图4-6所示为轴承座零件图。

图 4-3 盘盖类零件

图 4-4 叉架类零件

图 4-5 箱体类零件

一张完整的零件图包含以下四方面内容：

（1）一组视图 通过适当的视图、剖视图、断面图等图形表达零件的内、外结构及形状。

（2）尺寸标注 用以正确、齐全、合理地确定零件各部分的大小及相对位置。

（3）技术要求 用规定的符号、代号、标记和文字等简明地说明零件制造和检验时所需达到的各项技术指标与要求，如尺寸公差要求、表面粗糙度要求和热处理要求等。

（4）标题栏 标题栏中填写的内容包括零件名称、材料、绘图比例、图号，以及制图、审核人员的责任签字等。

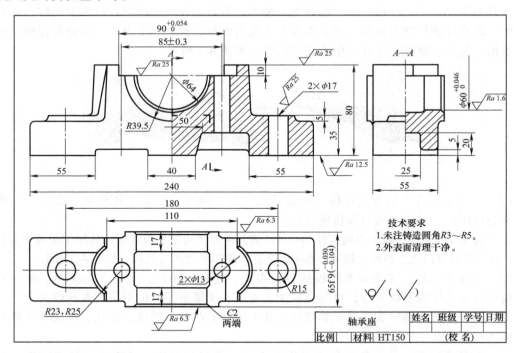
图 4-6 轴承座零件图

4.1.2 零件图的视图表达

工程实际中，零件的形状是多种多样的，有些零件的内、外形状都比较复杂，如果只用三视图和可见部分画实线、不可见部分画虚线的方法，往往不能表达清楚和完整。为此，国家标准规定了视图、剖视图和断面图的基本表示法。

　　根据有关标准和规定，用正投影法所绘制出物体的图形称为视图。视图主要用于表达零件的外部结构形状，对于零件中不可见的结构形状，在必要时采用细虚线画出。

　　视图通常有基本视图、向视图、局部视图和斜视图四种。为更加完整、清晰地表达零件结构形状，同时可采用剖视图和断面图。

1. 基本视图

将机件向基本投影面投射所得的视图，称为基本视图。

　　表示一个机件可以有六个基本投射方向，如图 4-7a 所示，相应地有六个与基本投射方向垂直的基本投影面。基本视图是机件向六个基本投影面投射所得的视图。空间的六个基本投影面可设想为围成一个正六面体，为使六个基本视图位于同一平面内，可将六个基本投影面按图 4-7b 所示的方法展开。

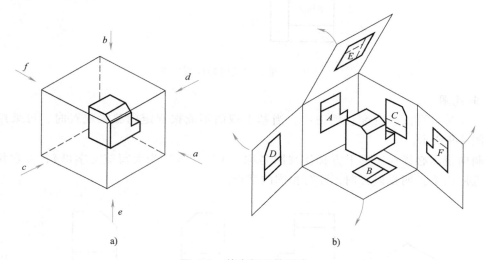

a)　　　　　　　　　　　　　　　　　b)

图 4-7　基本视图的形成

a）六个基本投射方向　b）基本投影面展开

　　六个基本投射方向及对应的基本视图名称见表 4-1。

表 4-1　基本视图及基本投射方向

方向代号	a	b	c	d	e	f
投射方向	由前向后	由上向下	由左向右	由右向左	由下向上	由后向前
视图名称	主视图	俯视图	左视图	右视图	仰视图	后视图

　　在机械图样中，六个基本视图的配置关系如图 4-8 所示视图配置符合规定时，各视图一律不标注视图名称。

　　六个基本视图仍符合"长对正、高平齐、宽相等"的投影特性，即仰视图与俯视图反映机件长、宽方向的尺寸；右视图与左视图反映机件高、宽方向的尺寸；后视图与主视图反映机件长、高方向的尺寸。除后视图外，在围绕主视图的俯、仰、左、右四个视图中，远离主视图的一侧表示机件的前方，靠近主视图的一侧表示机件的后方。

　　实际绘图时，无需将六个基本视图全部画出，应根据机件的复杂程度和表达需要，选用必要的基本视图，若无特殊要求，优先选用主、俯、左视图。

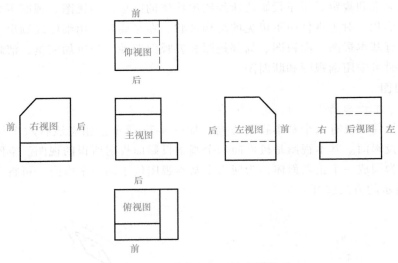

图 4-8   六个基本视图的配置关系

2. 向视图

向视图是可自由配置配置的视图。当基本视图不能按规定的关系配置时，可采用向视图，如图 4-9 所示。

绘制向视图必须在图形上方标注视图名称"X"（"X"为大写英文字母），并在相应的视图附近用箭头指明投射方向，注写相同的字母。

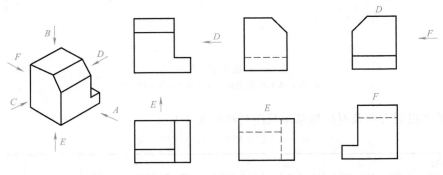

图 4-9   向视图及其标注

3. 剖视图

基本视图主要用于机件外部结构形状复杂而内部结构形状简单的情况。对于内部结构形状复杂的机件，如果只用基本视图来表达，将会出现较多的虚线，使图形表达不清晰，不利于标注和读图，如图 4-10a 所示。为了能够清晰表达机件的内部结构形状，需要采用剖视图。

（1）剖视图的基本概念

1）剖视图的形成。假想用剖切面剖开机件，将处在观察者和剖切面之间的部分移去，将其余部分向投影面投射所得的图形称为剖视图，简称剖视。支座剖视图的形成如图 4-10b、c所示，图 4-10d 所示主视图即为剖视图。

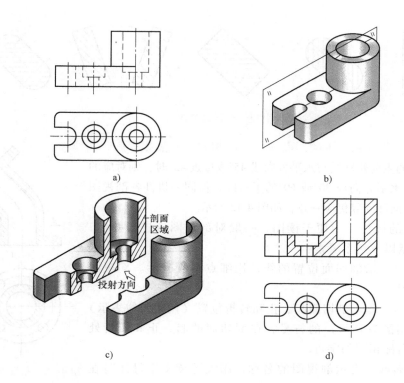

图 4-10 支座剖视图的形成

a）主视图中虚线较多 b）剖切面剖开支座 c）将支座后半部分进行投射 d）主视图为剖视图

2）剖面符号。国家标准规定要在剖切面与机件的接触部分（剖面区域）画出与机件材料相应的剖面符号。剖面区域和剖切面后方的可见轮廓线用粗实线画出，并且按照规定对不同材料采用不同的剖面符号。剖面区域常用的剖面符号参见表 4-2。

表 4-2 剖面符号（GB/T 4457.5—2013）

材料名称	剖面符号	材料名称		剖面符号
金属材料 （已有规定剖面符号者除外）		木质胶合板 （不分层数）		
非金属材料 （已有规定剖面符号者除外）		木材	纵断面	
型砂、填砂、粉末冶金、砂轮、陶瓷刀片、硬质合金刀片等			横断面	

机械图样中的剖面符号主要为金属材料的剖面符号。绘制剖面符号的注意事项如下：

① 金属材料的剖面符号为与剖面区域的主要轮廓或对称线成 45°（向左、向右倾斜均可）且间隔相等的平行细实线（剖面线），如图 4-11 所示。

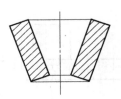

图 4-11　剖面线方向（一）

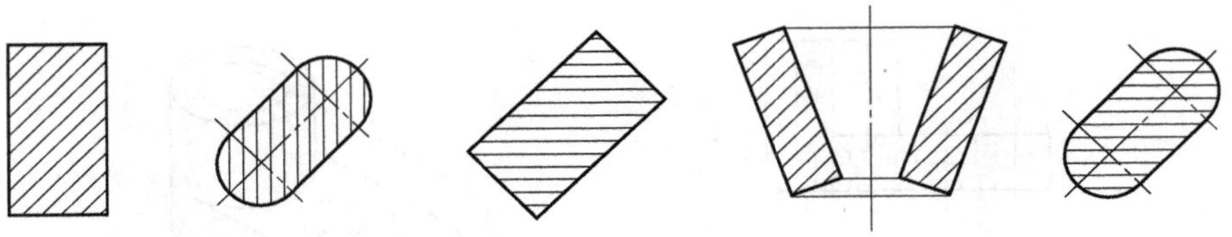

② 同一机件各剖视图中的剖面线应方向相同，间隔相等。

③ 当图形的主要轮廓线与水平方向成 45°或接近 45°时，则对应的剖面线应画成与水平方向成 30°或 60°的平行线，但同一机件各剖视图剖面线的倾斜方向和间隔仍应一致，如图 4-12 所示。

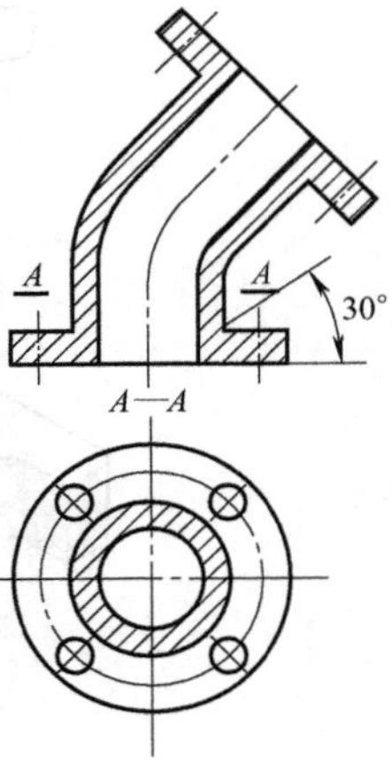

3）剖视图的标注。为便于读图，一般对剖视图应进行标注，标注的内容包括以下三个要素：

① 剖切线。指示剖切面位置的线，用细点画线表示。剖视图中通常省略不画。

② 剖切符号。指示剖切面起、止和转折位置（用粗实线表示）及投射方向（用箭头表示）的符号，在剖切面的起、止和转折处标注与剖视图名称相同的字母。

③ 剖视图名称。表示剖视图的名称，用大写英文字母注写在剖视图的上方。如图 4-13 中的 A—A 和 B—B。

图 4-12　剖面线方向（二）

符合下列情况的剖视图可省略标注：

① 当单一剖切面通过机件的对称平面或基本对称平面，且剖视图按投影关系配置，中间没有其他图形隔开时，可省略标注，如图 4-10d 所示的主视图。

② 当剖视图按基本视图或投影关系配置时，可省略箭头，如图 4-13 中的 A—A。

4）剖视图的配置。剖视图的位置配置有三种方法：

① 按基本视图的规定位置配置，如图 4-13 所示的 A—A 剖视图。

② 按投影关系配置在与剖切符号相对应的位置上，如图 4-13 所示的 B—B 剖视图。

③ 必要时允许配置在其他适当位置。

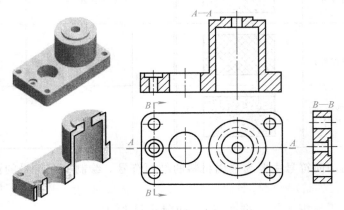

图 4-13　剖视图的标注与配置

5）绘制剖视图的方法和步骤。以图 4-14a 所示机件为例，说明绘制剖视图的方法和步骤：

① 确定剖切面的位置。如图 4-14b 所示，剖切平面平行于正投影面，并且是孔和槽的前后对称面，这种情况下可以省略标注。

② 绘制剖视图。如图 4-14c 所示，先画出剖切平面与机件接触部分的投影；再绘制其余可见部分的投影，如图 4-14d 所示。

③ 在剖面区域内画剖面线。画出剖面符号，并将可见轮廓线加深，必要时，标注剖切符号和剖视图名称，补全图线后检查完成作图，结果如图 4-14e 所示。

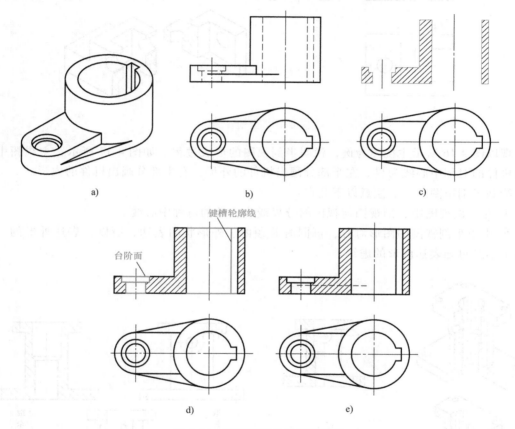

图 4-14　画剖面线的方法和步骤

a）机件立体示意图　b）画出视图底稿　c）画出剖面区域

d）补画剖切后的可见部分　e）作图结果

（2）剖视图的种类及其应用　根据剖切范围剖视图，可分为全剖视图、半剖视图和局部剖视图三种。

1）全剖视图。用剖切面完全地剖开机件得到的剖视图，称为全剖视图。如图 4-15 所示，主、左视图为全剖视图，其图形呈现全部内部形状。

全剖视图主要用于不对称的机件。但外形简单，内部结构相对复杂的对称机件也常采用全剖视图表达。

2）半剖视图。当机件具有对称或接近于对称的结构时，在垂直于对称平面的投影面上投射得到的图形，可以其对称中心线为界，一半画成剖视图（表达内形），另一半画成视图（表达外形），这种组合视图称为半剖视图，如图 4-16 所示。

半剖视图主要用于内、外形状都需要表达的对称机件。

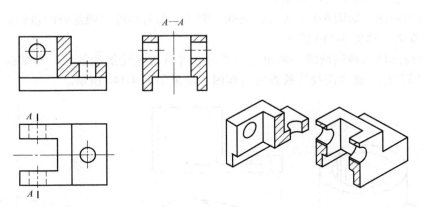

图 4-15　全剖视图

现以图 4-16 所示主视图为例，说明半剖视图的形成过程。如图 4-17 所示，主视图中以对称机件的对称中心线为界，左半部分画出机件的外形，右半部分画出机件的内形。

绘制半剖视图时，应注意以下几点：

① 在半剖视图中，剖视图与视图的分界线为机件的对称中心线。

② 由于半剖视图的图形对称，可同时兼顾内、外形状的表达，所以在表达外形的一半视图中不必再画表达内形的虚线。

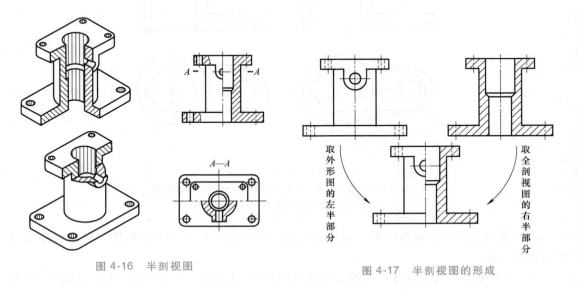

图 4-16　半剖视图　　　　　　　　　图 4-17　半剖视图的形成

3）局部剖视图。用剖切面局部地剖开机件所得到的剖视图，称为局部剖视图，如图 4-18 所示。

绘制局部剖视图时，应注意以下几点：

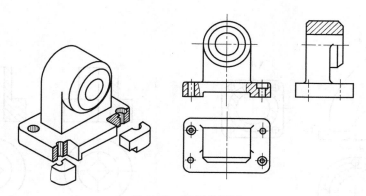

图 4-18 局部剖视图

① 波浪线表示实体断裂面的投影，它不应与图样的其他图线重合或在其延长线上，如图 4-19a 所示；也不应超出轮廓线，如图 4-19b 所示；波浪线如遇孔、槽，应该断开，如图 4-19c 所示。

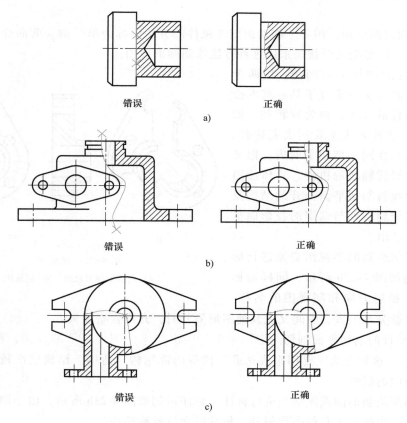

图 4-19 波浪线的正确画法

a）不能与其他图线重合 b）不能超出轮廓线 c）遇孔、槽要断开

② 当不对称机件的内、外形状均需要表达时，可采用局部剖视图，如图 4-20 所示；当对称机件的对称中心线与轮廓线重合，不宜采用半剖视图时，可采用局部剖视图，如图 4-21

所示。

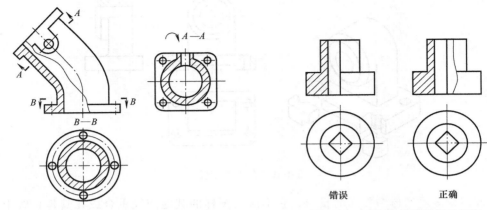

图 4-20　不对称机件的局部剖视图　　　　图 4-21　对称机件的局部剖视图

（3）剖切方法　在绘制剖视图时，根据机件内部结构形状的差异，可选用不同的剖切方法来表达。

1）单一剖切面剖切。用一个剖切面剖开机件的方法，称为单一剖。前面介绍的全剖视图、半剖视图、局部剖视图就是采用这种方法绘制的剖视图。

2）两相交的剖切平面剖切。用两个相交的剖切平面（交线垂直于某一基本投影面）剖开机件的方法，称为旋转剖，如图 4-22 所示。这种方法主要用来表达孔、槽等内部结构不在同一剖切平面内，但又具有同一方向回转轴线的机件。具体绘图时，须将其中倾斜剖切平面剖开的结构及有关部分绕交线旋转到与选定的投影面平行后，再投射绘出。

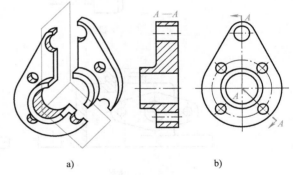

a)　　　　　　　　b)

图 4-22　旋转剖
a) 剖切平面示意图　b) 剖视图

采用旋转剖绘制的剖视图必须进行标注。标注示例如图 4-22b 所示，同样需标出剖切位置、投射方向和剖视图的名称。当剖视图按投影关系配置，中间又无其他图形隔开时，允许省略箭头。

3）几个平行的剖切平面剖切。用几个平行的剖切平面剖开机件的方法，称为阶梯剖，如图 4-23 所示。这种方法主要用来表达孔、槽等内部结构，适用于结构层次较多，但不在同一剖切平面内的机件。

采用阶梯剖绘制的剖视图必须进行标注。标注示例如图 4-23b 所示，由于剖视图的配置符合投影关系，中间又无其他图形隔开，标注时允许省略箭头。

绘制阶梯剖视图时，不应画出剖切面转折处的投影，如图 4-24a 所示；也不允许在轮廓线处转折，如图 4-24b 所示；图形内部不允许出现不完整结构，如图 4-24c 所示。

4）不平行于任何基本投影面的剖切平面剖切。用不平行于任何基本投影面的剖切平面剖开机件的方法，称为斜剖，如图 4-25 所示。这种方法主要用于表达机件中倾斜部分的内

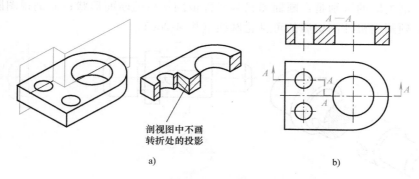

图 4-23　阶梯剖

a）剖切平面示意图　b）剖视图

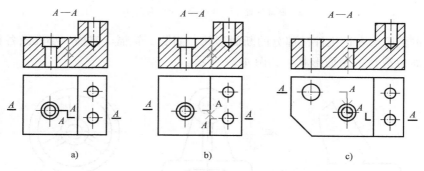

图 4-24　阶梯剖的错误画法

a）不应画转折处投影　b）不允许在轮廓线处转折　c）不允许出现不完整结构

部结构。

采用斜剖绘制的剖视图必须进行标注，且最好配置在与原视图保持投影关系的位置，如图 4-25 中的 B—B 视图；但也可平移到其他位置。在不致引起误解时，允许将图形旋转后放正绘出，并在剖视图上方标注旋转符号及视图名称，旋转符号的箭头端应靠近视图名称的大写拉丁字母，箭头方向应与图形的旋转方向一致，如图 4-25 所示。

4. 断面图

在零件的基本视图中，某些细微局部结构形状和尺寸不易清晰表达，如轴上的键槽和销孔。此时需要用到断面图这种辅助视图作为补充。

（1）断面图的基本概念　假想用剖切面将机件的某处切断，仅画出剖切面与机件接触部分的图形，称为断面图。如图 4-26a 所示，为了将轴上的键槽表达清楚，假想用一个垂直于轴线的剖切平面在键槽处将轴切断，只画出断面的图形，并标注剖面符号，所得断面图如图 4-26b 所示。

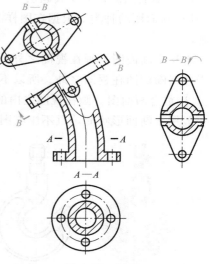

图 4-25　斜剖

断面图与剖视图的区别是：断面图只画机件被剖切后的断面形状；而剖视图除了断面形状之外，还必须画出机件剖切后的可见轮廓线（图 4-26c）。

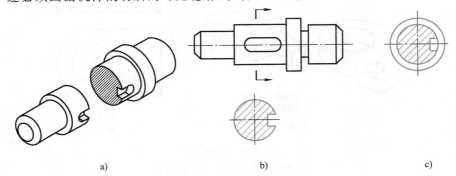

图 4-26　断面图的形成

a）断面位置　b）断面图　c）剖视图

断面图主要用来表达机件某部分的断面形状，如肋、轮辐、键槽、小孔及各种细长杆件和型材（例如角钢）的断面形状，如图 4-27 所示。

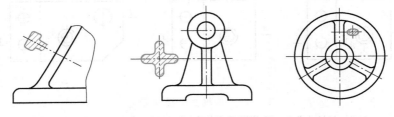

图 4-27　断面图的适用范围

（2）断面图的种类及其画法

1）断面图的种类。根据在图样上位置的不同，断面图可分为移出断面图和重合断面图两种。

①移出断面图。画在视图之外的断面图，称为移出断面图，如图 4-26 和图 4-27 所示。由于移出断面图在视图之外，所以不影响图形的清晰表达。

②重合断面图。画在视图之内的断面图，称为重合断面图，如图 4-28 所示。重合断面图一般用于断面形状简单且不影响图形清晰表达的情况下。

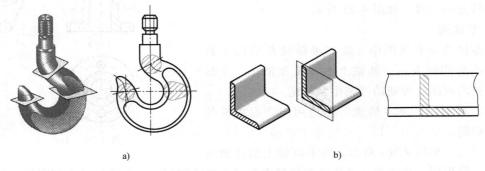

图 4-28　重合断面图

a）吊钩重合断面图　b）角钢重合断面图

2）移出断面图的配置及画法。

① 移出断面图的配置。移出断面图通常配置在剖切符号或剖切线的延长线上，如图 4-29b、c 和图 4-30 所示；必要时也可配置在其他适当位置，如图 4-29a、d 所示。

当断面图的形状对称时，移出断面图也可配置在视图的中断处，如图 4-31 所示。在不致引起误解时，允许将图形旋转后绘出，如图 4-32 所示。

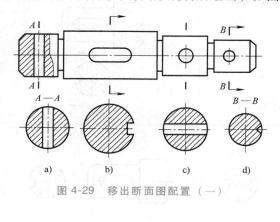

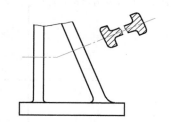

图 4-30 移出断面图配置（二）

图 4-29 移出断面图配置（一）

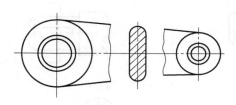

图 4-31 移出断面图配置（三）

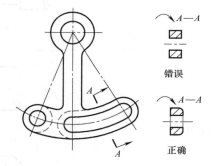

图 4-32 移出断面图配置（四）

② 移出断面图的画法。移出断面图的轮廓线用粗实线绘制。当剖切平面通过由回转面形成的孔（或凹坑）的轴线时，这些结构应按剖视图绘制，如图 4-29d 和图 4-33 所示。当剖切平面通过非圆孔，会产生完全分离的两个断面时，这些结构也应按剖视图绘制，如图 4-32 所示。由两个或多个相交的剖切平面剖切所得到的移出断面图，中间应断开，如图 4-30 所示。

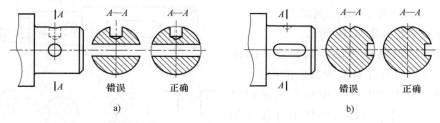

图 4-33 移出断面图的画法

③ 移出断面图的标注。移出断面图和剖视图的标注方法相同。在断面图上方标注断面图的名称"$X—X$"（X 为大写英文字母），在相应视图上用剖切符号表示剖切位置，用箭头

表示投射方向，并注上相同的字母。但当断面图是对称图形，并配置在剖切线的延长线上时，可省略标注。移出断面图的配置与标注示例见表 4-3。

表 4-3　移出断面图的配置与标注

配置	对称的移出断面图	不对称的移出断面图
配置在剖切线或剖切符号延长线上	剖切线(细点画线) 不需标出字母和剖切符号	不需标注字母
按投影关系配置	A　$A—A$ A 不需标注箭头	A　$A—A$ A 不需标注箭头
配置在其他位置	A A $A—A$ 不需标注箭头	A A $A—A$ 标注剖切符号(含箭头)和字母

3）重合断面图的画法。重合断面图的轮廓线用细实线绘制。当视图中的轮廓线与重合断面图的图形重合时，视图中的轮廓线应连续画出，不可间断，如图 4-28 所示。

5. 局部放大图和常用简化画法

（1）局部放大图　将机件图样中的部分细小结构，用大于原图的比例绘出的图形，称为局部放大图，如图 4-34 所示。

局部放大图可画成视图、剖视图、断面图的形式，尽量配置在被放大部位的附近。

绘制局部放大图时，需用细实线圆圈出被放大部位。当同一机件的图样中有几处结构需同时放大时，必须用大写罗马数字依次标明被放大的部位，并在局部放大图的上方标出相应的罗马数字与所采用的放大比例，

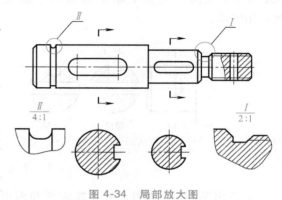

图 4-34　局部放大图

如图 4-34 所示。当机件图样中的放大部位仅一处时，则只需在局部放大图的上方标出放大比例即可。

（2）常用简化画法 国家标准规定的部分常用简化画法见表 4-4。

表 4-4 常用简化画法

类型	图 例	说 明
断开画法	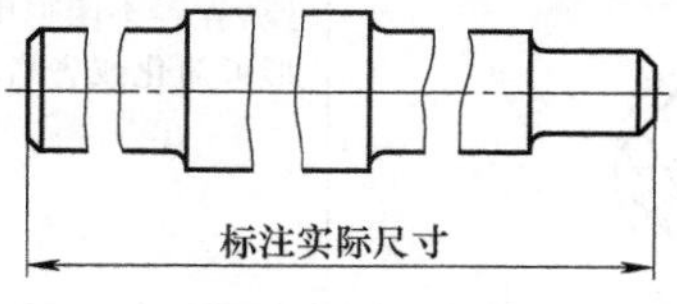 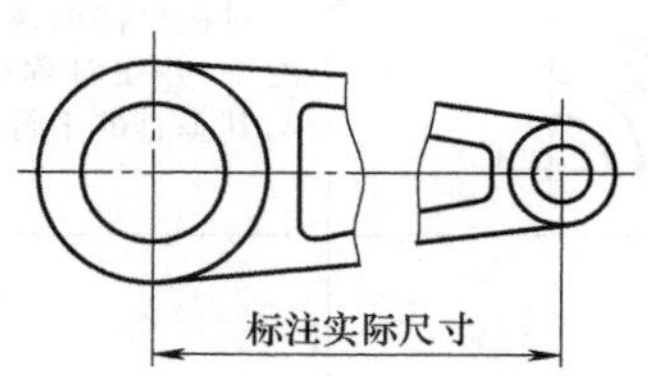 标注实际尺寸 a) 标注实际尺寸 b)	较长的机件沿长度方向形状一致（图a）或按一定规律变化时（图b），可将机件断开后缩短绘制，但仍按实际长度标注尺寸
相同结构的简化画法	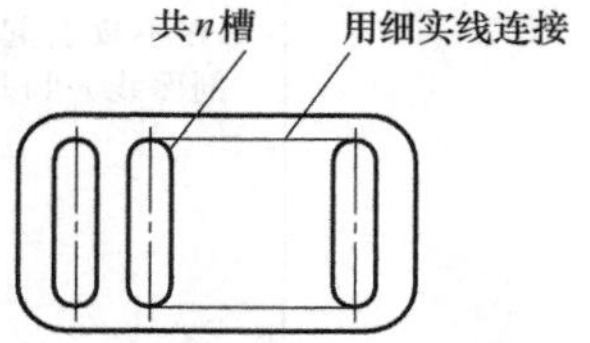 共 n 槽 用细实线连接 	当机件具有若干相同结构（如齿、槽等），并按一定规律分布时，只需画出几个完整的结构，其余用细实线连接，但在图中必须注明该结构的总数
相同结构的简化画法	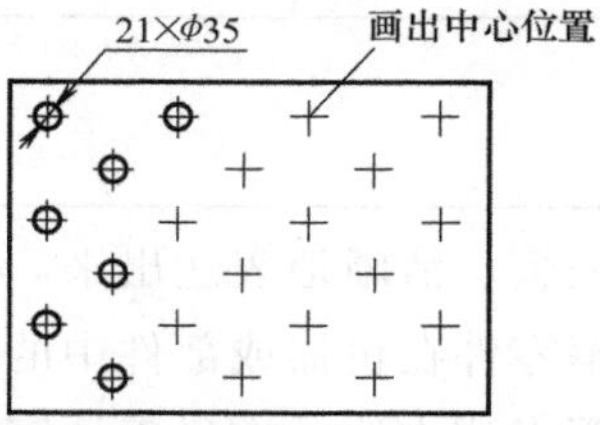 21×φ35 画出中心位置 	若干直径相同且按规律分布的孔，可仅画出一个或几个，其余用中心线表示其中心位置，但应注明孔的总数
机件上肋、轮辐等结构的剖切	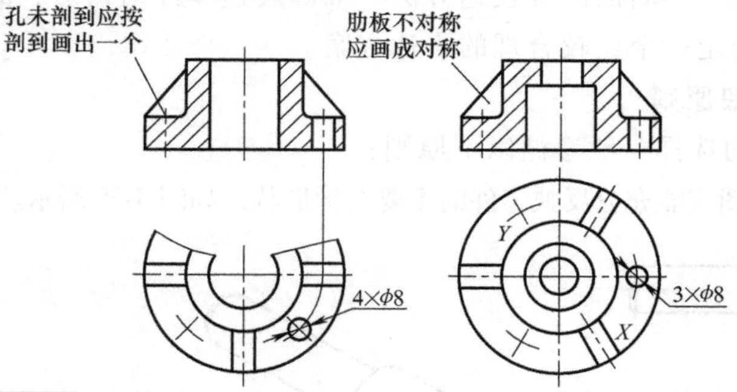 孔未剖到应按剖到画出一个 肋板不对称应画成对称 4×φ8 3×φ8	对于机件上的肋、轮辐等结构，沿其纵向剖切时，不画剖面符号，而用粗实线将其与相邻部分分开 机件上均匀分布的肋、轮辐、孔等结构，当其不处在剖切平面上时，可将这些结构旋转到剖切平面上画出 均匀分布的孔可只画一个，其余用中心线表示孔的中心位置
平面的表示法	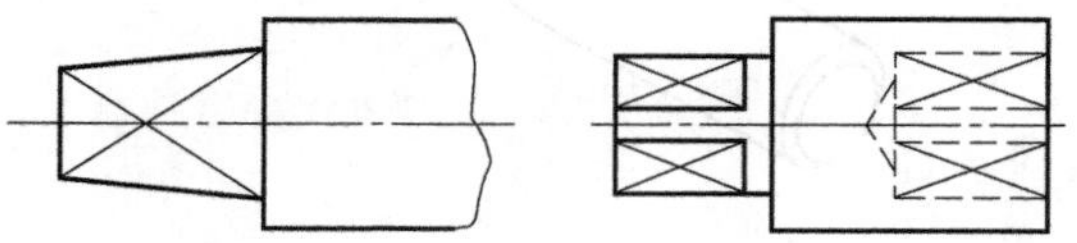	当回转体零件上的平面在图形中不能充分表达时，可用平面符号（相交的两细实线）表示

（续）

类型	图 例	说 明
较小结构的简化画法	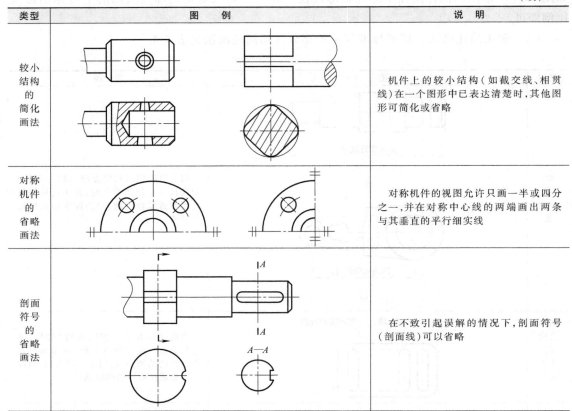	机件上的较小结构（如截交线、相贯线）在一个图形中已表达清楚时，其他图形可简化或省略
对称机件的省略画法		对称机件的视图允许只画一半或四分之一，并在对称中心线的两端画出两条与其垂直的平行细实线
剖面符号的省略画法		在不致引起误解的情况下，剖面符号（剖面线）可以省略

4.1.3 轴套类零件的视图表达

零件图应将零件的内、外结构形状正确、完整、清晰地表达出来。要满足这些要求，首先要对零件的结构特点进行分析，并尽可能了解零件在机器或部件中的位置、作用及其加工方法，然后灵活地选择视图、剖视图、断面图等表达方法。准确表达零件结构形状的关键是恰当地选择主视图和其他视图，确定一个比较合理的表达方案。

1. 轴套类零件视图选择的一般原则

（1）主视图的选择　主视图的选择一般遵循以下原则：

① 表达形状特征的原则：主视图应能充分反映零件的主要结构形状，如图 4-35 所示。

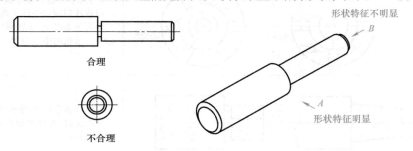

图 4-35　表达形状特征

② 符合加工或工作位置的原则：主视图中零件的摆放位置，应尽量符合零件的加工位置（图 4-36a）或工作位置（图 4-36b）。

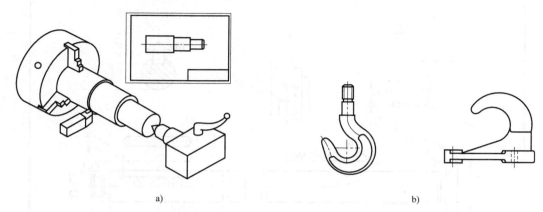

a) b)

图 4-36 符合加工位置或工作位置

a）符合加工位置 b）符合工作位置

（2）其他视图的选择 对于一个零件，主视图中没有表达清楚的部分，必须选择其他视图补充表达，包括基本视图、剖视图、断面图、局部放大图和简化画法等。

在保证充分表达零件结构形状的前提下，应尽可能使零件的视图数目最少。应使每一个视图都有其重点表达的内容，具有独立存在的意义。

2. 轴套类零件常用的表达方法

（1）主视图的选择 一般按加工位置将零件轴线水平放置来绘制主视图。通常轴的大端朝左，小端朝右；轴上键槽、孔可朝前或朝上，以明显表示其形状和位置。

形状简单且较长的零件可采用断开的简化画法；实心轴上个别部分的内部结构形状，可用局部剖视兼顾表达；空心套可用剖视图表达；轴端中心孔不作剖视，可用规定的标准代号表示。

（2）其他视图的选择 由于轴套类零件的主要结构形状是同轴回转体，在主视图上注出相应的直径符号"ϕ"，即可清楚表达形状特征，故一般不必再选择其他基本视图（结构复杂的轴套类零件除外）。

基本视图尚未表达清楚的局部结构形状（如键槽、退刀槽、孔等），可采用断面图、局部剖视图和局部放大图等补充表达，这样图样既清晰又便于标注尺寸。

应用实例 4-1：

绘制蜗轮轴的零件图

主视图的选择：蜗轮轴的基本形体是多段直径不同的圆柱体。以垂直于轴线的方向作为主视图的投射方向，这样既可把各段圆柱的相对位置和形状大小表示清楚，也能反映轴肩、退刀槽、倒角、圆角等结构。为了符合轴在车削或磨削时的加工位置，将轴线水平放置，并把直径较小的一端放在右端；将键槽转向正上方，以反映平键的键槽位置和深度。如果轴上开有半圆键槽，通常也将键槽朝上放置，并用局部剖视图表示键槽的形状。

其他视图的选择：轴的各段圆柱，在主视图上标注直径尺寸后已能表达清楚形状特征，为了表达键槽的具体形状，可采用移出断面图；为了表达两处退刀槽的具体形状，分别使用两个局部放大图，如图 4-37 所示。至此，蜗轮轴的全部结构形状已表达清楚。

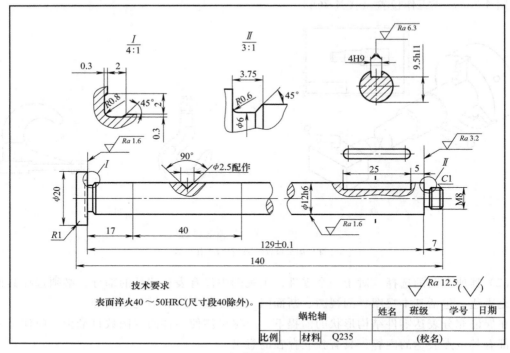

图 4-37　蜗轮轴的零件图示例

1. 轴套类零件的加工工艺结构

（1）倒角和倒圆　为去除零件上因机加工产生的毛刺和便于装配，一般轴和与之配合的孔都有倒角。为了避免应力集中而产生裂纹，轴肩处应以圆角过渡，这种工艺结构称为倒圆。设置倒角和倒圆是为了方便装配和安全操作。45°倒角和倒圆的标注如图 4-38a 所示（图中符号 C 表示 45°倒角）；非 45°倒角的标注如图 4-38b 所示。

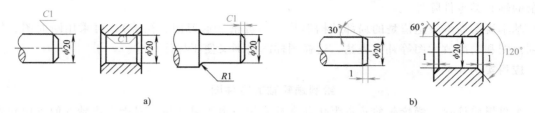

图 4-38　倒角和倒圆的标注

a）45°倒角和倒圆标注　b）非 45°倒角标注

（2）退刀槽和越程槽　加工时，为了便于退出刀具而在被加工面的终端预先加工出的沟槽称为退刀槽；为了便于退出砂轮而在被加工面的终端预先加工出的沟槽称为越程槽。退刀槽和越程槽的结构形式和尺寸，根据轴、孔直径的大小，可从相应的标准中查得；其尺寸标注如图 4-39 和图 4-40 所示，常以"槽宽×槽深"或"槽宽×直径"的形式集中标注。

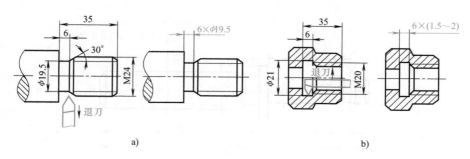

图 4-39　退刀槽的标注

a）退刀槽（外圆）标注　b）退刀槽（内圆）标注

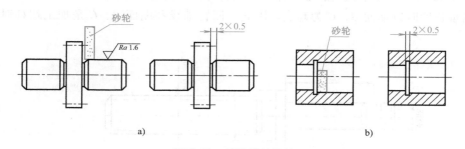

图 4-40　越程槽的标注

a）越程槽（磨外圆）标注　b）越程槽（磨内圆）标注

2. 轴套类零件的尺寸标注

零件图上所标注的尺寸是加工和检验零件的重要依据，除满足正确、完整、清晰的要求外，还应做到标注合理。所谓合理，是指标注的尺寸既符合零件的设计要求，又便于加工和检验。

（1）尺寸基准　尺寸基准即尺寸标注的起点，指确定零件几何元素位置的一些点、线、面。

1）尺寸基准按几何形式可分为三种。

① 面基准。如主要的加工面、两零件的结合面、零件的对称中心面、大的端面。

② 线基准。如轴、孔的轴心线、对称中心线。

③ 点基准。如圆球的圆心。

2）尺寸基准根据基准的来源或作用可分为两种。

① 设计基准。设计基准是根据零件在机器中的作用及其结构特点，为保证零件的设计要求而选定的一些基准，一般是用来确定零件在机器中位置的接触面、对称面、回转面的轴线等。如图 4-41 所示，微动机构中的螺杆，其径向是通过螺杆与支座上轴孔的轴线共线来定位的；而轴向是通过轴肩左端面 A 与轴套的右端面来定位的。所以，螺杆的回转轴线和轴肩左端面 A 就是其径向和轴向的设计基准。

当同一方向不止有一个尺寸基准时，根据基准作用的重要性分为主要基准和辅助基准。辅助基准和主要基准之间必须有直接的尺寸联系。

② 工艺基准。工艺基准是指零件在加工过程中，用于装夹定位、测量、检验已加工面所选定的基准，主要是零件上的一些面、线或点。

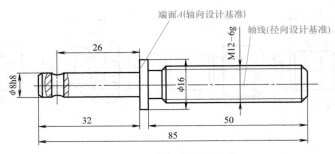

图 4-41 螺杆的设计基准

如图 4-42 所示，在车床上加工螺杆上的螺纹时，夹具是以 $\phi8h8$ 的圆柱面定位的，车削加工及测量长度时以端面 B、C 为起点。因此，回转轴线和端面 B、C 是加工螺杆时的工艺基准。

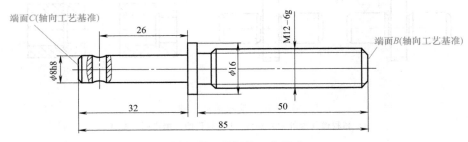

图 4-42 螺杆的工艺基准

从设计基准出发标注尺寸，能保证零件的设计要求；从工艺基准出发标注尺寸，则便于加工和测量。因此，最好使工艺基准和设计基准重合。当设计基准和工艺基准不重合时，所注尺寸应在保证设计要求的前提下，满足工艺要求。

（2）尺寸标注的配置形式 零件尺寸标注通常有下列三种配置形式。

1）坐标式。坐标式是指零件上同一方向的一组尺寸，都是从同一基准出发进行标注的，如图 4-43a 所示。

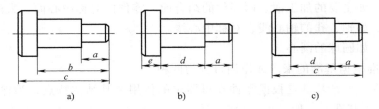

图 4-43 尺寸标注的配置形式
a）坐标式 b）链式 c）综合式

坐标式标注的优点在于尺寸中任一尺寸的加工精度只取决于对应段的加工误差，而不受其他尺寸误差的影响。因此，当零件需要由一个基准确定一组精确尺寸时，常采用坐标式配置形式。

2）链式。链式是指零件上同一方向的一组尺寸，彼此首尾相接，各尺寸的基准都不相同，前一尺寸的终止处即为后一尺寸的基准，如图 4-43b 所示。

链式标注的优点在于前一尺寸的误差并不影响后一尺寸，但缺点是各段尺寸的误差最终会累积到总尺寸上。因此，当零件上各段尺寸无特殊要求时，不宜采用这种形式。

3）综合式。综合式是坐标式与链式的组合标注形式，如图4-43c所示。这种配置形式兼有上述两种形式的优点，因而能更好地适应零件的设计和工艺要求。

（3）尺寸标注的基本规则

1）重要尺寸直接注出。重要尺寸是指零件之间的配合尺寸、确定零件在机器（或部件）中位置的尺寸、反映该零件所属机器（或部件）规格性能的尺寸等。图4-44a所示的重要尺寸 φ、D、A 即应直接注出。

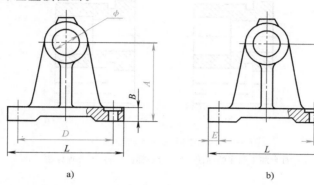

a) b)

图 4-44 重要尺寸直接注出

a）合理 b）不合理

2）所注尺寸应符合工艺要求。图4-45所示为零件的圆弧槽部分，采用盘铣刀加工，故应注出盘铣刀直径尺寸"φ60"，而不是半径尺寸"R30"。同时，为使不同工种的工人在生产时读图方便，对于加工与非加工部位的尺寸，或不同工序的加工尺寸，应在图形两边分别标注，如图4-46和图4-47所示。

3）所注尺寸尽量符合零件的加工顺序并便于测量。除重要尺寸必须直接标注外，零件所注尺寸应尽可能与加工顺序一致，并便于测量，如图4-48和图4-49所示。

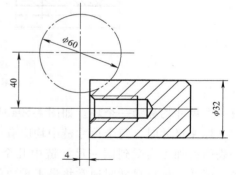

图 4-45 尺寸标注符合加工方法要求

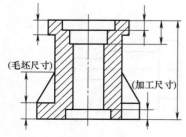

图 4-46 加工面与非加工面尺寸分注两边

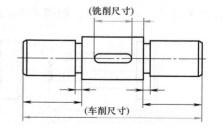

图 4-47 不同工序的加工尺寸分注两边

4）避免出现封闭尺寸链。同一方向上的一组尺寸顺序排列时，将连成一个封闭回（环）路，其中每一个尺寸均受到其他尺寸的影响，这种尺寸回路称为尺寸链。尺寸链中的

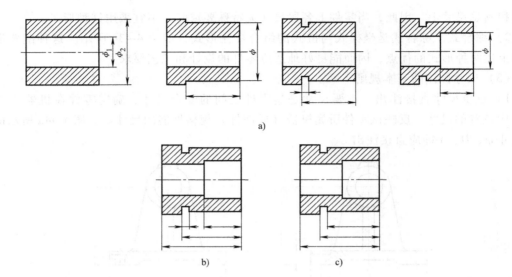

图 4-48　尺寸标注符合加工顺序

a）符合加工顺序的标注　b）合理标注　c）不合理标注

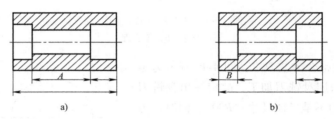

图 4-49　尺寸标注便于测量

a）不易测量　b）便于测量

每一个尺寸均称为一个环。如图 4-50a 所示，a、d、e、c 构成一个尺寸链。

标注尺寸时，每个尺寸链中均应有一环不注尺寸，此环称为终结环或尾环。这是因为某一表面的加工会受到同一尺寸链中几个尺寸的约束，标注不当容易产生矛盾，甚至造成废品。因此，标注尺寸时通常将最不重要的尺寸空出不注，如图 4-50b 所示。

但有时需要为设计、加工、检测及装配提供参考，也可经计算后把尾环的尺寸加上括号（称为参考尺寸）进行标注，如图 4-50c 所示。

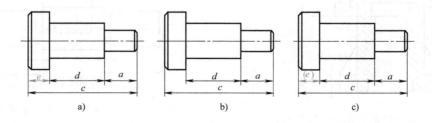

图 4-50　避免出现封闭尺寸链

a）错误　b）正确　c）标注参考尺寸

应用实例4-2：

标注图4-51所示减速器输出轴的尺寸。

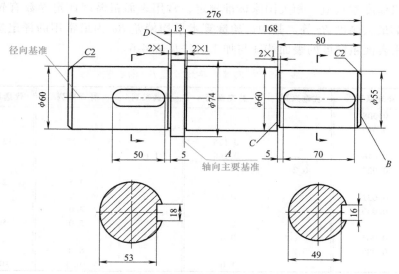

图4-51　减速器输出轴尺寸标注

根据轴的加工特点和工作情况，选择轴线作为宽度和高度方向的主要基准，端面 A 作为长度方向的主要基准，对于回转类零件常采用这样的基准，前者即为径向基准，后者则为轴向基准。标注尺寸的顺序如下：

1）由径向基准直接标出尺寸 $\phi 60$（两处）、$\phi 74$、$\phi 55$。

2）由轴向主要基准（端面 A）直接标出尺寸"168"和"13"；定出轴向辅助基准 B 和 D，并由轴向辅助基准 B 标注尺寸"80"，再定出轴向辅助基准 C。

3）由轴向辅助基准 C、D 分别注出两个键槽的定位尺寸"5"，并注出两个键槽的长度尺寸"70"、"50"。

4）按尺寸注法的规定标注出键槽的断面尺寸（53、18 和 49、16），以及退刀槽尺寸（2×1）和倒角尺寸（$C2$）。

3. 表面结构

零件图中，除了用视图表达零件的结构形状和用尺寸表达零件各组成部分的大小及位置关系外，通常还应标注有关的技术要求，其中十分重要的一项就是表面结构要求的表达。

（1）表面结构表示法　表面结构是表面粗糙度、表面波纹度、表面缺陷、表面纹理等的总称。其中，表面粗糙度最为常用，本书主要介绍表面粗糙度表示法。

1）表面粗糙度的概念。表面粗糙度是指零件在机械加工过程中由于加工方法、机床与刀具的精度、振动及磨损等因素在加工表面上所形成的具有较小间距和峰谷的微观不平状况，如图4-52所示。它属于微观几何形状误差，也称微观不平度。

表面粗糙度参数值越小，表面越光滑。表面粗糙度反映零件表面的光滑程度，是评定零件表面质量的一项

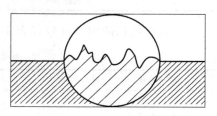

图4-52　表面粗糙度示意图

技术指标，它对零件的配合性质、耐磨性、耐蚀性、接触刚度、抗疲劳强度、密封性和外观等都有影响。但粗糙度参数值越小，加工成本就越高，因此要合理选用。

2）表面粗糙度参数值。相关国家标准规定，常用表面粗糙度评定参数有轮廓算术平均偏差 Ra 和轮廓最大高度 Rz 等。其中，轮廓算术平均偏差 Ra 为最常用的评定参数，参数值见表 4-5。常用表面粗糙度的表面特征与加工方法见表 4-6。

表 4-5 轮廓算术平均偏差 Ra 的数值

优选系列	补充系列	优选系列	补充系列	优选系列	补充系列	优选系列	补充系列
	0.008						
	0.010						
0.012			0.125		1.25	12.5	
	0.016		0.160	1.6			16.0
	0.020	0.2			2.0		20
0.025			0.25		2.5	25	
	0.032		0.32	3.2			32
	0.040	0.4			4.0		40
0.050			0.50		5.0	50	
	0.063		0.63	6.3			63
	0.080	0.8			8.0		80
0.1			1.00		10.0	100	

表 4-6 常用表面粗糙度的表面特征与加工方法

$Ra/\mu m$	表面特性	加工方法	应用举例
50	明显可见刀痕	粗车、粗铣、粗刨、钻，粗纹锉刀和粗砂轮加工	粗糙度值比较大的加工面，一般应用很少
25	可见刀痕		
12.5	微见刀痕	粗车、刨、立铣、平铣、钻	不接触表面、不重要的接触面
6.3	可见加工痕迹	精车、精铣、精刨、铰、镗、粗磨等	没有相对运动的零件接触面；相对运动速度不高的接触面
3.2	微见加工痕迹		
1.6	不见加工痕迹		
0.8	可辨加工痕迹方向	精车、精铰、精拉、精镗、精磨等	要求很好密合的接触面；相对运动速度较高的接触面
0.4	微辨加工痕迹方向		
0.2	不可辨加工痕迹方向		
0.1	暗光泽面	研磨、抛光、超精细研磨等	精密量具的表面，极重要零件的摩擦面
0.05	亮光泽面		
0.025	镜状光泽面		
0.012	雾状镜面		

3）表面结构的图形符号（表 4-7）。

表 4-7 表面结构的符号及含义

符号分类	符号		含义
基本图形符号	（图形符号，标注 $1.4h$、$60°$、$60°$、$3h$）	h为字高 符号线宽为$h/10$	仅用于简化代号标注，没有补充说明时不能单独使用

（续）

符号分类	符号	含义
扩展图形符号		用于通过去除材料的方法获得的表面
		用于不去除材料的表面,也可用于表示保持上道工序形成的表面
完整图形符号		在基本图形符号和扩展图形符号的长边加上一横线,用于标注有关参数和说明
相同表面结构要求的图形符号		在完整图形符号上加一小圆,表示构成图形封闭轮廓的所有表面有相同的表面结构要求
表面结构补充要求的注写位置		位置 a 注写表面结构的单一要求;位置 b 注写第二个表面结构要求;位置 c 注写加工方法;位置 d 注写表面纹理和方向;位置 e 注写加工余量

（2）表面结构要求在图样中的注法（GB/T 131—2006）

1）表面结构要求对每一表面一般只标注一次,并尽可能注在相应的尺寸及其公差的同一视图上。除非另有说明,所标注的表面结构要求是对完工零件表面的要求。

2）表面结构要求的注写和读取方向与尺寸的注写和读取方向一致。表面结构要求可标注在轮廓线上,其符号应从材料外指向并接触表面,如图 4-53 所示。必要时,表面结构也可用带箭头或黑点的指引线引出标注,如图 4-54 所示。

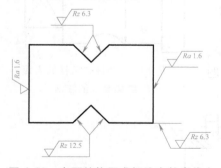

图 4-53　表面结构要求标注在轮廓线上

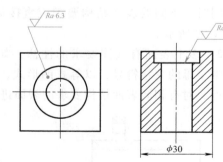

图 4-54　用指引线引出标注表面结构要求

3）在不致引起误解时,表面结构要求可以标注在给定的尺寸线上,如图 4-55 所示。

4）表面结构要求可标注在几何公差框格的上方,如图 4-56 所示。

5）圆柱和棱柱表面的表面结构要求只标注一次,如图 4-57 所示。如果每个棱柱表面有不同的表面结构要求,则应分别单独标注,如图 4-58 所示。

（3）表面结构要求在图样中的简化注法

1）有相同表面结构要求的简化注法。如果工件的多数（包括全部）表面有相同的表面结构要求，则其表面结构要求可统一标注在图样的标题栏附近。此时（除全部表面有相同要求的情况外），表面结构要求的符号后面应有如下内容：

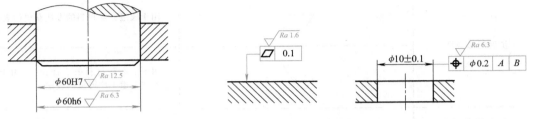

图 4-55　表面结构要求标注在尺寸线上　　　　图 4-56　表面结构要求标注在几何公差框格的上方

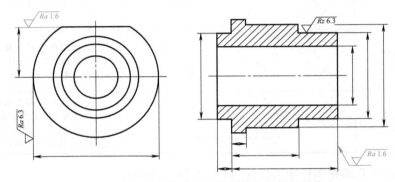

图 4-57　表面结构要求标注在圆柱特征的延长线上

① 在圆括号内给出无任何其他标注的基本符号，如图 4-59a 所示。

② 在圆括号内给出不同的表面结构要求，如图 4-59b 所示。

同时，不同的表面结构要求应直接标注在图形中，如图 4-59 所示。

2）多个表面有共同要求的注法。如图 4-60 所示，可用带字母的完整符号，以等式的形式，在图形或标题栏附近，对有相同表面结构要求的表面进行简化标注。

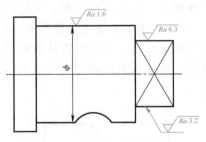

图 4-58　圆柱和棱柱的表面
结构要求的注法

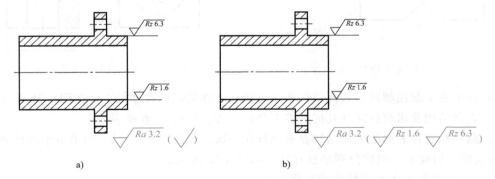

a)　　　　　　　　　　　　　b)

图 4-59　大多数表面有相同表面结构要求的简化注法

a）圆括号内给出无任何其他标注的基本符号　　b）圆括号内给出不同的表面结构要求

图 4-61 所示为只有表面结构符号的简化注法，即用表面结构符号以等式的形式给出对多个表面共同的表面结构要求。

3）两种或多种工艺获得的同一表面的注法。由几种不同的工艺方法获得的同一表面，当需要明确每种工艺方法的表面结构要求时，可按图 4-62a 所示方法进行标注（Fe 表示基体材料为钢，Ep 表示加工工艺为电镀）。

图 4-62b 所示为具有三个连续加工工序的机件的表面结构、尺寸和表面处理的标注。

第一道工序：单向上限值，$Rz = 1.6\mu m$；第二道工序：镀铬，无其他表面结构要求；第三道工序：一个单向上限值，仅对长为 40mm 的圆柱表面有效，$Rz = 6.3\mu m$。

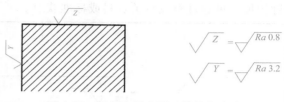

图 4-60　图纸空间有限时的简化注法

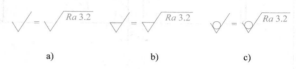

图 4-61　多个表面结构要求的简化注法

a）未指定工艺方法　b）要求去除材料

c）不允许去除材料

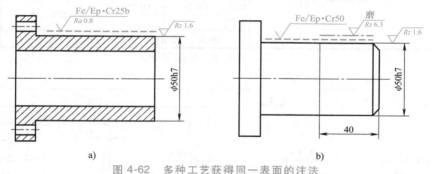

a）

b）

图 4-62　多种工艺获得同一表面的注法

 任务实施

绘制齿轮油泵长轴零件图，如图 4-63 所示。

绘图步骤如下：

1）固定图纸，绘制图框和标题栏（草图）。

2）确定视图表达方案为一个基本视图和一个断面图。因轴较为细长，故主视图采用断开画法。

3）确定绘图比例并布局。

4）绘制长轴草图。

5）描深图线。

6）标注尺寸及表面结构要求。

7）注写其他技术要求并填写标题栏。

拓展任务

根据图 4-64 所示轴零件图合理选择视图方案，绘制该轴的完整零件图并标注尺寸，其中键槽尺寸可通过查找相关资料或标准获取。

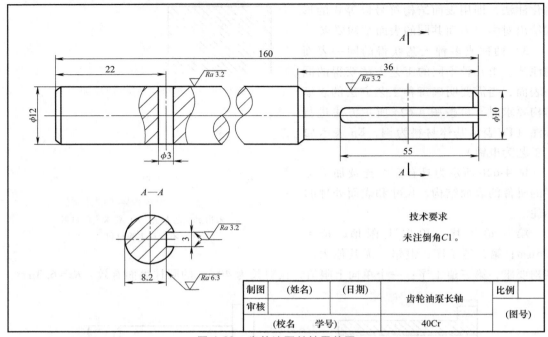

图 4-63　齿轮油泵长轴零件图

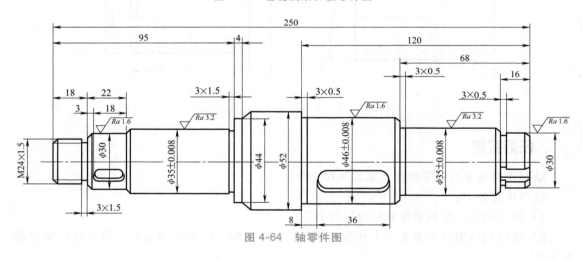

图 4-64　轴零件图

任务 4.2　绘制端盖的零件图

 学习目标

知识目标

1. 掌握盘盖类零件的结构特点。

2. 掌握盘盖类零件的视图表达方法。

3. 掌握尺寸及几何公差的标注方法。

能力目标

1. 能分析盘盖类零件的结构特点。

2. 能正确选择盘盖类零件的表达方案。

3. 能正确标注盘盖类零件的尺寸并注写技术要求。

4. 能读懂盘盖类零件图。

 任务布置

1. 观察齿轮油泵端盖零件（图4-1），分析其结构特点并测量尺寸。

2. 根据测量结果合理选择表达方案，绘制端盖零件图。

3. 在端盖零件图中标注尺寸及注写技术要求。

 任务分析

齿轮油泵端盖是比较典型的盘盖类零件，其作用是对轴进行轴向定位和支承，并起到防尘和密封的作用。

本任务通过分析端盖的结构特征确定端盖的视图表达方案，进而掌握常见盘盖类零件的视图表达方法；通过在端盖零件图中标注尺寸和注写技术要求掌握尺寸公差和几何公差的标注方法。

 知识链接

4.2.1 端盖及其他盘盖类零件的结构特点

如图4-65所示，与轴套类零件相反，盘盖类零件的结构特点是轴向尺寸小而径向尺寸大；零件的主体多数由共轴的回转体构成，也有一些盘盖类零件的主体是矩形的。盘盖类零件一般用于传递动力、改变速度、转换方向，或起支承、轴向定位、密封等作用。

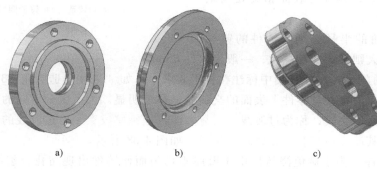

a) b) c)

图 4-65 端盖

a）透盖 b）闷盖 c）油泵端盖

盘盖类零件上常常设计有轴孔。为了加强支承，减少加工面积，常设计有凸缘、凸台及凹坑等结构。为了与其他零件相连接，盘盖类零件上还常设计有较多的螺纹孔、光孔、沉孔、销孔及键槽等结构。此外，有些盘盖类零件还具有轮辐、辐板、肋板，以及用于防漏的油沟和毡圈槽等密封结构。

常见的盘盖类零件包括手轮、带轮、齿轮、法兰盘及各种端盖等，如图 4-66 所示。

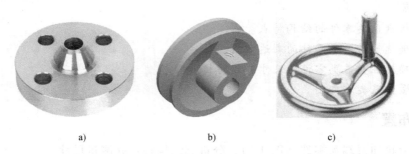

a)   b)   c)

图 4-66　常见盘盖类零件

a）法兰盘　b）带轮　c）手轮

4.2.2　盘盖类零件常见的工艺结构

盘盖类零件的毛坯多为铸件，工艺结构以倒角和倒圆、退刀槽和越程槽为主，有的零件上还设计有凸台、凹坑等结构。

1. 铸造工艺结构

（1）起模斜度　如图 4-67a 所示，在铸造零件毛坯时，为便于将模型从砂型中取出，零件的内、外壁沿起模方向应有一定的斜度（通常为 1∶20～1∶10），约为 3°～6°，此斜度称为起模斜度。起模斜度在制作模型时应予以考虑，在零件视图中可以不注出。

（2）铸造圆角　如图 4-67b 所示，为防止砂型在尖角处脱落和避免铸件冷却收缩时在尖角处产生裂纹，铸件各表面相交处应做成圆角。

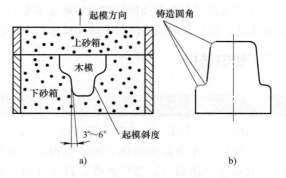

图 4-67　起模斜度与铸造圆角

a）合箱铸造　c）铸造圆角

1）铸造圆角的半径必须与铸件的壁厚相适应，壁厚越大则圆角半径越大，一般为 $R2～R5mm$。

2）铸造圆角的半径尺寸可集中标注在技术要求中，如"未注铸造圆角 $R3～R5$"。

由于铸造圆角的存在，零件上表面的交线就显得不明显。为了区分不同的表面，在零件图中仍画出两表面的交线，称为过渡线。可见过渡线用细实线表示。过渡线的画法与相贯线画法相同，只是其端点不与其他轮廓线相接触，如图 4-68 所示。

（3）铸件壁厚　为了避免浇铸后由于壁厚不均匀而使铸件出现缩孔、裂纹等缺陷（图 4-69a），应尽可能使铸件壁厚均匀或逐渐过渡，如图 4-69b、c 所示。

2. 凸台和凹坑

凸台和凹坑（或者凹槽）属于加工工艺结构，大部分盘盖类零件、箱体类零件都有此类工艺结构。在零件的接触面上做出凸台和凹坑，可减少加工面积，并保证两零件的表面接触良好，如图 4-70 和图 4-71 所示。

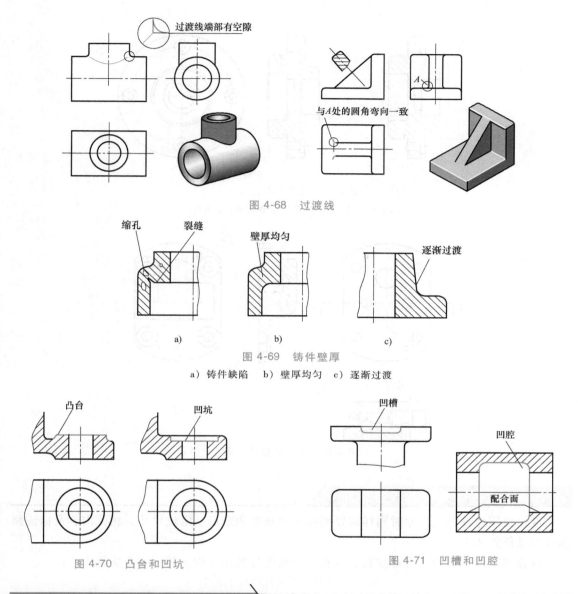

图 4-68　过渡线

图 4-69　铸件壁厚

a）铸件缺陷　　b）壁厚均匀　　c）逐渐过渡

图 4-70　凸台和凹坑

图 4-71　凹槽和凹腔

4.2.3　盘盖类零件的视图表达

　　盘盖类零件也是装夹在车床的卡盘上进行加工的。与轴套类零件相似，其主视图的选择主要遵循符合加工位置的原则，即应将轴线水平放置，如图 4-72a 所示。

　　盘盖类零件的基本形状是扁平的盘状，通常需用两个基本视图进行表达，一般主视图采用全剖视图，以表达零件的内部结构；左视图主要表达其外形轮廓以及零件上各种孔的分布，如图 4-72b 所示。

　　当零件形状较复杂时，可以采用多视图。如图 4-73 所示，泵盖零件结构比较复杂，仅用两个视图不能清楚表达其结构，故采用了四个视图进行表达。与图 4-72 所示端盖视图不同，泵盖的主视图表达外轮廓和孔的分布，左视图采用全剖视图表达内部结构；此外，还增加了全剖的俯视图，最右侧的后视图则表达了泵盖后部的外形结构。

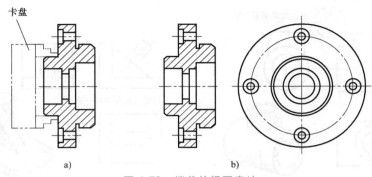

图 4-72 端盖的视图表达

a）加工时的装夹位置 b）视图的表达方案

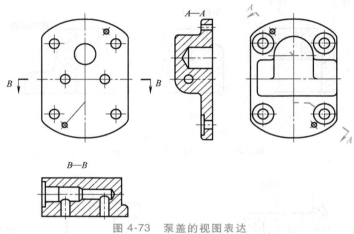

图 4-73 泵盖的视图表达

4.2.4 盘盖类零件的尺寸标注

盘盖类零件在标注尺寸时同样需要明确尺寸基准和定形、定位尺寸，相关内容及标注原则可参见任务 4.1。

盘盖类零件上常设计有螺纹孔、沉孔、销孔等各类孔结构，其标注方法见表 4-8。

表 4-8 零件上常见孔的尺寸注法

结构类型		尺寸标注
螺纹孔	通孔	$3\times M6-7H$　　$3\times M6-7H$　$3\times M6-7H$
	不通孔	$3\times M6-7H\downarrow 18$　$3\times M6-7H$　$3\times M6-7H\downarrow 18$

（续）

结构类型		尺寸标注
光孔	圆柱孔	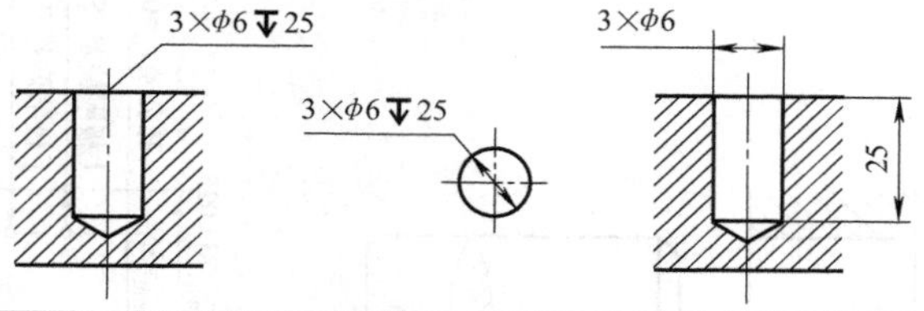
	锥销孔	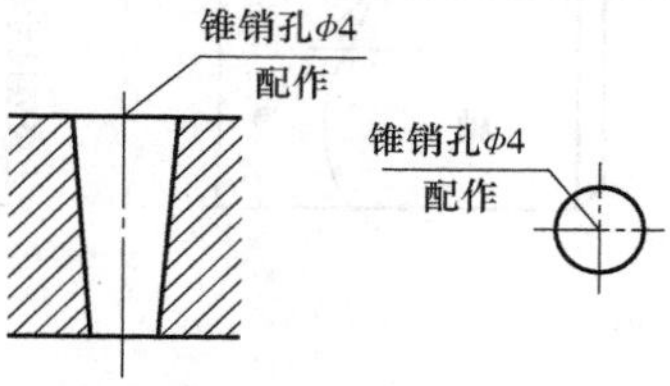
沉孔	锥形沉孔	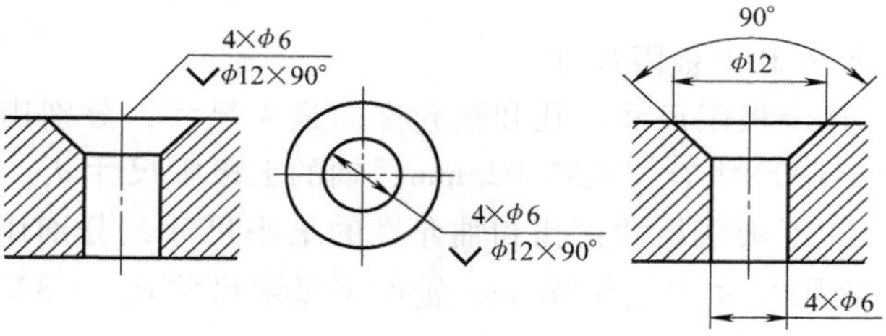
	柱形沉孔	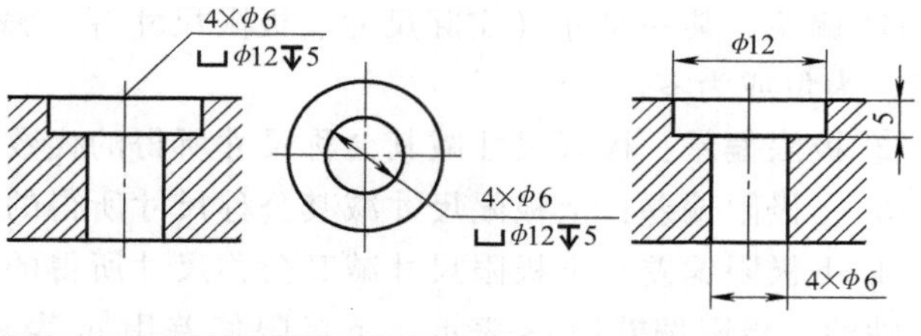

4.2.5 零件图中公差的标注

1. 极限与配合（GB/T 1800.1—2009）

现代化大规模生产要求零件具有互换性，即从同一规格的一批零件中任取一件，不需修配就能装到机器或部件上，并能保证使用要求。

（1）尺寸公差 在零件的加工过程中，零件的尺寸不可能绝对准确。为了保证互换性，必须将零件尺寸的加工误差限制在一定的范围内，即规定允许的尺寸变动量，这个变动量就是尺寸公差，简称公差。

极限与配合的基本术语及简要释义如下：

1）零件的尺寸。

① 公称尺寸：根据零件强度、结构和工艺等方面的要求，设计确定的尺寸。如图4-74所示，孔、轴的公称尺寸均为 $l = 35$ mm。

② 实际尺寸：通过测量所得到的尺寸。

③ 极限尺寸：尺寸允许变化范围的两个界限值。它以公称尺寸为基数来确定，分为上

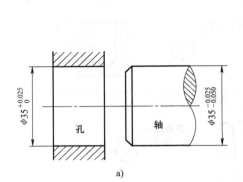

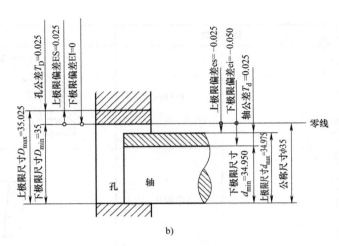

图 4-74 孔与轴的尺寸公差

极限尺寸和下极限尺寸。

④ 上极限尺寸：孔和轴允许的最大尺寸，分别用 D_{max}、d_{max} 表示。如图 4-74 所示，孔的上极限尺寸 $D_{max} = 35.025mm$；轴的上极限尺寸 $d_{max} = 34.975mm$。

⑤ 下极限尺寸：孔和轴允许的最小尺寸，分别用 D_{min}、d_{min} 表示。如图 4-74 所示，孔的下极限尺寸 $D_{min} = 35mm$；轴的下极限尺寸 $d_{min} = 34.950mm$。

2）偏差与公差。

① 偏差：某一尺寸（实际尺寸、极限尺寸等）减其公称尺寸所得的代数差。偏差可以为正、为负或为零。

② 极限偏差：极限尺寸减其公称尺寸所得的代数差，分为上极限偏差和下极限偏差。

③ 上极限偏差：上极限尺寸减其公称尺寸所得的代数差。

④ 下极限偏差：下极限尺寸减其公称尺寸所得的代数差。

轴的上极限偏差用 es 表示，下极限偏差用 ei 表示。孔的上极限偏差用 ES 表示，下极限偏差用 EI 表示。如图 4-74 所示，$ES = D_{max} - D = (35.025 - 35)\ mm = 0.025mm$，$EI = D_{min} - D = (35 - 35)\ mm = 0$；$es = d_{max} - d = (34.975 - 35)\ mm = -0.025mm$；$ei = d_{min} - d = (34.950 - 35)\ mm = -0.050mm$。

⑤ 尺寸公差（简称公差）：允许尺寸的变动量。

尺寸公差等于上极限尺寸减下极限尺寸之差，或上极限偏差减下极限偏差之差。由于上极限尺寸总是大于下极限尺寸，上极限偏差总是大于下极限偏差，所以它们的代数差值总为正值，一般将正号省略，取其绝对值。即尺寸公差是一个没有符号的绝对值。

孔公差用 T_D 表示，轴公差 T_d 表示。

如图 4-74 所示，$T_D = (35.025 - 35)\ mm = 0.025mm$，或 $T_D = (0.025 - 0)\ mm = 0.025mm$；$T_d = (34.975 - 34.950)\ mm = 0.025mm$，或 $T_d = [-0.025 - (-0.050)]\ mm = 0.025mm$。

⑥ 零线：表示公称尺寸的一条水平直线。

⑦ 公差带：在公差带图解中，由代表上极限尺寸和下极限尺寸的两条直线所限定的一个区域。它由公差带大小和其相对零线的位置来确定，如图 4-75 所示。

⑧ 标准公差等级：确定尺寸精确程度的等级。国家标准将标准公差等级分为 20 级：

IT01、IT0、IT1～IT18，精度从 IT01 至 IT18 依次降低。"IT"表示标准公差，公差等级的代号用阿拉伯数字表示。

⑨ 标准公差（IT）：用来确定公差带大小的数值。标准公差是公称尺寸的函数。对于确定的公称尺寸，公差等级越高，标准公差值越小，尺寸的精确程度越高。常用标准公差数值见表 4-9。

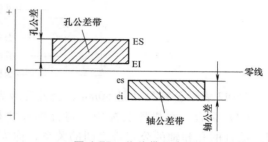

图 4-75　公差带示意图

表 4-9　标准公差数值（GB/T 1800.1—2009）

公称尺寸 /mm		标准公差等级																
大于	至	IT1	IT2	IT3	IT4	IT5	IT6	IT7	IT8	IT9	IT10	IT11	IT12	IT13	IT14	IT15	IT16	IT17	IT18
		标准公差值/μm											标准公差值/mm						
—	3	0.8	1.2	2	3	4	6	10	14	25	40	60	0.1	0.14	0.25	0.4	0.6	1	1.4
3	6	1	1.5	2.5	4	5	8	12	18	30	48	75	0.12	0.18	0.3	0.48	0.75	1.2	1.8
6	10	1	1.5	2.5	4	6	9	15	22	36	58	90	0.15	0.22	0.36	0.58	0.9	1.5	2.2
10	18	1.2	2	3	5	8	11	18	27	43	70	110	0.18	0.27	0.43	0.7	1.1	1.8	2.7
18	30	1.5	2.5	4	6	9	13	21	33	52	84	130	0.21	0.33	0.52	0.84	1.3	2.1	3.3
30	50	1.5	2.5	4	7	11	16	25	39	62	100	160	0.25	0.39	0.62	1	1.6	2.5	3.9
50	80	2	3	5	8	13	19	30	46	74	120	190	0.3	0.46	0.74	1.2	1.9	3	4.6
80	120	2.5	4	6	10	15	22	35	54	87	140	220	0.35	0.54	0.87	1.4	2.2	3.5	4.4
120	180	3.5	5	8	12	18	25	40	63	100	160	250	0.4	0.63	1	1.6	2.5	4	6.3
180	250	4.5	7	10	14	20	29	46	72	115	185	290	0.46	0.72	1.15	1.85	2.9	4.6	7.2
250	315	6	8	12	16	23	32	52	81	130	210	320	0.52	0.81	1.3	2.1	3.2	5.2	8.1

⑩ 基本偏差：用来确定公差带相对于零线位置的上极限偏差或下极限偏差，一般是指靠近零线的那个偏差。根据实际需要，国家标准分别对孔和轴各规定了 28 种基本偏差，如图 4-76 所示。

孔的基本偏差从 A 到 H 为下极限偏差，从 J 到 ZC 为上极限偏差。

轴的基本偏差从 a 到 h 为上极限偏差，从 j 到 zc 为下极限偏差。

⑪ 公差带代号：对于某一公称尺寸，取标准规定的一种基本偏差，结合标准公差等级对应的标准公差，就可以形成一种公差带。即由基本偏差的字母和标准公差等级数字即可组成一种公差带代号，如：H9、h7、F8、f7 等。

ϕ50H8 表示公称尺寸是 50mm，公差等级为 8 级，基本偏差为 H 的孔。

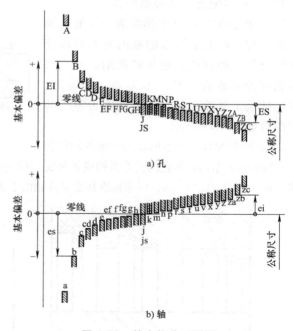

图 4-76　基本偏差系列图

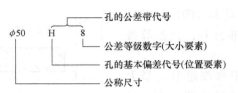

ϕ50f7 表示公称尺寸是 50mm，公差等级为 7 级，基本偏差为 f 的轴。

（2）配合 在机器装配中，将公称尺寸相同的、相互结合的孔和轴的公差带之间的关系，称为配合。

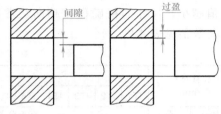

1）间隙和过盈（图 4-77）。

① 间隙：孔的尺寸减去相配合的轴的尺寸所得之差为正，即孔径大于轴径。

② 过盈：孔的尺寸减去相配合的轴的尺寸所得之差为负，即孔径小于轴径。

图 4-77 间隙和过盈

2）配合的三种类型。

① 间隙配合：具有间隙的配合，即孔径大于轴径的配合。表现为孔的公差带在轴的公差带之上。当互相配合的两个零件需相对运动或要求拆卸很方便时，采用间隙配合。

② 过盈配合：具有过盈的配合，即孔径小于轴径的配合。表现为孔的公差带在轴的公差带之下。当互相配合的两个零件需牢固连接、保证相对静止或传递动力时，采用过盈配合。

③ 过渡配合：可能具有间隙或过盈的配合。表现为孔的公差带和轴的公差带相互交叠，如图 4-78 所示。过渡配合常用于不允许有相对运动，轴、孔对中要求高，但又需拆卸的两个零件之间的配合。

3）基孔制配合和基轴制配合。

① 基孔制配合：基本偏差为一定的孔的公差带，与不同基本偏差的轴的公差带构成各种配合的一种制度，也称基孔制。基孔制中的孔称为基准孔，其基本偏差代号为 H，国家标准规定基准孔的下极限偏差为零。基孔制配合如图 4-79 所示。

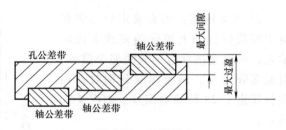

图 4-78 过渡配合

② 基轴制配合：基本偏差为一定的轴的公差带，与不同基本偏差的孔的公差带构成各种配合的一种制度，也称基轴制。基轴制中的轴称为基准轴，其基本偏差代号为 h，国家标准规定基准轴的上极限偏差为零。基轴制配合如图 4-80 所示。

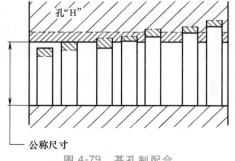

图 4-79 基孔制配合

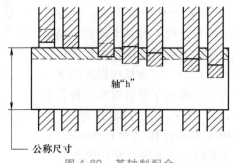

图 4-80 基轴制配合

（3）极限与配合的选择　一般优先采用**基孔制**配合，这是因为加工相同精度等级的孔要比轴困难，选择基孔制配合可以减少定制刀具和量具的规格和数量，有利于实现刀具、量具的标准化、系列化，经济合理，使用方便。特殊情况下采用基轴制配合。

如配合件中有标准件，则根据标准件选择基准制配合。如图4-81所示，滚动轴承内圈与轴颈的配合应采用基孔制，而滚动轴承外圈与座孔的配合应采用基轴制。

（4）极限与配合在图样中的标注　在进行设计时，一般先绘制装配图，根据功能需求选定配合基准制和配合种类，进而确定轴、孔公差带，并在装配图中进行配合标注。装配图绘制完成后，再拆画零件图，并在零件图中进行极限（公差）标注。

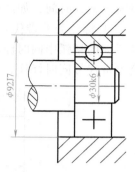

图 4-81　标准件配合示例

国家标准规定了选择配合时应优先选用的配合公差带，优先配合及其应用见表4-10。

表 4-10　优先配合及其应用（GB/T 1801—2009）

基孔制优选配合	基轴制优选配合	优先配合的应用
$\dfrac{H11}{c11}$	$\dfrac{C11}{h11}$	间隙特别大，用于很软的、转动很慢的动配合，或要求大公差与大间隙的外露组件，或要求装配方便的很松的配合
$\dfrac{H9}{d9}$	$\dfrac{D9}{h9}$	间隙很大的自由转动配合，用于精度为非主要要求，或有大的温度变动、高转速及大的轴颈压力时的配合
$\dfrac{H8}{f7}$	$\dfrac{F8}{h7}$	间隙不大的转动配合，用于中等转速与中等轴颈压力的精确转动，也可用于装配较容易的中等定位配合
$\dfrac{H7}{g6}$	$\dfrac{G7}{h6}$	间隙很小的滑动配合，用于不希望自由转动，但可自由移动和滑动并精确定位的配合，也可用于要求明确的定位配合
$\dfrac{H7}{h6}$ $\dfrac{H8}{h7}$ $\dfrac{H9}{h9}$ $\dfrac{H11}{h11}$	$\dfrac{H7}{h6}$ $\dfrac{H8}{h7}$ $\dfrac{H9}{h9}$ $\dfrac{H11}{h11}$	均为间隙定位配合，零件可自由拆卸，而工作时一般相对静止；在最大实体条件下的间隙为零，在最小实体条件下的间隙由公差等级决定
$\dfrac{H7}{k6}$	$\dfrac{K7}{h6}$	过渡配合，用于精密定位
$\dfrac{H7}{n6}$	$\dfrac{N7}{h6}$	过渡配合，用于允许有较大过盈的更精密的定位
$\dfrac{H7}{p6}$ *	$\dfrac{P7}{h6}$	过盈定位配合，即小过盈配合，用于定位精度特别重要的配合，能以最好的定位精度达到部件的刚性及对中性要求，而对内孔承受压力无特殊要求，不依靠配合的紧固性传递摩擦载荷
$\dfrac{H7}{s6}$	$\dfrac{S7}{h6}$	中等压入配合，适用于一般钢件，或用于薄壁件的冷缩配合，用于铸铁件可得到最紧的配合
$\dfrac{H7}{u6}$	$\dfrac{U7}{h6}$	压入配合，适用于可以承受大压入力的零件或不宜承受大压入力的冷缩配合

注："＊"表示公称尺寸≤3mm时为过渡配合。

1）装配图中轴、孔配合的标注形式如图4-82所示。

2）零件图中公差的标注有三种形式：

① 标注公差带代号。直接在公称尺寸后面标注公差带代号。这种标注形式和采用专用量具检验零件相配合，适应大批量生产的需要，不需标注极限偏差数值，如图4-83a所示。

② 标注极限偏差数值。直接在公称尺寸后面标注上、下极限偏差数值。这种标注形式主要用于小批量或单件生产，以便在加工和检验

图 4-82　配合标注

时减少辅助时间，如图 4-83b 所示。

③ 标注公差带代号和极限偏差数值。在公称尺寸后面标注公差带代号，并在公差带代号后面的括弧中同时注出上、下极限偏差数值。在生产批量不明确时，可将极限偏差数值和公差带代号同时标注，如图 4-83c 所示。

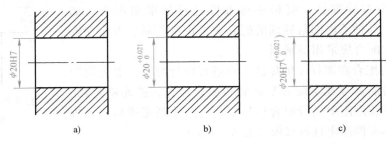

图 4-83　公差标注

a）标注公差带代号　b）标注极限偏差数值　c）标注公差带代号和极限偏差数值

3）标注极限偏差时，应注意以下几点：

① 极限偏差数值比公称尺寸数字的字体要小一号。

② 极限偏差数值前必须标出正负号（极限偏差为零时除外）。

③ 当某一极限偏差为 "0" 时，此 "0" 应与另一极限偏差的个位数字对齐。

④ 极限偏差数值的单位必须是 mm（若在表中查到的数值单位是 μm，必须进行转换）。

⑤ 下极限偏差数值与公称尺寸数值应在同一底线上。

⑥ 若上、下极限偏差的数值相同而符号相反，即为对称偏差，可在公称尺寸后面注写符号 "±" 及极限偏差数值，如 "28.76±0.018"。

2. 几何公差（GB/T 1182—2008）

几何公差指形状公差、方向公差、位置公差和跳动公差。

在加工圆柱形零件时，可能会出现母线不是直线，而零件呈现中间粗、两头细的情况，如图 4-84 所示。这种在形状上出现的误差，叫作形状误差。

在加工阶梯轴时，可能会出现各轴段的轴线不共线的情形，如图 4-85 所示。这种在相对位置关系上出现的误差，叫作位置误差。

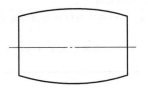

图 4-84　圆柱形变鼓形

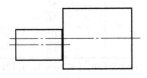

图 4-85　圆柱不共轴线

零件在加工时产生的形状、位置误差过大，还将会影响机器的寿命。因此，对于零件精度要求较高的部位，必须根据实际需要提出相应的形状误差和位置误差的允许范围，并在图样中标出几何公差。

（1）基本术语

1）要素（几何要素）：工件上的特定部位，如点、线或面。要素可以是实际存在的零件轮廓上的点、线、面，即组成要素，也可以是由组成要素得到的中心点、中心线或中心面。

2）被测要素：图样中给出了几何公差要求的要素。

3）基准要素：用来确定被测要素方向、位置的要素。

4）公差带：限制实际要素变动的区域。公差带有形状、方向、位置、大小等属性。公差带的主要形状有两等距线或两平行直线之间的区域、两等距面或两平行平面之间的区域、一个圆内的区域、两同心圆之间的区域、一个圆柱面内的区域、两同轴圆柱面之间的区域、一个圆球面内的区域。

（2）几何公差的几何特征及符号　国家标准规定了19个几何特征项目，每个项目用一个符号表示，见表4-11。

表4-11　几何特征项目及符号

公差类型	几何特征	符号	有无基准	公差类型	几何特征	符号	有无基准
形状公差	直线度	——	无	位置公差	位置度	⊕	有或无
	平面度	▱	无		同心度（用于中心点）	◎	有
	圆度	○	无				
	圆柱度	⌀	无		同轴度（用于轴线）	◎	有
	线轮廓度	⌒	无				
	面轮廓度	⌓	无		对称度	═	有
方向公差	平行度	//	有		线轮廓度	⌒	有
	垂直度	⊥	有		面轮廓度	⌓	有
	倾斜度	∠	有	跳动公差	圆跳动	↗	有
	线轮廓度	⌒	有		全跳动	⌰	有
	面轮廓度	⌓	有				

（3）几何公差的标注

1）公差框格。用公差框格标注几何公差时，公差要求注写在划分成两格或多格的矩形框格内，如图4-86所示。

图4-86　公差框格

当某项公差应用于几个相同要素时，应在公差框格的上方被测要素的尺寸之前注明要素的个数，并在两者之间加上符号"×"，如图4-87a所示。

如果需要就某个要素给出几种几何特征的公差，可将一个公差框格放在另一个的下方，如图4-87b所示。

2）被测要素的标注。

① 当被测要素是轮廓线或轮廓面时，指引线的箭头应指向该要素的轮廓线或其延长线，并明显地与尺寸线错开，如图 4-88a 所示。箭头也可指向引出线的水平线，引出线引自被测面，如图 4-88b 所示。

② 当被测要素是中心线、中心面或中心点时，指引线的箭头应位于相应尺寸线的延长线上，如图 4-89 所示。

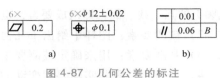

图 4-87 几何公差的标注
a）多个相同要素的公差标注
b）某要素几种公差的标注

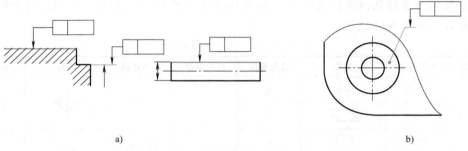

图 4-88 被测要素的标注（一）

a）指引线的箭头指向轮廓线或其延长线　　b）箭头指向引出线

3）基准要素的标注。基准要素是零件上用于确定被测要素的方向和位置的点、线或面，用基准符号表示。

① 基准符号。基准要素用一个大写字母表示，标注时字母标注在基准方格内，与一个涂黑的或空白的三角形相连以表示基准。基准三角形形状未做明确规定，一般采用等边三角形。基准方格的高度与公差框格的高度相同，三角形的边长取方格高度的一半，如图 4-90 所示。

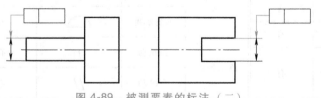

图 4-89 被测要素的标注（二）

图 4-90 基准符号的画法

② 基准符号的放置。当基准要素是轮廓线或轮廓面时，基准三角形放置在要素的轮廓线或其延长线上（与尺寸线明显错开），如图 4-91a 所示；基准三角形也可放置在该轮廓面引出线的水平线上，如图 4-91b 所示。

当基准是尺寸要素确定的轴线、中心平面或中心点时，基准三角形应放置在该尺寸线的延长线上，如图 4-92a 所

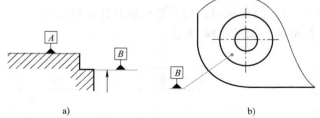

图 4-91 基准要素的放置（一）

a）基准三角形放置在轮廓线或其延长线上

b）基准三角形放置在引出线上

示。如果没有足够的位置标注基准要素尺寸的两个尺寸箭头，则其中一个箭头可用基准三角形代替，如图 4-92b 所示。

（4）几何公差标注示例　图 4-93 所示为汽门阀杆零件图。当被测要素为线或表面时，

从框格引出的指引线箭头应指在该要素的轮廓线或其延长线上；当被测要素是轴线时，应将指引线的箭头与该要素的尺寸线对齐，如 M8×1 螺纹轴线的同轴度注法；当基准要素是轴线时，应将基准符号与该要素的尺寸线对齐，如基准 A。

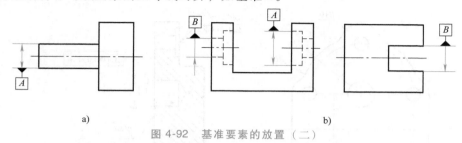

图 4-92 基准要素的放置（二）

a）基准三角形放置在尺寸线延长线上 b）一个箭头用基准三角形代替

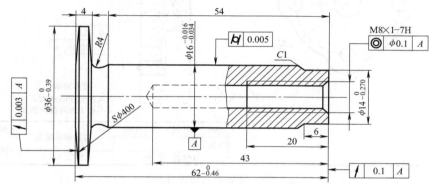

图 4-93 汽门阀杆零件图

任务实施

齿轮油泵端盖是一种典型的盘盖类零件，其轴测图如图 4-65c 所示。

1. 绘制零件图

齿轮油泵端盖视图表达如图 4-94 所示。以表达孔的分布情况的视图作为主视图，左视图采用全剖视图来表达其内部孔的结构和尺寸。端盖无特殊结构，不需补充其他辅助视图。

主视图中用虚线来表达端盖后部凸起结构的形状，若不画虚线则必须补充一个视图来表达此结构。

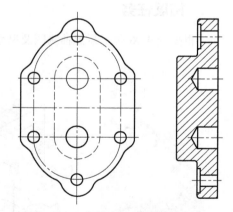

图 4-94 齿轮油泵端盖视图表达

2. 标注尺寸

（1）确定尺寸基准　主视图上下、左右均对称，以两个对称面分别作为高度和长度基准；左视图中以前端面作为宽度基准。

（2）标注定形尺寸和定位尺寸　详见图 4-95。

3. 注写技术要求

（1）标注表面粗糙度　需要加工的表面都要有表面粗糙度的要求，具体数值大小由加工方法和设计要求确定。

（2）注写其他技术要求　详见图 4-95。

图 4-95 所示为绘制完整的齿轮油泵端盖零件图。

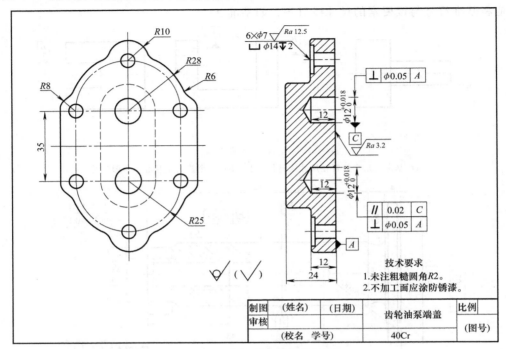

图 4-95　齿轮油泵端盖零件图

🧪 拓展任务

根据图 4-96 所示泵盖轴测图及尺寸绘制泵盖零件图，并对泵盖零件图标注尺寸及技术要求。

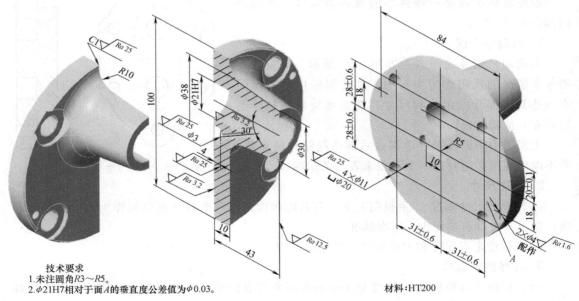

技术要求
1.未注圆角R3～R5。
2.φ21H7相对于面A的垂直度公差值为φ0.03。

材料：HT200

图 4-96　泵盖轴测图及尺寸

任务 4.3　绘制螺纹联接件和滚动轴承

学习目标

知识目标

1. 掌握标准化的概念。

2. 了解常用标准件的分类。

3. 掌握螺纹联接件、滚动轴承的代号分析及标准画法。

4. 掌握螺纹联接和键、销联接的画法。

能力目标

1. 能对滚动轴承、螺栓等标准件进行代号分析，查找相关参数。

2. 能根据测绘结果确定标准件代号。

3. 能正确绘制滚动轴承、螺栓、螺钉等标准件。

4. 能正确绘制螺纹联接和键、销联接。

任务布置

识读图 4-97 所示联轴节装配图，补绘其中的螺纹联接和键、销联接。

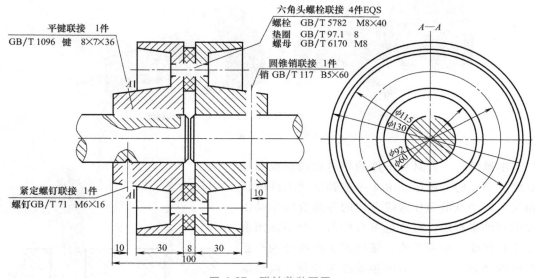

图 4-97　联轴节装配图

任务分析

在各类装配体中，有很多的联接件，比如联接箱盖和箱体的螺栓和螺母、联接轴和带轮的键、对箱盖和箱体进行定位的销、支承传动轴的滚动轴承等，这些联接件有一个共同的特征，即它们都是标准件。

所谓标准件，就是结构形状和尺寸都已经标准化的零件。相关标准有国家标准、行业标准、地方标准和企业标准。本书主要涉及符合国家标准规定的标准件，这种零件的形状是固定的，只需根据其代号就可以从相关手册中查取它们的具体尺寸。常见的标准件有螺栓、螺钉、螺母、滚动轴承、键和销等。

本任务要求通过绘制螺纹联接件和滚动轴承，掌握常用标准件的结构形状、代号分析和标准（简化）画法；掌握根据代号查取相关尺寸参数的方法。

 知识链接

4.3.1 螺纹

1. 螺纹的生成

螺纹是一种常见的设计结构，是在回转体表面上沿螺旋线所形成的具有相同剖面形状（如三角形、矩形、锯齿形等）的连续凸起（又称牙）。螺纹在螺钉、螺栓、螺母和丝杠中起联接或传动作用。在圆柱（或圆锥）外表面所形成的螺纹，称为外螺纹；在圆柱（或圆锥）内表面所形成的螺纹，称为内螺纹。

生成螺纹的加工方法有很多，如可在车床上车削内、外螺纹，也可用成形刀具（如板牙、丝锥）进行加工，如图4-98所示。加工直径比较小的内螺纹时，可先用钻头钻出光孔，再用丝锥攻螺纹，因钻头的钻尖顶角为118°，所以不通孔的锥顶角一般画成120°，如图4-99所示。

车外螺纹　　　　　　　　　　　　　车内螺纹

图 4-98　螺纹车削加工

车削螺纹时，刀具和工件的相对运动形成圆柱螺旋线，动点的等速运动由车床主轴带动工件的转动而实现；动点沿圆柱素线方向的等速直线运动由刀尖的移动来实现。螺纹也可看作由一个平面图形沿圆柱螺旋线运动而形成。螺纹的表面可分为凸起和沟槽两部分，凸起部分的顶端称为牙顶，沟槽部分的底部称为牙底。为了防止螺纹端部损坏和便于安装，通常在螺纹的起始处做出圆锥形的倒角或球面形的倒圆。

当车削螺纹的刀具快要到达螺纹终止处时，刀具要逐渐离开工件，因而螺纹终止处附近的牙型将逐渐变浅，形成不完整的螺纹牙型，这一段螺纹称

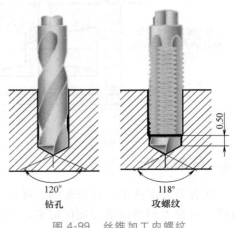

120°　　　　　　　　118°
钻孔　　　　　　　　攻螺纹

图 4-99　丝锥加工内螺纹

为螺尾，如图 4-100 所示。加工到要求深度的螺纹才具有完整的牙型，才是有效螺纹。

为了避免出现螺尾，可以在螺纹终止处事先车削出一个槽，以便刀具退出，这个槽称为螺纹退刀槽，如图 4-101 所示。

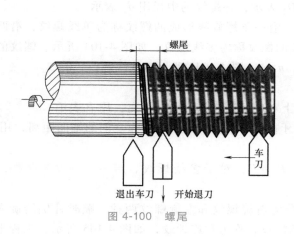

图 4-100　螺尾

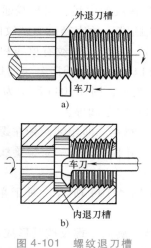

图 4-101　螺纹退刀槽

a）外螺纹退刀槽　b）内螺纹退刀槽

2. 螺纹要素

螺纹形态由牙型、直径、线数、螺距和导程、旋向五个要素确定。内、外螺纹一般要成对使用，相互旋合的内、外螺纹的五个要素必须完全相同，否则无法旋合。

（1）牙型　螺纹的牙型是指在通过螺纹轴线的剖切面上得到的断面轮廓形状，螺纹的牙型标志着螺纹的特征。常见的螺纹牙型有三角形、梯形、锯齿形等，如图 4-102 所示，不同牙型的螺纹有不同的用途。其中，矩形螺纹尚未标准化，其余牙型的螺纹均为标准螺纹。

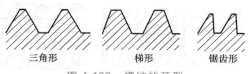

图 4-102　螺纹的牙型

（2）直径　螺纹的直径有大径、小径、中径之分，如图 4-103 所示。

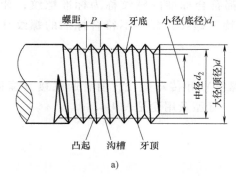
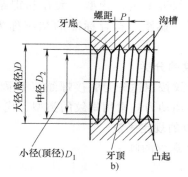

图 4-103　螺纹的直径

a）外螺纹　b）内螺纹

1）螺纹的大径，指与外螺纹牙顶或内螺纹牙底相切的假想圆柱（或圆锥）的直径，又称公称直径。内螺纹的大径用 D 表示；外螺纹的大径用 d 表示。

2）螺纹的小径，指与外螺纹牙底或内螺纹牙顶相切的假想圆柱（或圆锥）的直径。内螺纹的小径用 D_1 表示；外螺纹的小径用 d_1 表示。

3）螺纹的中径，指母线通过螺纹上牙厚（凸起）与牙槽（沟槽）宽度相等处的假想圆柱（或圆锥）的直径。内螺纹的中径用 D_2 表示；外螺纹的中径用 d_2 表示。

（3）线数　螺纹有单线和多线之分。沿一条螺旋线形成的螺纹称为单线螺纹；沿两条或两条以上在轴上等距分布的螺旋线形成的螺纹称为多线螺纹，如图 4-104 所示。螺纹的线数用 n 表示，图 4-104a 所示为单线螺纹，$n=1$；图 4-104b 所示为双线螺纹，$n=2$。

（4）螺距和导程

1）螺距。即相邻两牙在螺纹中径线上对应两点之间的轴向距离，用 P 表示。

2）导程。即同一条螺旋线上相邻两牙在螺纹中径线上对应两点之间的轴向距离，用 P_h 表示。

如图 4-104 所示，对于单线螺纹，$P_h=P$；对于多线螺纹，导程 = 螺距 × 线数，即 $P_h=nP$。

（5）旋向　螺纹按其形成时的旋向分为右旋螺纹和左旋螺纹两种。顺时针旋转旋入的螺纹，称为右旋螺纹，逆时针旋转旋入的螺纹，称为左旋螺纹，如图 4-105 所示，工程上常用右旋螺纹。

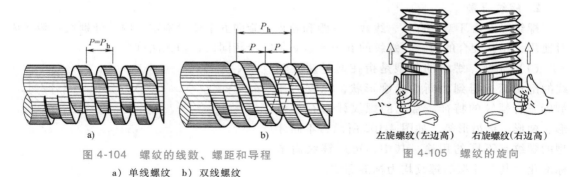

图 4-104　螺纹的线数、螺距和导程

a）单线螺纹　b）双线螺纹

图 4-105　螺纹的旋向

基于螺纹五要素，牙型、大径和螺距都符合标准的螺纹称为标准螺纹；牙型符合标准，而大径、螺距不符合标准的螺纹称为特殊螺纹；牙型不符合标准的螺纹称为非标准螺纹。

3．螺纹的分类

标准螺纹按用途分为联接螺纹（紧固螺纹）和传动螺纹，前者起联接（紧固）作用，后者用于传递动力。常用螺纹的类型、代号、牙型及用途见表 4-12。

4．螺纹的规定画法

（1）外螺纹的画法

1）外螺纹的牙顶线（大径）和螺纹终止线用粗实线绘制，外螺纹的牙底线（小径）用细实线绘制，倒角或倒圆结构也应画出，如图 4-106a 所示。

2）在垂直于螺纹轴线的投影为圆的视图中，牙顶圆投影用粗实线绘制；牙底圆投影用细实线画 3/4 圈，倒角或倒圆的投影省略不画，如图 4-106a、b 所示。

表 4-12 常用螺纹的类型、代号、牙型及用途

螺纹分类及特征代号			牙 型	用 途
联接（紧固）螺纹	普通螺纹	粗牙普通螺纹（M）	60°	用于一般零件的联接，是应用最广泛的联接螺纹
		细牙普通螺纹（M）		对于相同的公称直径，细牙螺纹比粗牙螺纹的螺距要小，多用于精密零件、薄壁零件的联接
	管螺纹	55°非密封管螺纹（G）	55°	常用于低压管路系统联接的旋塞等管件附件
		55°密封管螺纹 圆锥外螺纹（R_1、R_2）	55°	适用于密封性要求高的水管、油管、煤气管等中、高压管路系统
		圆锥内螺纹（Rc）		
		圆柱内螺纹（Rp）		
传动螺纹		梯形螺纹（Tr）	30°	用于需承受两个方向轴向力的场合，如各种机床的传动丝杠等
		锯齿形螺纹（B）	3° 30°	用于只承受单向轴向力的场合，如虎钳、千斤顶的丝杠等

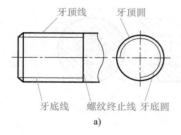

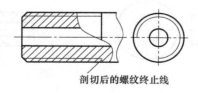

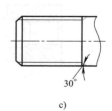

图 4-106 外螺纹的画法

a）外螺纹视图 b）剖视图中的螺纹终止线 c）螺尾的画法

3）在剖视图中，螺纹终止线只画出牙顶线和牙底线之间的部分，剖面线应画到粗实线处，如图 4-106b 所示。

螺尾部分一般不必画出，当需要表示螺尾时，螺尾部分的牙底用与轴线成 30°的细实线绘制，如图 4-106c 所示。

（2）内螺纹的画法

1）内螺纹（螺纹孔）一般用剖视图表示，如图 4-107a 所示。在剖视图中，内螺纹的牙底线（大径）用细实线绘制，牙顶线（小径）和螺纹终止线用粗实线绘制，剖面线必须终止于粗实线。在垂直于螺纹轴线的投影为圆的视图中，牙顶圆投影用粗实线绘制；牙底圆投影用细实线绘制，只画 3/4 圈，倒角或倒圆的投影省略不画。

2）内螺纹未被剖切时，其牙底线、牙顶线和螺纹终止线均用虚线表示，如图 4-107b 所示。

3）绘制不穿通的螺纹孔时，一般应将钻孔深度与螺纹部分的深度分别画出，钻孔顶端应画成 120°，如图 4-107c 所示。

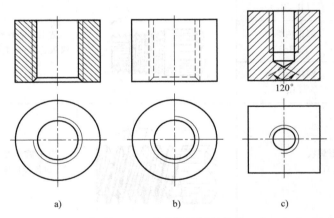

图 4-107 内螺纹的画法

a）内螺纹剖视图　b）未剖切内螺纹画法　c）不穿通螺纹孔的剖视图

（3）螺纹联接的画法　当内、外螺纹旋合构成螺纹联接时，剖视图如图 4-108 所示，其旋合部分应按外螺纹的画法绘制，其余部分仍按各自的画法表示。需注意内螺纹的大径与外螺纹的大径、内螺纹的小径与外螺纹的小径分别对齐，剖面线画到粗实线。

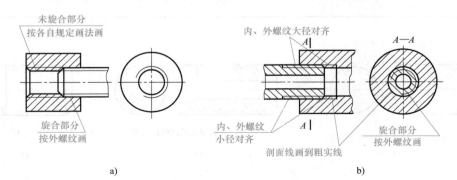

图 4-108 螺纹联接的画法

（4）**螺纹孔相贯线的画法** 两螺纹孔，或螺纹孔与光孔相贯时，其相贯线按与螺纹牙顶圆圆柱相贯画出，如图 4-109 所示。

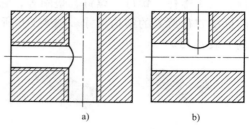

图 4-109 螺纹孔相贯线的画法

5. 螺纹的图样标注

螺纹按规定画法画出后，无法反映其牙型、螺距、线数和旋向等结构要素，因此，必须按规定在图样中标注螺纹标记。

普通螺纹的标记格式为：

$$\boxed{螺纹特征代号}\ \boxed{公称直径} \times \boxed{P_h\ 导程\ P\ 螺距} \text{-} \boxed{公差带代号} \text{-} \boxed{旋合长度代号} \text{-} \boxed{旋向代号}$$

标记说明：

（1）**螺纹特征代号** 普通螺纹的特征代号为 M，非密封管螺纹特征代号为 G，梯形螺纹特征代号为 Tr，锯齿形螺纹特征代号为 B。

（2）**公称直径** 一般为螺纹大径。

（3）**导程和螺距** 普通粗牙螺纹不标注螺距。其他单线螺纹导程和螺距相同，只注螺距。

（4）**公差带代号** 公差带代号由表示公差等级的数字和表示其位置的基本偏差代号（字母）组成。代号中的小写字母表示外螺纹，大写字母表示内螺纹。普通螺纹要同时注出中径、顶径公差带代号，当中径和顶径公差带代号相同时，只注一个，如 5g6g、6g、7H 等。此外，梯形螺纹只标注中径公差带代号；锯齿形螺纹不标注公差带代号，只标注表示公差等级的数字。

（5）**旋合长度代号** 普通螺纹的旋合长度分为短、中、长三种，分别用代号 S、N、L 表示。此外，梯形螺纹只有中、长两种旋合长度。中等旋合长度 N 不标注。

（6）**旋向代号** 右旋不标注，左旋标注 LH。

普通螺纹、梯形螺纹、锯齿形螺纹的标记应标注在大径上。管螺纹的标记标注在引出线的横线上，引出线应指在大径上。

在管螺纹标注中，螺纹特征代号 G 后面的数字为尺寸代号，管螺纹的直径可根据尺寸代号由国标查表确定。对于 55°非密封管螺纹，外管螺纹的公差等级分 A、B 两级；内管螺纹只有一种公差带，不标注。55°密封管螺纹的标记仅由螺纹特征代号和尺寸代号组成。旋向代号中，若为右旋，可不标注；若为左旋，用 LH 注明。

示例 1：M20-5g6g-L 表示公称直径为 20mm 的粗牙普通螺纹（外螺纹），中径公差带代号为 5g，顶径公差带代号为 6g，长旋合长度，右旋。

示例 2：M10×1-6H-LH 表示公称直径为 10mm，螺距为 1mm 的细牙普通螺纹（内螺纹），中径和顶径公差带代号都为 6H，中等旋合长度，左旋。

示例 3：G1½LH 表示 55°非密封圆柱管螺纹（内螺纹），尺寸代号为 1½，左旋。

示例 4：Tr40×14(P7)-8e-L 表示公称直径为 40mm，导程为 14mm，螺距为 7mm 的双线梯形螺纹（外螺纹），中径公差带代号为 8e，长旋合长度。

4.3.2 螺纹紧固件及其联接的画法

1. 常用螺纹紧固件及其标记

通过螺纹起联接和紧固作用的零件称为螺纹紧固件。螺纹紧固件的种类很多，常用的有螺栓、双头螺柱、螺母、螺钉、垫圈等，它们的结构形式及尺寸均已标准化，使用时可由相应的标准查得所需的结构尺寸。图 4-110 所示为常用的螺纹标准件。常用螺纹紧固件的标记示例见表 4-13。

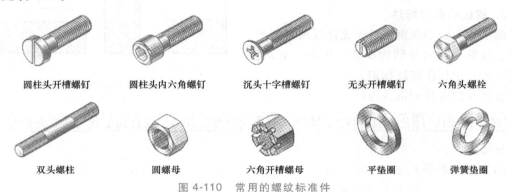

| 圆柱头开槽螺钉 | 圆柱头内六角螺钉 | 沉头十字槽螺钉 | 无头开槽螺钉 | 六角头螺栓 |

| 双头螺柱 | 圆螺母 | 六角开槽螺母 | 平垫圈 | 弹簧垫圈 |

图 4-110　常用的螺纹标准件

表 4-13　常用螺纹紧固件的标记

名称及标准代号	图　例	标记示例及说明
六角头螺栓 A 级和 B 级 GB/T 5782—2016	M12　80	螺栓　GB/T 5782　M12×80 表示螺纹规格为 M12、公称长度 $l=80$mm、性能等级为 8.8 级、表面不经处理、产品等级为 A 级的六角头螺栓
双头螺柱 A 级和 B 级 GB/T 897—1988	M10　b_m　50	螺柱　GB/T 897　M10×50 表示两端均为粗牙普通螺纹、螺纹规格为 M10、公称长度 $l=50$mm、性能等级为 4.8 级、不经表面处理、B 型、$b_m=d$ 的双头螺柱
开槽沉头螺钉 GB/T 68—2016	M8　25	螺钉　GB/T 68　M8×25 表示螺纹规格为 M8、公称长度 $l=25$mm、性能等级为 4.8 级、表面不经处理的 A 级开槽沉头螺钉
开槽圆柱头螺钉 GB/T 65—2016	M5　20	螺钉　GB/T 65　M5×20 表示螺纹规格为 M5、公称长度 $l=20$mm、性能等级为 4.8 级、表面不经处理的 A 级开槽圆柱头螺钉
1 型六角螺母 A 级和 B 级 GB/T 6170—2015	M12	螺母　GB/T 6170　M12 表示螺纹规格为 M12、性能等级为 8 级、表面不经处理、产品等级为 A 级的 1 型六角螺母
平垫圈 A 级 GB/T 97.1—2002	$\phi13$	垫圈　GB/T 97.1　12 表示标准系列、公称规格 12mm、由钢制造的硬度等级为 200HV 级、不经表面处理、产品等级为 A 级的平垫圈

2. 常用螺纹紧固件的画法

绘制螺纹紧固件，一般有如下两种画法。

（1）查表画法　根据已知螺纹紧固件的规格尺寸，由相应的标准查得各部分的具体尺寸。常用螺纹紧固件的部分标准见附表1～附表10。如绘制标记为"螺栓　GB/T 5782 M20×80"的零件图，可由附表4查得各部分的尺寸：

螺栓直径 $d=20$mm；螺栓头厚度 $k=12.5$mm；螺纹长度 $b=46$mm；公称长度 $l=80$mm；六角头对边距 $s=30$mm；六角头对角距 $e=33.53$mm。

最后根据以上尺寸绘制螺栓零件图。

（2）简化画法　在装配图中，常用螺栓、螺钉和螺母等螺纹紧固件的简化画法见表4-14。

表 4-14　螺纹紧固件的简化画法

序号	类型	简化画法	序号	类型	简化画法
1	六角头螺栓	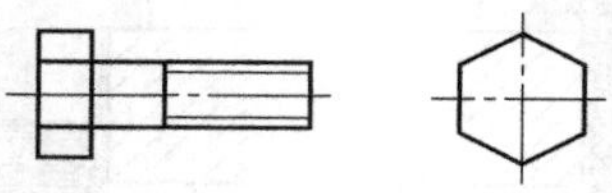	11	六角螺母	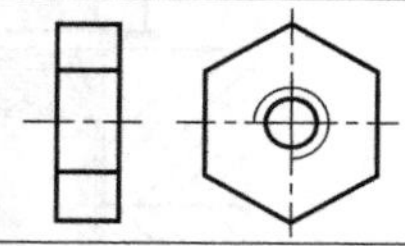
2	方头螺栓	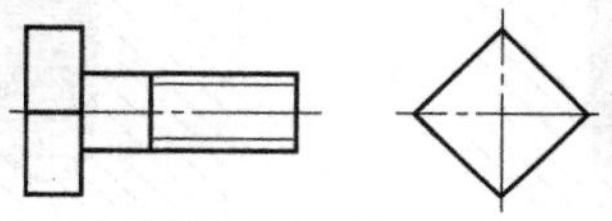	12	方头螺母	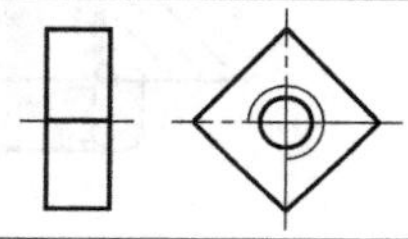
3	圆柱头内六角螺钉	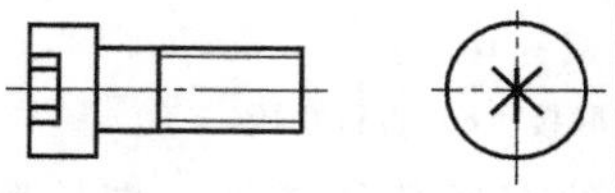	13	六角开槽螺母	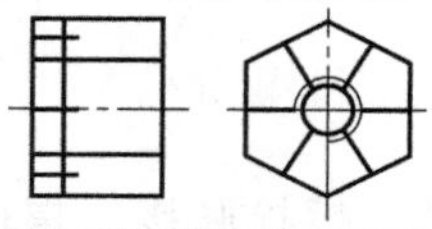
4	无头内六角螺钉	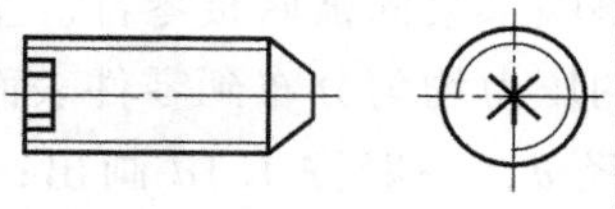	14	六角法兰面螺母	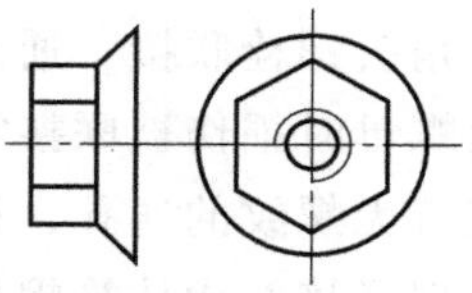
5	无头开槽螺钉	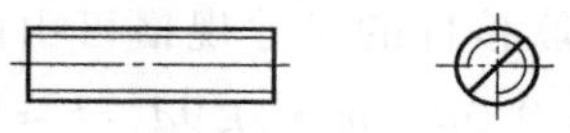	15	蝶形螺母	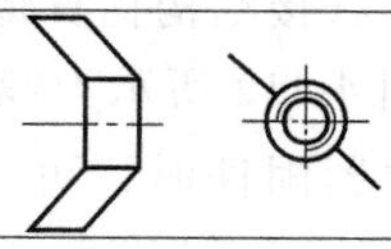
6	沉头开槽螺钉	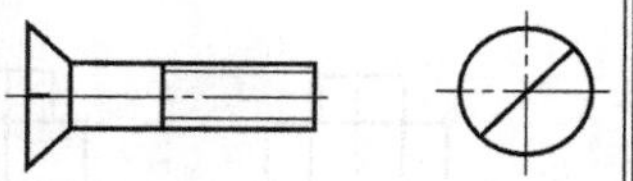	16	沉头十字槽螺钉	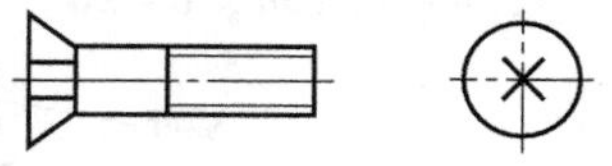
7	半沉头开槽螺钉	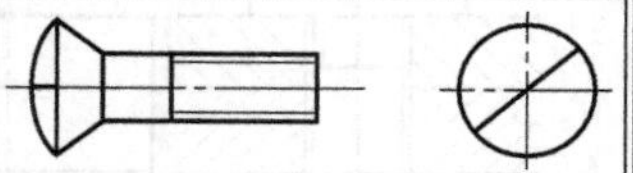	17	半沉头十字槽螺钉	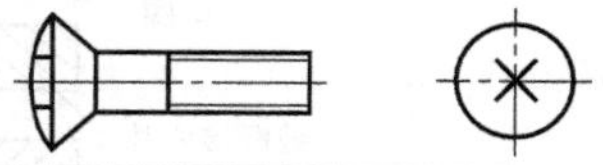
8	圆柱头开槽螺钉	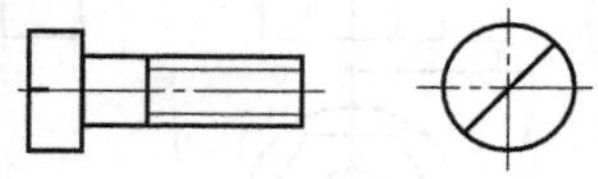	18	盘头十字槽螺钉	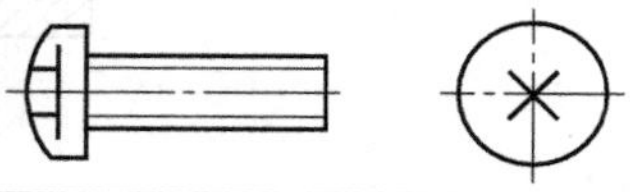
9	盘头开槽螺钉	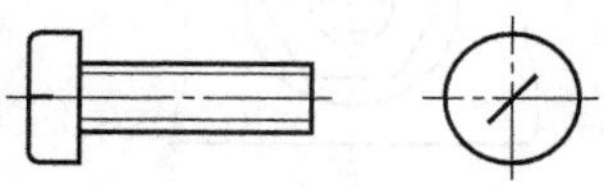	19	六角法兰面螺栓	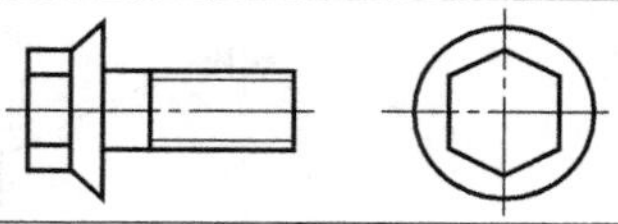
10	沉头开槽自攻螺钉	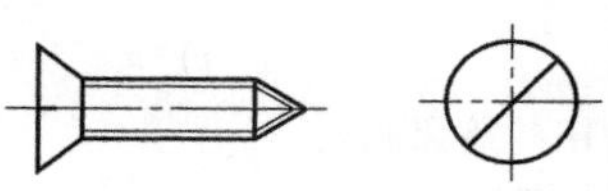	20	圆头十字槽木螺钉	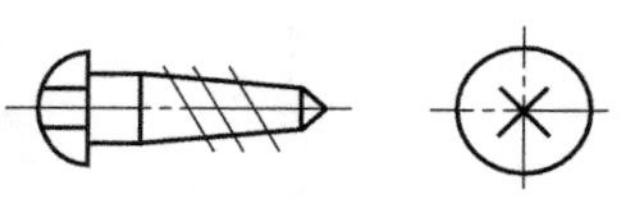

3. 螺纹紧固件联接的画法

（1）螺纹紧固件联接画法的基本规定

1）两零件的接触表面处只画一条粗实线，不能在接触面上将轮廓线加粗；不接触的表面之间，不论间隙大小，都应画出两条轮廓线。

2）同一金属零件在各剖视图、断面图中的剖面线方向、间隔应相同；相邻零件的剖面线方向应相反，或方向相同而间隔不同。

3）对于螺纹紧固件及轴、球等实心零件，当剖切平面通过其轴线时，这些零件按不剖绘制。

（2）基本联接形式及画法 螺纹紧固件的基本联接形式有螺栓联接、双头螺柱联接和螺钉联接三种，如图 4-111 所示。联接画法分别介绍如下：

a)   b)   c)

图 4-111 螺纹紧固件联接

a）螺栓联接 b）螺柱联接 c）螺钉联接

1）螺栓联接。螺栓联接适用于联接不太厚的有通孔的零件。螺栓联接中，应用最广的是六角头螺栓联接，通过六角头螺栓、螺母和垫圈来紧固被联接零件。垫圈的作用是防止在拧紧螺母时损伤被联接零件的表面，并使螺母的压力均匀分布到零件表面上。被联接零件都加工有无螺纹的通孔，通孔直径稍大于螺纹直径 d，一般按 $1.1d$ 画出；画螺栓联接时，先要根据联接结构估算螺栓的公称长度 l，然后通过查询相关国家标准选取标准长度。

图 4-112 所示为螺栓联接的简化画法，螺栓联接件的尺寸规格可由国家标准查得。在绘制螺纹紧固件时，可采用近似尺寸，其中 $b_1 \approx 0.3d$，$m \approx 0.9d$，$k \approx 0.7d$，$e \approx 2d$，$d_2 \approx 2.2d$，$h \approx 0.15d$，$b = 2d$。

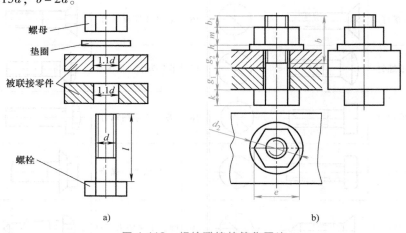

a)   b)

图 4-112 螺栓联接的简化画法

a）联接前 b）联接后

2）螺柱联接。螺柱联接是通过双头螺柱、垫圈、螺母来紧固被联接零件的，如图 4-113 所示。双头螺柱联接用于被联接零件较厚或受结构限制不宜使用螺栓联接的场合。被联接零件中的一个需加工出螺纹孔，其余零件都加工出通孔。螺柱联接中选用弹簧垫圈，它能起防松作用。双头螺柱两端都有螺纹，一端必须全部旋入被联接零件的螺纹孔内，称为旋入端；另一端用来拧紧螺母，称为紧固端。用螺柱联接零件时，先将螺柱的旋入端旋入一个零件的螺纹孔中，再将另一个带孔的零件套入螺柱，然后放入垫圈，最后用螺母旋紧。

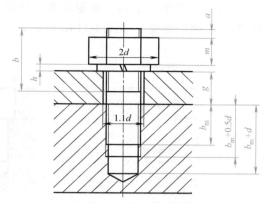

图 4-113　螺柱联接的简化画法

螺柱联接的简化画法如图 4-113 所示，绘制螺柱联接时应注意以下几点。

① 双头螺柱的有效长度可参考螺栓联接，按下式估算：

螺柱长度 $l \geqslant$ 被联接件厚度 g＋垫片厚度 h＋螺母厚度 m＋螺柱伸出螺母长度 a

式中，$a = (0.2 \sim 0.4)d$。然后根据估算结果查询相关国家标准（附表 5），选取相近的标准长度。

② 双头螺柱的旋入端长度 b_m 与被旋入零件的材料有关，其参考值参见表 4-15。

表 4-15　双头螺柱旋入端长度参考值

被旋入零件的材料	旋入端长度 b_m
钢、青铜	$b_m = d$
铸铁	$b_m = 1.25d$ 或 $b_m = 1.5d$
铝	$b_m = 2d$

③ 机件上螺纹孔的螺纹深度应大于旋入端螺纹长度 b_m，绘图时，螺纹孔的螺纹深度可按 $b_m + 0.5d$ 画出，钻孔深度可按 $b_m + d$ 画出。

④ 双头螺柱旋入端螺纹终止线应与螺纹孔顶面重合。

3）螺钉联接。螺钉联接多用于受力不大的零件之间的联接。用螺钉联接两个零件时，螺钉杆部需穿过一个零件的通孔而旋入另一个零件的螺纹孔，将两个零件固定在一起。

螺钉根据头部形状不同分为多种形式，开槽螺钉形状及参数见附表 9。

螺钉联接的画法如图 4-114a 所示，绘制螺钉联接时应注意以下几点。

① 螺钉的有效长度可按下式估算：

螺钉长度 l＝被联接件厚度 δ_1＋旋入端长度 l_1

然后根据估算结果查询相关国家标准（附表 9），选取相近的标准长度。

② 螺钉的旋入端长度 l_1 与被旋入零件的材料有关，可参照双头螺柱联接的旋入端长度 b_m，近似选取 $l_1 = b_m$。

③ 为使螺钉联接牢靠，螺钉的螺纹长度和螺纹孔的螺纹长度都应大于旋入深度 l_1。螺纹孔的螺纹长度可取 $l_1 + 0.5d$，被联接件的光孔直径可近似地画成 $1.1d$。

④ 为了使螺钉头部能压紧被联接零件，螺钉的螺纹终止线应高出螺纹孔的端面，或使螺钉杆部具有全螺纹。

⑤ 螺钉头部的一字槽，在俯视图上画成与中心线成 45°的斜线。若图形中的槽宽小于或等于 2mm，则应涂黑，如图 4-114b 所示。

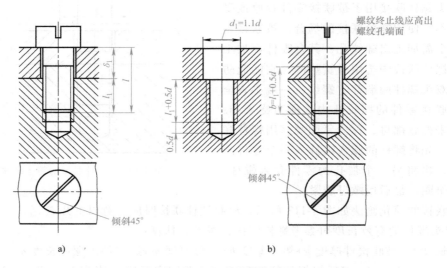

a)   b)

图 4-114 螺钉联接的简化画法

a）螺钉联接画法 b）一字槽涂黑

4.3.3 滚动轴承

轴承有滑动轴承和滚动轴承两种，它们的作用是支承轴及承受轴上的载荷。由于滚动轴承的摩擦阻力小，所以在生产中的应用比较广泛。

滚动轴承是标准组件，由专门的工厂生产，使用时可根据要求确定型号，进行选购。在设计机械结构时，不必画滚动轴承的零件图，只要在装配图上按规定画出简图即可。

1. 滚动轴承的结构和分类

滚动轴承的种类很多，但它们的结构相似，一般由外圈、内圈、滚动体和保持架组成，如图 4-115 所示。一般情况下，轴承外圈装在机座孔内，内圈套在轴上，外圈固定不动而内圈随轴转动。

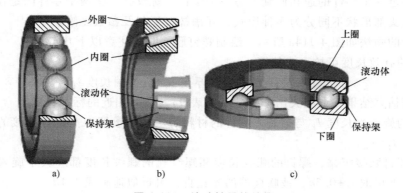

a)   b)   c)

图 4-115 滚动轴承的结构

a）深沟球轴承 b）圆锥滚子轴承 c）推力球轴承

常用滚动轴承的类型有：

（1）深沟球轴承 适用于承受径向载荷的场合，如图 4-115a 所示。

（2）圆锥滚子轴承 适用于同时承受径向载荷和轴向载荷的场合，如图 4-115b 所示。

（3）推力球轴承 适用于承受轴向载荷的场合，如图 4-115c 所示。

2. 滚动轴承的画法（GB/T 4459.7—2017）

在绘制装配图时，可根据国家标准所规定的画法或特征画法表示滚动轴承。常用滚动轴承的画法见表 4-16。绘图时，轴承内径 d、外径 D、宽度 B 等主要尺寸可根据轴承代号查询相关国家标准（附表 13 ~ 附表 15）或有关手册确定。

表 4-16 常用滚动轴承的画法

轴承类型	承载特性	规定画法	特征画法	通用画法
		（均指滚动轴承在所属装配图剖视图中的画法）		
深沟球轴承（GB/T 276—2013）60000 型	主要承受径向载荷	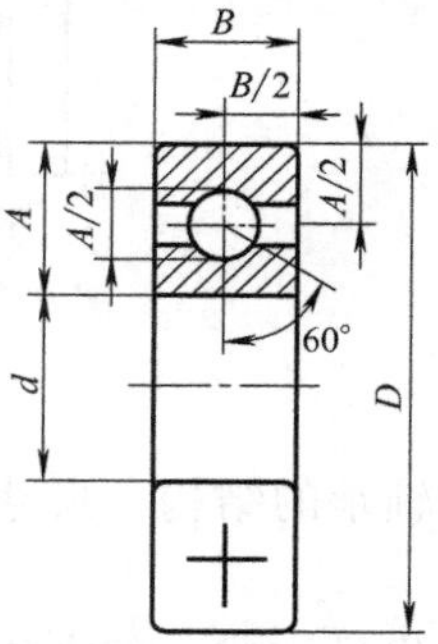	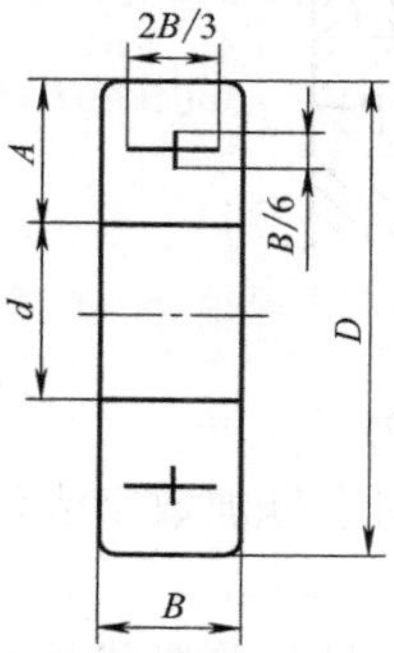	
圆锥滚子轴承（GB/T 297—2015）30000 型	可同时承受径向和轴向载荷	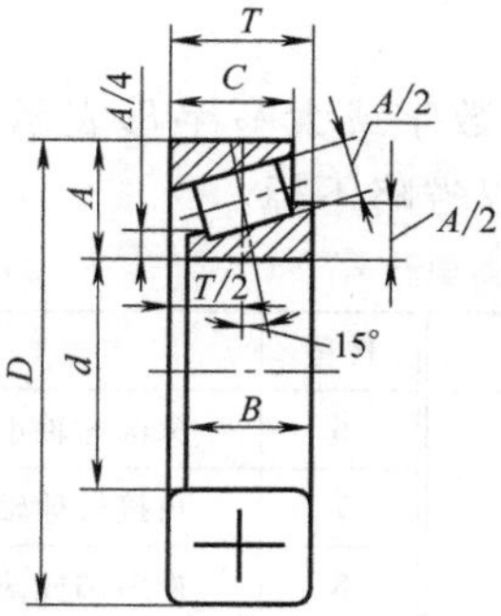	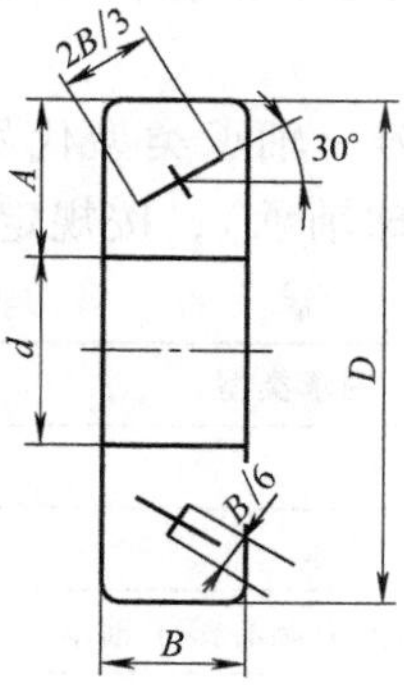	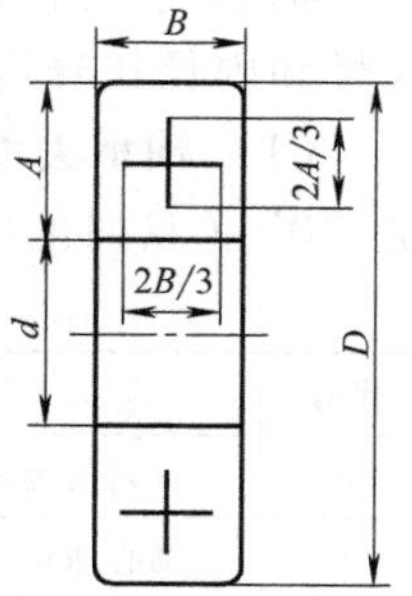
推力球轴承（GB/T 301—2015）510000 型	只承受轴向载荷	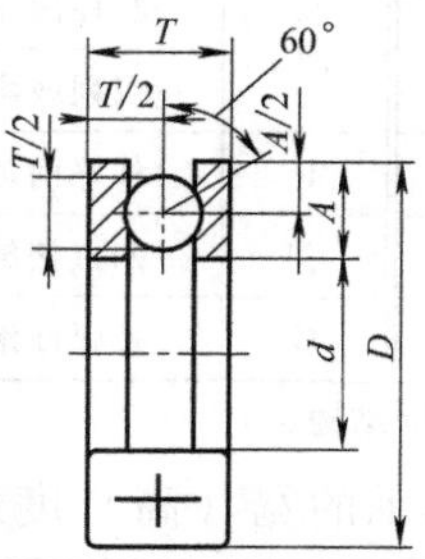	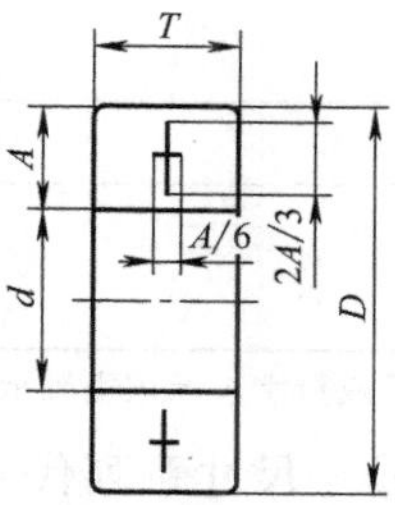	
三种画法的应用场合		滚动轴承的产品图样、产品样本、产品标准和产品使用说明书	当需要较形象地表示滚动轴承的结构特征时	当不需要确切地表示滚动轴承的外形轮廓、承载特性和结构特征时

在装配图中，滚动轴承通常按规定画法绘制。如图 4-116 所示，深沟球轴承的一半按规定画法画出，轴承内圈和外圈的剖面线方向和间隔均相同；而另一半按通用画法画出，即用粗实线画出正十字。

滚动轴承要便于拆卸，所以安装结构要合理，如图 4-117 所示。

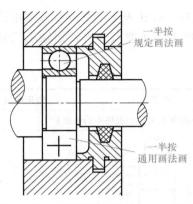

图 4-116　装配图中深沟球轴承的画法

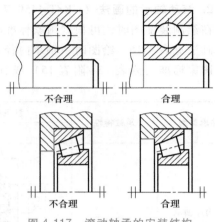

图 4-117　滚动轴承的安装结构

3. 滚动轴承的代号

滚动轴承代号是用字母加数字表示滚动轴承的结构、尺寸、公差等级、技术性能等特征的产品符号。

轴承代号由基本代号、前置代号和后置代号构成。基本代号由轴承类型代号、尺寸系列代号和内径代号构成。

（1）轴承类型代号　轴承类型代号用数字或大写字母表示，见表 4-17。类型代号如果是 "0"（双列角接触球轴承），按规定可以省略不标。

表 4-17　滚动轴承类型代号（GB/T 272—2017）

代号	轴承类型	代号	轴承类型
0	双列角接触球轴承	6	深沟球轴承
1	调心球轴承	7	角接触球轴承
2	调心滚子轴承和推力调心滚子轴承	8	推力圆柱滚子轴承
3	圆锥滚子轴承	N	圆柱滚子轴承
			双列或多列用字母 NN 表示
4	双列深沟球轴承	U	外球面球轴承
5	推力球轴承	QJ	四点接触球轴承
		C	长弧面滚子轴承（圆环轴承）

注：在代号后或前加字母或数字表示该类轴承中的不同结构。

（2）尺寸系列代号　尺寸系列代号由轴承的宽（高）度系列代号（一位数字）和直径系列代号（一位数字）左右排列组成。它反映了同类型轴承在内径相同时，内、外圈的宽度，厚度以及滚动体大小不同。显然，尺寸系列代号不同的轴承其外廓尺寸不同，承载能力也不同。

尺寸系列代号中的数字有时可以省略。除圆锥滚子轴承外，其余各类轴承的宽度系列代号为"0"时，均可省略；深沟球轴承和角接触球轴承的尺寸系列代号"10"中的"1"可以省略；双列深沟球轴承的宽度系列代号"2"可以省略。

（3）内径代号　内径代号表示滚动轴承的内圈孔径，是轴承的公称直径，用两位数字表示。通常内径代号与内径有如下关系：

① 内径代号 00、01、02、03 分别表示轴承内径为 10mm、12mm、15mm、17mm。

② 当代号数字为 04~96 时，轴承内径数值为代号数字乘以 5。

③ 当轴承公称内径为 0.6~10mm（非整数），或 1~9mm（整数），或 ≥500mm，以及 22mm、28mm、32mm 时，内径代号用公称内径毫米数直接表示，但在其与尺寸系列代号之间用"/"分开。

应用实例4-3：

示例1："滚动轴承　6203　GB/T 276—2013"的代号含义：

"03"为内径代号，$d = 17mm$。

"2"为尺寸系列代号（0）2，其中数字 0 省略不写。

"6"为类型代号，该轴承为深沟球轴承。

示例2："滚动轴承　30305　GB/T 297—2015"的代号含义：

"05"为内径代号，$d = 5 \times 5mm = 25mm$。

"03"为尺寸系列代号，中窄系列。

"3"为类型代号，该轴承为圆锥滚子轴承。

4.3.4　键联结和销联接

1. 键联结

如图 4-118 所示，在机械设备中，键主要用于联接轴和轴上的零件（如齿轮、带轮等）以传递转矩，有的键也具有导向的作用。

（1）常用键的类型　常用键有普通平键、半圆键和钩头楔键等，如图 4-119 所示。

1）普通平键：应用最为广泛，分 A 型（圆头）、B 型（方头）、C 型（半圆头）三种。

2）半圆键：半圆键常用于载荷不大的传动轴。半圆键在槽中能绕其几何中心摆动，以适应轴上键槽的斜度，因而在锥形轴上应用较多。

3）钩头楔键：键的上表面有 1：100 的斜度，装配时将键沿轴向嵌入键槽内，钩头楔键靠上、下表面的接触摩擦力传递转矩。

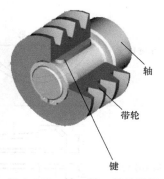

图 4-118　轴、键、带轮联接

| 普通A型平键 | 普通B型平键 | 普通C型平键 | 半圆键 | 钩头楔键 |

图 4-119　常用键的类型

（2）键的标记　键是标准件，在图样中应按国家标准规定做出标记。常用键的简图和标记见表 4-18。

表 4-18　常用键的简图和标记

类　型	简　　图	标记及其说明
普通平键	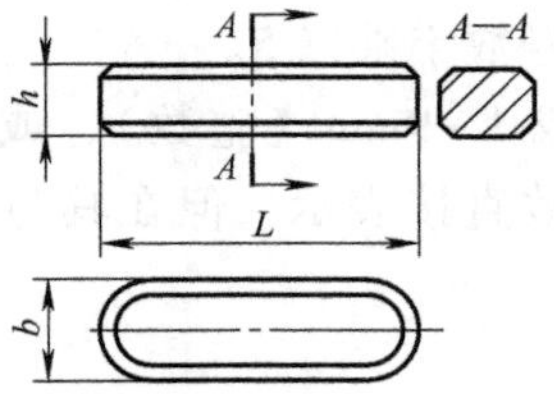	标记：GB/T 1096　键　16×10×100 说明：普通 A 型平键（A 型可省略标注），宽度 $b=16\text{mm}$，高度 $h=10\text{mm}$，长度 $L=100\text{mm}$
	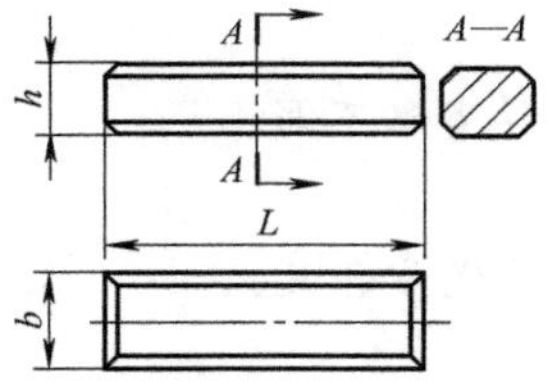	标记：GB/T 1096　键　B　16×10×100 说明：普通 B 型平键，宽度 $b=16\text{mm}$，高度 $h=10\text{mm}$，长度 $L=100\text{mm}$
	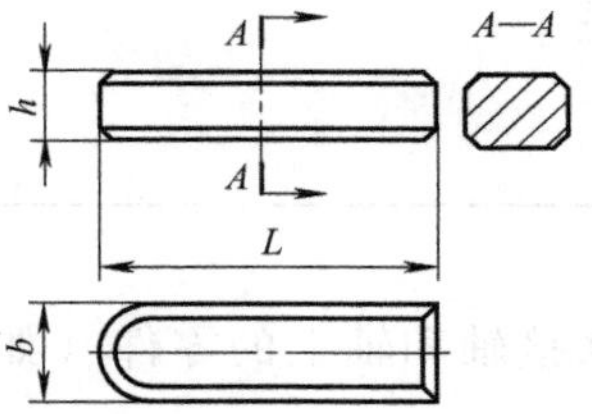	标记：GB/T 1096　键　C 16×10×100 说明：普通 C 型平键，宽度 $b=16\text{mm}$，高度 $h=10\text{mm}$，长度 $L=100\text{mm}$
半圆键	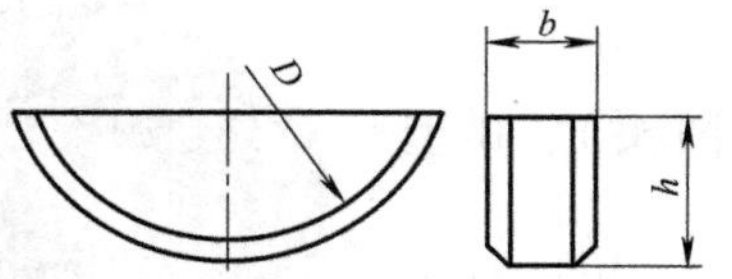	标记：GB/T 1099.1　键　6×10×25 说明：普通型半圆键，宽度 $b=6\text{mm}$，高度 $h=10\text{mm}$，直径 $D=25\text{mm}$
钩头楔键	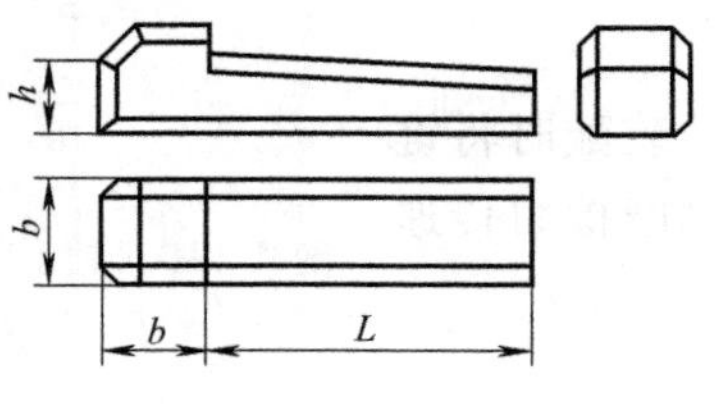	标记：GB/T 1565　键　10×100 说明：钩头型楔键，宽度 $b=10\text{mm}$，长度 $L=100\text{mm}$

（3）键槽的画法及尺寸标注　键是标准件，一般不必画零件图，但要画出零件上与键相配合的键槽。键槽的宽度 b 可根据轴的直径 d 由标准查表确定，轴上的槽深 t_1 和轮毂上的槽深 t_2 也可由标准查得，键的长度 L 应小于或等于轮毂的长度。键槽的画法和尺寸标注如图 4-120 所示，普通平键的尺寸和键槽的断面尺寸可参见表 4-19。

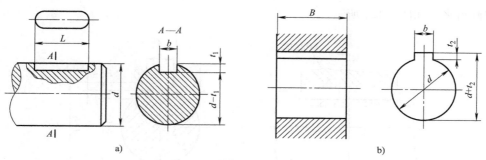

图 4-120 键槽的画法与尺寸标注

a）轴上键槽 b）轮毂上键槽

表 4-19 普通平键键槽的尺寸与公差（GB/T 1095—2003） （单位：mm）

轴的公称直径 d	键尺寸 b×h	键　槽										
		宽度 b						深度				半径 r
		基本尺寸	极限偏差					轴 t₁		轴 t₂		
			正常联结		紧密联结	松联结		基本尺寸	极限偏差	基本尺寸	极限偏差	
			轴 N9	毂 JS9	轴和毂 P9	轴 H9	毂 D10					min	max
6~8	2×2	2	−0.004 −0.029	±0.0125	−0.006 −0.031	+0.025 0	+0.060 +0.020	1.2	+0.1 0	1.0	+0.1 0	0.08	0.16
8~10	3×3	3						1.8		1.4			
10~12	4×4	4	0 −0.030	±0.015	−0.012 −0.042	+0.030 0	+0.078 +0.030	2.5		1.8			
12~17	5×5	5						3.0		2.3		0.16	0.25
17~22	6×6	6						3.5		2.8			
22~30	8×7	8	0 −0.036	±0.018	−0.015 −0.051	+0.036 0	+0.098 +0.040	4.0		3.3			
30~38	10×8	10						5.0		3.3			
38~44	12×8	12	0 −0.043	±0.0215	−0.018 −0.061	+0.043 0	+0.012 +0.050	5.0		3.3			
44~50	14×9	14						5.5		3.8		0.25	0.40
50~58	16×10	16						6.0	+0.2 0	4.3	+0.2 0		
58~65	18×11	18						7.0		4.4			
65~75	20×12	20	0 −0.052	±0.026	−0.022 −0.074	+0.052 0	+0.149 +0.065	7.5		4.9			
75~85	22×14	22						9.0		5.4			
85~95	25×14	25						9.0		5.4		0.40	0.60
95~110	28×16	28						10.0		6.4			
110~130	32×18	32	0 −0.062	±0.031	−0.026 −0.088	+0.062 0	+0.018 +0.080	11.0		7.4			
130~150	36×20	36						12.0		8.4			
150~170	40×22	40						13.0		9.4		0.70	1.00
170~200	45×25	45						15.0		10.4			
200~230	50×28	50						17.0		11.4			
230~260	56×32	56	0 −0.074	±0.037	−0.032 −0.106	+0.074 0	+0.220 +0.100	20.0	+0.3 0	12.4	+0.3 0		
260~290	63×32	63						20.0		12.4		1.20	1.60
290~330	70×36	70						22.0		14.4			
330~380	80×40	80						25.0		15.4			
380~440	90×45	90	0 −0.087	±0.0435	−0.037 −0.124	+0.087 0	+0.260 +0.120	28.0		17.4		2.00	2.50
440~500	100×50	100						31.0		19.5			

注：1. 轴的公称直径 d 在标准中未列出，仅供参考。

2. d−t₁ 和 d+t₂ 两组尺寸的极限偏差按相应的 t₁ 和 t₂ 的极限偏差选取，但 d−t₁ 极限偏差应取负值。

（4）键联结装配图画法

1）普通平键联结画法。纵向剖切时键按不剖绘制，而横向剖切时则应画出剖面线。普通平键的两侧面为键的工作表面，只应在接触面上画一条轮廓线。键的上表面与轮毂之间的间隙应画出来，如图 4-121 所示。

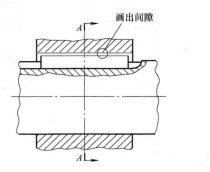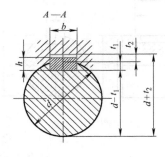

图 4-121　普通平键联结画法

　　2）半圆键联结画法。半圆键的两侧面为键的工作表面，只应在接触面上画一条轮廓线。键的上表面与轮毂之间的间隙应画出来，如图 4-122 所示。

　　3）钩头楔键联结画法。钩头楔键靠上、下表面与轮毂键槽和轴键槽之间的摩擦力进行联结，因而装配图中键的上、下表面处没有间隙，如图 4-123 所示。

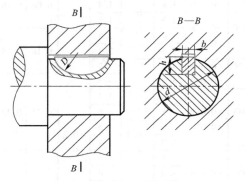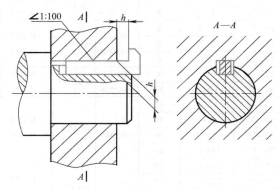

图 4-122　半圆键联结画法　　　　　　　　图 4-123　钩头楔键联结画法

2. 销联接（GB/T 119.1～.2—2000、GB/T 117—2000）

　　销联接也是一种可拆联接。销是标准件，主要用于联接或固定零件，或在装配时起定位作用。常用的有圆柱销、圆锥销。

　　销也属于紧固件，其标记方法与螺纹紧固件相同，标记内容包括名称、标准编号、型式与尺寸等。

　　在装配图中，当剖切平面通过销的轴线时，销按不剖绘制。用圆柱销和圆锥销联接或固定的两个零件上的销孔是在装配时一起加工的，在零件图上应注写"装配时作"或"与××件配作"。圆锥销的尺寸应引出标注，其中圆锥销的公称直径是指小端直径。销的装配画法如图 4-124 所示。

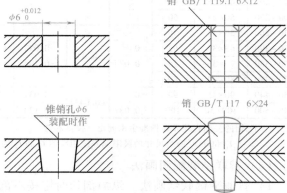

图 4-124　销孔的尺寸标注及装配画法

销的标记示例见表 4-20。

表 4-20　销的标记示例

名称及标准	主要尺寸	简化标记	装配画法
圆柱销 GB/T 119.1—2000	d　l	销　GB/T 119.1　$d×l$	
圆锥销 GB/T 117—2000	1:50　d　l	销　GB/T 117　$d×l$	

4.3.5　弹簧

1. 弹簧的用途和类型

弹簧是一种常用件，是一种能储存能量的零件，在机械、仪表和电器等产品中起到减振、储能和测量等作用。弹簧的种类很多，根据外形的不同，常见的有螺旋弹簧（图 4-125）和涡卷弹簧（图 4-126）。常用的螺旋弹簧按用途又分为压缩弹簧、拉伸弹簧和扭转弹簧。

压缩弹簧　　　　拉伸弹簧　　　　扭转弹簧

图 4-125　螺旋弹簧　　　　　　　图 4-126　涡卷弹簧

本书重点介绍圆柱螺旋压缩弹簧的有关参数及画法，其他种类弹簧的画法，可参阅有关标准规定。

2. 圆柱螺旋压缩弹簧的相关术语和参数

圆柱螺旋压缩弹簧由钢丝绕成，一般将两端并紧后磨平，使其端面与轴线垂直，便于支承。弹簧中并紧磨平的不产生弹性变形的若干圈称为支承圈，支承圈圈数（n_Z）通常有 1.5、2、2.5 三种。

弹簧中发生弹性变形进行有效工作的圈数，称为有效圈数 n。

弹簧并紧磨平后在不受外力情况下的整体高度，称为自由高度 H_0。

圆柱螺旋压缩弹簧的结构及参数如图 4-127 所示。

1）弹簧钢丝直径 d。

2）弹簧外径 D_2。

3）弹簧内径 D_1，$D_1 = D_2 - 2d$。

4）弹簧中径 D，$D = D_2 - d$。

5）弹簧节距 t。

6）有效圈数 n。

7）支承圈数 n_Z。

8）总圈数 n_1，$n_1 = n + n_Z$。

9）自由高度 H_0：

支承圈圈数为 2.5 时，$H_0 = nt + 2d$。

支承圈圈数为 2 时，$H_0 = nt + 1.5d$。

支承圈圈数为 1.5 时，$H_0 = nt + d$。

10）弹簧丝展开长度 L：

$$L \approx \pi D n_1$$

图 4-127　圆柱螺旋压缩弹簧

3. 圆柱螺旋压缩弹簧的规定画法

1）在平行于弹簧轴线的投影面的视图中，弹簧各圈的轮廓应画成直线，如图 4-127 所示。

2）螺旋弹簧均可画成右旋，但对左旋的螺旋弹簧，不论画成左旋还是右旋，一律要加注"左"或"LH"字样。

3）有效圈数在四圈以上的圆柱螺旋压缩弹簧，中间部分可省略不画。省略中间部分后，允许适当缩短图形长度，并将两侧钢丝剖面中心用细点画线连起来，但应注明弹簧设计要求的自由高度，如图 4-127 所示。

4）在装配图中，被弹簧遮挡的结构一般不必画出，可见部分应从弹簧的外轮廓线或从弹簧钢丝剖面的中心线画起，如图 4-128a 所示。

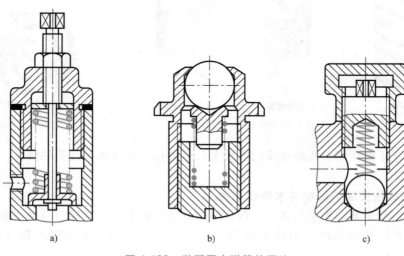

图 4-128　装配图中弹簧的画法

a）常规画法　b）涂黑表示剖面　c）示意画法

5）当弹簧被剖切，图形中剖面直径或厚度等于或小于 2mm 时，也可以涂黑表示，如图 4-128b 所示；也允许采用示意画法，如图 4-128c 所示。

应用实例4-4：

已知圆柱螺旋压缩弹簧的钢丝直径d，弹簧外径D_2，弹簧节距t，有效圈数n，支承圈数$n_Z = 2.5$，右旋，绘制弹簧的剖视图。

绘图步骤如下：

1）根据计算出的弹簧中径D及自由高度H_0画出矩形$ABCD$，如图4-129a所示。

2）在中心线AB、CD上画出弹簧支承圈的剖面形状，如图4-129b所示。

3）画出两侧有效圈弹簧钢丝的剖面。在中心线AB上由点1和点4量取节距t，分别得到点2和点3，然后分别从线段12和线段34的中点作水平线与对边CD相交于点5和点6；以点2、3、5、6为圆心，以钢丝直径d为直径画圆，如图4-129c所示。

4）按右旋方向作相应圆的公切线，如图4-129d所示。补画剖面线，剖视图如图4-129e所示。

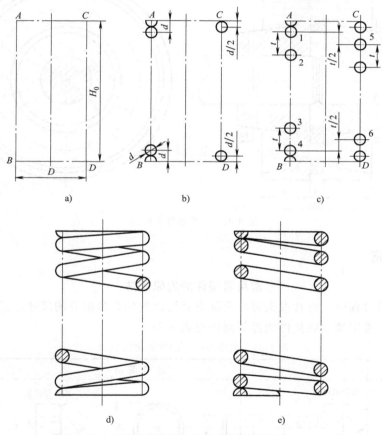

图4-129　圆柱螺旋压缩弹簧剖视图绘制

a）绘制弹簧中径线　b）绘制支承圈　c）绘制有效圈　d）绘制公切线　e）完成剖视图

 任务实施

补绘联轴节装配图的步骤如下：

（1）绘制草图

1）查取各标准联接件的相关尺寸。

2）绘制基准线和轮廓线。

3）根据标准尺寸绘制螺栓联接、销联接、键联接和紧定螺钉联接，注意螺纹大径、小径和螺纹终止线的正确绘制。

4）检查图线和尺寸，重点检查联接处轮廓线。

（2）加深图线

（3）根据剖切形式绘制剖面线

（4）标注尺寸

完整联轴节装配图的绘制结果如图 4-130 所示。

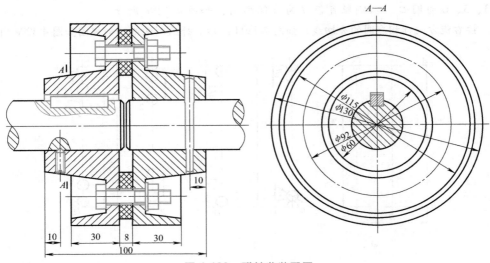

图 4-130 联轴节装配图

 知识补充

常用联接件的近似画法

在实际绘图过程中，常常根据螺纹公称直径按比例估算各部分的尺寸，近似画出螺纹联接件的示意图。常用螺纹联接件的近似画法见表 4-21。

表 4-21 常用螺纹联接件的近似画法

联接件名称	近 似 画 法
螺栓、螺母	a) b)

（续）

联接件名称	近 似 画 法
双头螺柱、内六角圆柱头螺钉	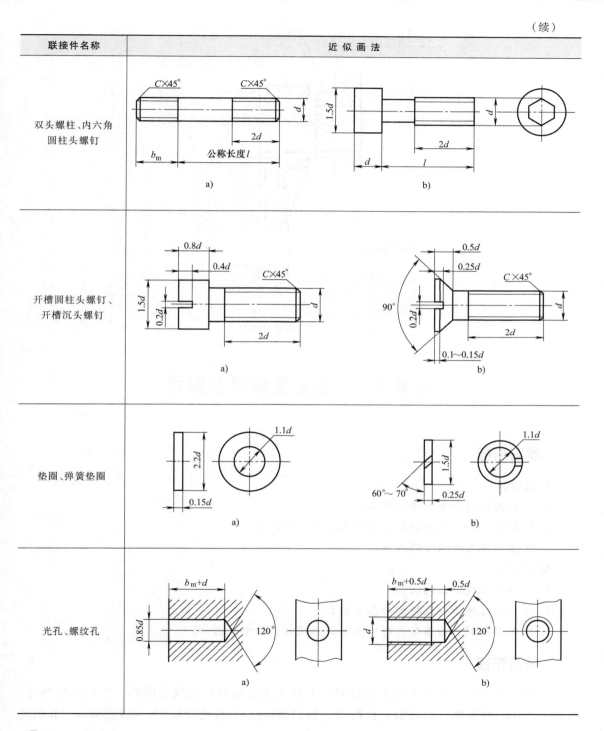
开槽圆柱头螺钉、开槽沉头螺钉	
垫圈、弹簧垫圈	
光孔、螺纹孔	

拓展任务

　　根据图 4-131 所示装配图中各标准联接件的标记，查表画出各标准件、常用件（已知各零件材料均为钢，作图比例 1：1）。

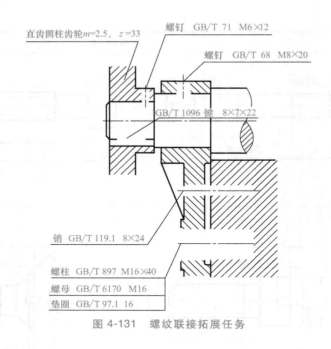

图 4-131　螺纹联接拓展任务

任务 4.4　绘制齿轮啮合图样

学习目标

知识目标

1. 掌握齿轮的分类和传动特点。
2. 掌握齿轮各参数的含义，了解几何参数的计算。
3. 掌握圆柱齿轮啮合的画法。

能力目标

1. 了解齿轮减速器的功用。
2. 能正确计算齿轮及轮齿的各个参数。
3. 能正确绘制直齿圆柱齿轮啮合和斜齿圆柱齿轮啮合图样。

任务布置

　　绘制一对外啮合渐开线标准直齿圆柱齿轮（正常齿制）的啮合图样。已知参数条件：模数 2.5mm；小齿轮（齿轮轴）齿数 25，轴颈 50mm；大齿轮齿数 93，孔径 60mm。其他尺寸自定。

任务分析

　　齿轮传动是一种具有固定传动比的传动形式，通常置于原动机与工作机之间。它的功用是降低转速，并相应地增大转矩。降速的程度取决于传动比，传动比则取决于啮合齿轮各自的齿数。

齿轮传动通常用于齿轮减速器、蜗杆减速器和行星减速器。齿轮减速器应用最为广泛，包括圆柱齿轮减速器、圆锥齿轮减速器和圆锥-圆柱齿轮减速器三种。

轮齿的轮廓曲线有多种，应用最广的是渐开线。通过本任务的学习，应掌握齿廓曲线为渐开线的标准直齿圆柱齿轮几何要素的画法及齿轮啮合图的绘制。

 知识链接

齿轮是广泛应用于机器或部件中的传动零件，它不仅可以用来传递动力，还能改变转速和旋转方向。齿轮的轮齿部分已经标准化。如图4-132所示，常见的齿轮传动可以分为三大类：

（1）圆柱齿轮啮合　用于两平行轴之间的传动（图4-132a）。

（2）锥齿轮啮合　用于两相交轴之间的传动（图4-132b）。

（3）蜗轮蜗杆啮合　用于两垂直交错轴之间的传动（图4-132c）。

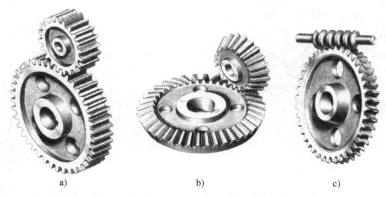

图4-132　齿轮传动的常见类型
a）圆柱齿轮啮合　b）锥齿轮啮合　c）蜗轮蜗杆啮合

4.4.1 圆柱齿轮

根据齿轮轮齿方向的不同，圆柱齿轮可分为直齿圆柱齿轮、斜齿圆柱齿轮和人字齿圆柱齿轮等。

1. 直齿圆柱齿轮各部分名称和尺寸关系

（1）几何要素和尺寸关系　直齿圆柱齿轮的齿（向）线与齿轮轴线平行，图4-133所示为相互啮合的两直齿圆柱齿轮的各部分名称及代号。

1）齿顶圆直径 d_a。齿顶圆柱面被垂直于其轴线的平面所截的截线称为齿顶圆，其直径用 d_a 表示。

2）齿根圆直径 d_f。齿根圆柱面被垂直于其轴线的平面所截的截线称为齿根圆，其直径用 d_f 表示。

3）分度圆直径 d。分度圆柱面与垂直于其轴线的一个平面的交线称为分度圆，其直径用 d 表示。对于渐开线标准齿轮，分度圆上的齿厚 s 和槽宽 e 相等。

一对标准齿轮啮合安装后，两个齿轮的分度圆是相切的。

4）齿顶高 h_a。指齿顶圆与分度圆之间的径向距离，用 h_a 表示。

齿根高 h_f。指齿根圆与分度圆之间的径向距离，用 h_f 表示。

齿高 h。齿顶圆与齿根圆之间的径向距离，用 h 表示，$h = h_a + h_f$。

5）齿距 p。分度圆上相邻两齿对应点之间的弧长称为齿距，用 p 表示。

6）中心距 a。啮合齿轮中心轴线之间的距离。

（2）直齿圆柱齿轮的基本参数

1）齿数 z。齿轮上轮齿的个数。

2）压力角（齿形角）α。在端平面内，过端面齿廓与分度圆交点的径向直线与齿廓在该点的切线所夹的锐角，用 α 表示，如图 4-134 所示。根据 GB/T 1356—2001 的规定，我国采用的压力角为 20°。

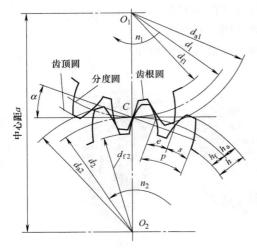

图 4-133　啮合齿轮的几何要素及其代号

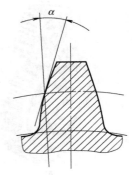

图 4-134　压力角（齿形角）的概念

3）模数 m。分度圆的周长为 $\pi d = pz$，即 $d = pz/\pi$，式中 π 为无理数，为了方便计算和测量，令 $m = p/\pi$，称 m 为模数，其单位为 mm。

模数是设计和制造齿轮的一个重要参数。模数越大，轮齿尺寸越大，齿轮的承载能力越大。为了便于设计和加工，国家标准规定了齿轮模数的标准数值，见表 4-22。

表 4-22　圆柱齿轮的标准模数（GB/T 1357—2008）　　　　（单位：mm）

第一系列	1,1.25,1.5,2,2.5,3,4,5,6,8,10,12,16,20,25,32,40,50
第二系列	1.125,1.375,1.75,2.25,2.75,3.5,4.5,5.5,(6.5),7,9,11,14,18 22,28,36,45

注：1. 本表数值对于斜齿轮是指法向模数。
　　 2. 应优先选用第一系列，其次选用第二系列，括号内的模数尽量不用。

4）传动比 i。主动齿轮的转速 n_1 与从动齿轮的转速 n_2 之比称为传动比，即 $i = n_1/n_2$。由于主动齿轮和从动齿轮在单位时间里转过的齿数相等，即 $n_1 z_1 = n_2 z_2$，因此，传动比 i 也等于从动齿轮齿数 z_2 与主动齿轮齿数 z_1 之比，即

$$i = \frac{n_1}{n_2} = \frac{z_2}{z_1}$$

（3）直齿圆柱齿轮各部分尺寸的计算公式　对于外啮合渐开线标准直齿圆柱齿轮（正常齿制），齿轮的基本参数 z、m、α 确定以后，各部分尺寸的计算公式见表4-23。

表4-23　外啮合标准直齿圆柱齿轮各部分尺寸的计算公式

名　称	代　号	计　算　公　式
分度圆直径	d	$d = mz$
齿顶圆直径	d_a	$d_a = m(z+2)$
齿根圆直径	d_f	$d_f = m(z-2.5)$
齿顶高	h_a	$h_a = m$
齿根高	h_f	$h_f = 1.25m$
齿高	h	$h = h_a + h_f = 2.25m$
齿距	p	$p = \pi m$
中心距	a	$a = \dfrac{1}{2}(d_1+d_2) = \dfrac{1}{2}m(z_1+z_2)$
传动比	i	$i = \dfrac{n_1}{n_2} = \dfrac{d_2}{d_1} = \dfrac{z_2}{z_1}$

2. 斜齿圆柱齿轮各部分名称和尺寸关系

斜齿圆柱齿轮（斜齿轮）的齿线为螺旋线，这种齿轮传动平稳，适用于转速较高的传动。

斜齿轮的轮齿在端面上的齿形和在垂直轮齿方向法面上的齿形不同。斜齿轮的分度圆柱面展开图如图4-135所示，其中，πd 为分度圆周长；β 为螺旋角，表示轮齿倾斜程度。

斜齿轮在端面（垂直于轴线）上有端面齿距 p_t 和端面模数 m_t，在法面（垂直于螺旋线）上有法向齿距 p_n 和法向模数 m_n。如图4-135所示，各参数间的数量关系如下：

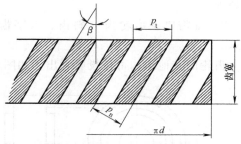

图4-135　斜齿轮分度圆柱面展开图

$$p_n = p_t \cos\beta$$
$$m_n = m_t \cos\beta$$

加工斜齿轮的刀具，其轴线与轮齿的法线方向一致；为了和加工直齿圆柱齿轮的刀具通用，将斜齿轮的法向模数 m_n 设为标准模数，标准值见表4-22。标准斜齿轮的法向压力角 $\alpha = 20°$。

对于外啮合标准斜齿轮（正常齿制），齿轮基本参数 z、m_n、β 确定以后，各部分尺寸的计算公式见表4-24。

表4-24　外啮合标准斜齿轮各部分尺寸的计算公式

名　称	代　号	计　算　公　式	
分度圆直径	d	$d_1 = \dfrac{m_n z_1}{\cos\beta}$	$d_2 = \dfrac{m_n z_2}{\cos\beta}$
齿顶圆直径	d_a	$d_{a1} = d_1 + 2m_n$	$d_{a2} = d_2 + 2m_n$
齿根圆直径	d_f	$d_{f1} = d_1 - 2.5m_n$	$d_{f2} = d_2 - 2.5m_n$

（续）

名　称	代　号	计算公式
齿顶高	h_a	$h_a = m_n$
齿根高	h_f	$h_f = 1.25 m_n$
齿高	h	$h = h_a + h_f = 2.25 m_n$
法向齿距	p_n	$p_n = \pi m_n$
端面齿距	p_t	$p_t = \dfrac{\pi m_n}{\cos\beta}$
中心距	a	$a = \dfrac{1}{2}(d_1 + d_2) = \dfrac{m_n}{2\cos\beta}(z_1 + z_2)$

3. 圆柱齿轮的画法

（1）单个圆柱齿轮的画法

1）齿顶圆和齿顶线用粗实线绘制；分度圆和分度线用细点画线绘制；齿根圆和齿根线用细实线绘制，也可省略不画。

2）在剖视图中，齿根线用粗实线绘制；当剖切平面通过齿轮的轴线时，轮齿一律按不剖处理。

3）如需要表示轮齿（斜齿、人字齿）的方向，可用三条与轮齿方向一致的细实线表示。

齿轮的其他结构可按投影画出，如图 4-136 所示。

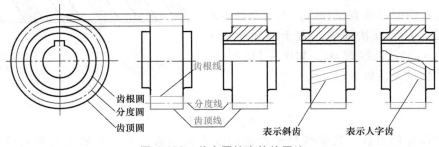

图 4-136　单个圆柱齿轮的画法

（2）圆柱齿轮啮合的画法　两标准齿轮相互啮合时，两齿轮的分度圆相切。两齿轮啮合的画法，关键是啮合区的画法，其他部分仍按单个齿轮的画法进行绘制。啮合区的画法规定如下：

1）在平行于齿轮轴线的投影面的剖视图中，在啮合区内，将一个齿轮的齿顶线用粗实线绘制，另一个齿轮的齿顶线被遮挡的部分用细虚线绘制，如图 4-137a 所示，细虚线也可省略不画。

2）在垂直于圆柱齿轮轴线的投影面的视图中，两齿轮的节圆相切，啮合区内的齿顶圆均用粗实线绘制，如图 4-137a 所示，其省略画法如图 4-137b 所示。

3）在平行于齿轮轴线的投影面的外形视图中，啮合区只用粗实线画出节线，齿顶线和齿根线均不画，两齿轮其他位置的节线仍用细点画线绘制；需要表示轮齿的方向时，用三条与轮齿方向一致的细实线表示，画法与单个齿轮相同，如图4-137c所示。

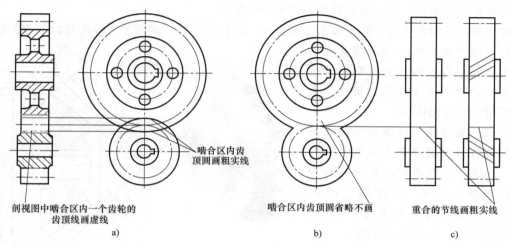

图4-137　圆柱齿轮啮合的画法

a）规定画法　b）省略画法　c）外形视图（直齿、斜齿）

（3）齿轮与齿条啮合的画法　当齿轮的直径无限大时，齿轮成为齿条，如图4-138a所示。此时，齿顶圆、分度圆、齿根圆和齿廓曲线（渐开线）都成为直线。齿轮与齿条相啮合时，齿轮旋转，齿条做直线运动。齿条的模数和压力角应与相啮合的齿轮的模数和压力角相同。

齿轮和齿条啮合的画法与两圆柱齿轮啮合的画法基本相同，如图4-138b所示。在主视图中，齿轮的节圆与齿条的节线相切。在全剖的左视图中，应将啮合区域内的齿顶线之一画成粗实线，另一轮齿被遮部分画成虚线或省略不画。

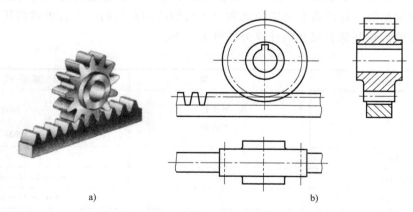

图4-138　齿轮与齿条啮合的画法

a）轴测图　b）规定画法

4.4.2　直齿锥齿轮

锥齿轮又称伞齿轮，用于传递两相交轴的运动和动力，以两轴相交成直角的锥齿轮传动应用最广泛。

1. 直齿锥齿轮各部分名称和尺寸关系

直齿锥齿轮的几何要素及其代号如图 4-139 所示。

由于锥齿轮的轮齿位于圆锥面上，其轮齿一端较大，另一端较小，因此其齿厚和齿槽宽等参数也随之由大到小逐渐变化，各处的齿顶圆、齿根圆和分度圆尺寸也不相等，且分别处于齿顶圆锥面、齿根圆锥面和分度圆锥面上。

国家标准规定，以锥齿轮的大端端面模数和分度圆来确定其他各部分的尺寸。因此，锥齿轮的齿顶圆直径 d_a、齿根圆直径 d_f、分度圆直径 d、齿顶高 h_a、齿根高 h_f 和齿高 h 等尺寸参数都是以轮齿大端为标准的。

锥齿轮大端端面模数 m 的标准数值（$m \geq 1$ 部分）见表 4-25。

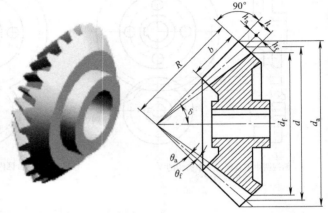

图 4-139　直齿锥齿轮的几何要素及其代号

表 4-25　锥齿轮模数（$m \geq 1$ 部分）（GB/T 12368—1990）　（单位：mm）

1	1.125	1.25	1.375	1.5	1.75	2	2.25	2.5	2.75	3	3.25	3.5	3.75
4	4.5	5	5.5	6	6.5	7	8	9	10	11	12	14	16
18	20	22	25	28	30	32	36	40	45	50	—	—	—

分度圆锥面的母线与锥齿轮轴线间的夹角称为分锥角，用 δ 表示。从顶点沿分度圆锥面的母线至背锥面的距离称为背锥距，用 R 表示。

模数 m、齿数 z 和分锥角 δ 是直齿锥齿轮的基本参数，是确定其他尺寸的依据。只有模数和压力角分别相等，且两齿轮分锥角之和等于两轴线间夹角的一对直齿锥齿轮才能正确啮合。标准直齿锥齿轮各部分尺寸的计算公式见表 4-26。

表 4-26　标准直齿锥齿轮各部分尺寸的计算公式

名　称	代　号	计　算　公　式
分锥角	δ_1（小齿轮） δ_2（大齿轮）	$\tan\delta_1 = \dfrac{z_1}{z_2}$　　$\tan\delta_2 = \dfrac{z_2}{z_1}$ $\delta_1 + \delta_2 = 90°$
分度圆直径	d	$d = mz$
齿顶圆直径	d_a	$d_a = m(z + 2\cos\delta)$
齿根圆直径	d_f	$d_f = m(z - 2.4\cos\delta)$
齿顶高	h_a	$h_a = m$
齿根高	h_f	$h_f = 1.2m$
齿高	h	$h = h_a + h_f = 2.2m$
背锥距	R	$R = \dfrac{mz}{2\sin\delta}$

（续）

名 称	代 号	计 算 公 式
齿顶角	θ_a	$\tan\theta_a = \dfrac{2\sin\delta}{z}$
齿根角	θ_f	$\tan\theta_f = \dfrac{2.4\sin\delta}{z}$
齿宽	b	$b \leqslant \dfrac{R}{3}$

2. 直齿锥齿轮的画法

（1）单个直齿锥齿轮的画法 单个直齿锥齿轮的画法与圆柱齿轮的画法基本相同。主视图多采用全剖视图，左视图中大端、小端齿顶圆用粗实线画出，大端分度圆用细点画线画出，大、小端齿根圆和小端分度圆省略不画，如图 4-140 所示。

（2）直齿锥齿轮啮合的画法 参见图 4-141。

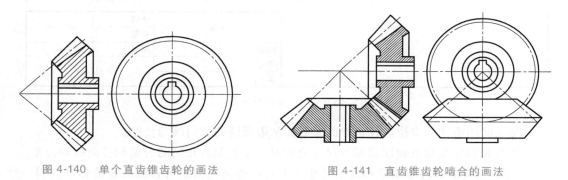

图 4-140 单个直齿锥齿轮的画法　　　　　　图 4-141 直齿锥齿轮啮合的画法

4.4.3 齿轮零件图的绘制和标注

图 4-142 所示为一直齿轮零件图。在绘制齿轮零件图时，应注意视图的选择、尺寸基准的选择、公差的标注以及技术要求的书写等问题。

1. 选择视图

齿轮的表示一般采用两个视图。轴线横置，主视图采用半剖视图或全剖视图，左视图可全部画出，也可只画局部，关键是表达出轴孔和键槽的形状和尺寸。若为斜齿轮，应表示出螺旋方向。

2. 尺寸基准

分度圆直径虽不能测出，但作为齿轮设计的基本尺寸，必须标注。齿顶圆尺寸也要标注。齿根圆尺寸由齿轮参数加工得到，不必标注。

3. 尺寸公差

1）轴、孔是加工、测量和装配的重要基准，尺寸精度要求较高，应根据装配图上标注的配合性质和公差等级，标出其极限偏差。

2）齿顶圆的偏差值与其是否作为测量基准有关，而且均为负值。齿顶圆作为基准有两种情况：

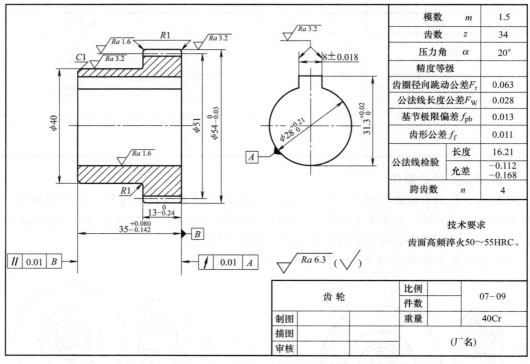

图 4-142　齿轮零件图

a. 加工时用齿顶圆定位或找正，此时要控制齿顶圆的径向跳动公差。

b. 用齿顶圆定位检查齿厚或基节尺寸公差时，要控制齿顶圆的公差和径向跳动公差。

3）键槽宽度 b 的极限偏差和轴上尺寸（$d-t_1$）的极限偏差可查键的相关标准获得。注意，键联接采用基轴制，键为标准件，轮毂中键槽的极限偏差为正值。

4. 其他标注

齿轮零件图或齿轮轴零件图中必须有模数、齿数、压力角和精度等级的标注，应在图样右上角列表标注，其项目可根据需要增加或减少。齿圈径向跳动公差 F_r、公法线长度公差 F_W、基节极限偏差 f_{pb}、齿形公差 f_f 等项目可标注，也可省略。

5. 技术要求

技术要求一般列在图样的右下角。技术要求应包含以下内容的全部或部分：

1）对铸锻件及毛坯的要求。

2）对材料力学性能的要求，如热处理方法及达到的硬度范围值。

3）对未注圆角半径、倒角尺寸的说明。

4）对大型齿轮或高速齿轮动平衡试验的要求。

 任务实施

1. 计算绘图参数

根据已知条件模数 2.5mm；小齿轮（齿轮轴）齿数 25，轴颈 50mm；大齿轮齿数 93，孔径 60mm，计算绘图参数，见表 4-27。

表 4-27　绘图参数 　　　　　　　　　　　　　　　　（单位：mm）

参数＼齿轮	大　齿　轮	小　齿　轮
分度圆直径	232.5	62.5
齿顶圆直径	237.5	67.5
齿根圆直径	226.25	56.25
齿宽（自定）	66	70
中心距	147.5	

2. 绘制啮合图样

结合计算所得参数，大齿轮凹槽结构及孔的分布情况自定，该对齿轮啮合图样如图 4-143 所示。

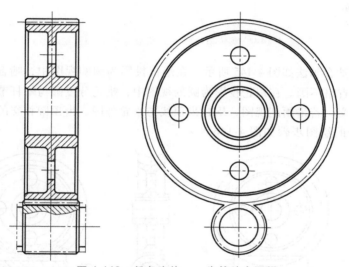

图 4-143　任务实施——齿轮啮合图样

知识补充

蜗轮蜗杆的规定画法

蜗轮蜗杆传动用来传递空间两交错轴间的回转运动，最常见的是两轴垂直交错。工作时，一般蜗杆为主动件，蜗轮为从动件。蜗杆的齿数（z_1）称为头数，相当于螺杆上螺纹的线数。蜗杆常采用单头或双头，在传动时，蜗杆旋转一圈，蜗轮只转过一个齿或两个齿。因此，采用蜗轮蜗杆传动，可获得较大的传动比（$i=z_2/z_1$，z_2 为蜗轮齿数）。对于圆柱齿轮或锥齿轮，一般传动比越大，齿轮所占的空间也越大。相对而言，蜗轮蜗杆结构更为紧凑，所以被广泛用于大传动比的机械传动中。蜗轮蜗杆传动的主要缺点是效率低。

蜗轮和蜗杆的轮齿是螺旋形的，蜗轮的齿顶面和齿根面常制成圆环面。啮合的蜗轮和蜗杆，必须有相同的模数和压力角。国标规定，在通过蜗杆轴线并垂直于蜗轮轴线的主平面内，蜗杆和蜗轮的模数、压力角为标准值，其啮合关系相当于齿条和齿轮的啮合。

蜗轮和蜗杆各部分的几何要素代号和规定画法如图 4-144 所示。其画法与圆柱齿轮基本相同，但在蜗轮投影为圆的视图中，只画出分度圆和外圆，不画喉圆和齿根圆。

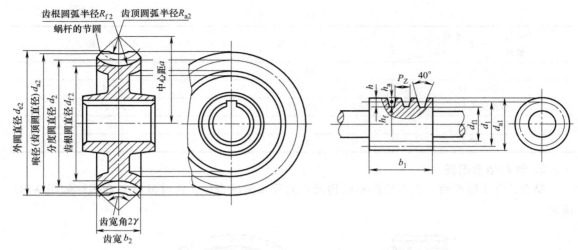

图 4-144　蜗轮和蜗杆的几何要素代号和画法

　　蜗轮和蜗杆的啮合画法如图 4-145 所示。在蜗杆投影为圆的视图中，啮合区只画蜗杆，蜗轮被遮挡的部分可省略不画。在蜗轮投影为圆的视图中，蜗轮分度圆与蜗杆节线相切，蜗轮外圆与蜗杆齿顶线相交。若采用剖视图，蜗杆齿顶线与蜗轮外圆、齿顶圆相交的部分均不画出。

　　蜗轮蜗杆啮合的绘图步骤如图 4-146 所示。

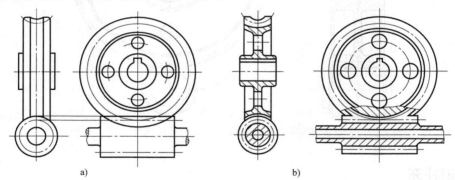

图 4-145　蜗轮蜗杆啮合图的画法

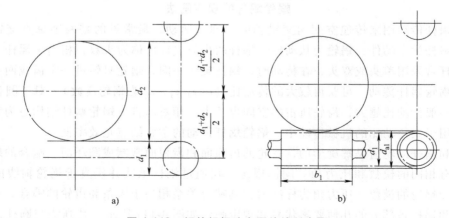

图 4-146　蜗轮蜗杆啮合图的绘制步骤
a）画蜗轮、蜗杆分度圆投影　　b）画蜗杆的投影

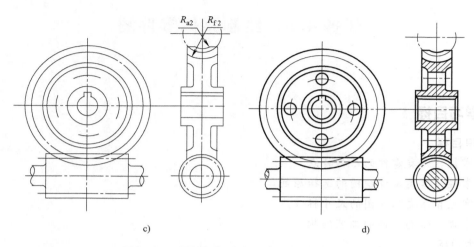

c) d)

图 4-146 蜗轮蜗杆啮合图的绘制步骤（续）

c）画蜗轮的投影 d）画其他细节并描深

拓展任务

两渐开线标准直齿圆柱齿轮（正常齿制）外啮合，已知大齿轮模数 $m = 6mm$，齿数 $z_1 = 25$，两齿轮的中心距为 108mm。试计算大、小齿轮的分度圆直径、齿顶圆直径和齿根圆直径及传动比；用 1：2 的比例补绘图 4-147 所示视图，正确标注尺寸并填写参数表（圆角 $R4mm$）。

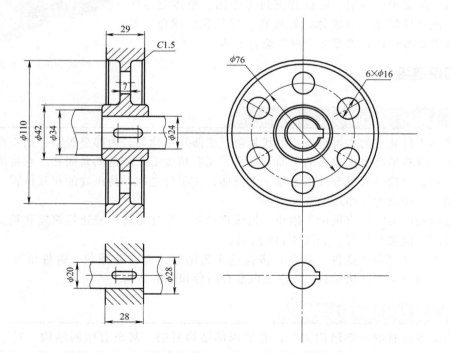

图 4-147 拓展任务图——齿轮啮合

任务 4.5　绘制泵体零件图

学习目标

知识目标

1. 掌握箱体类零件的结构特点。
2. 掌握箱体类零件视图的选择原则。
3. 掌握箱体类零件图的尺寸标注。
4. 掌握箱体类零件的工艺结构。

能力目标

能够正确选择箱体类零件的视图表达方案并正确绘制箱体零件图。

 任务布置

测量图 4-148 所示齿轮油泵泵体的尺寸，合理选择视图表达方案并绘制零件图，要求正确标注尺寸及技术要求。

 任务分析

齿轮油泵泵体是典型的箱体类零件。箱体类零件多为铸件，一般可起支承、容纳、定位和密封等作用。箱体类零件的结构一般比较复杂，有腔体、螺纹孔、安装孔、圆角、支承板或加强肋等结构，需要多个视图综合表达。

图 4-148　齿轮油泵泵体

 知识链接

4.5.1　箱体类零件的结构和特点

箱体类零件共有的主要特点：形状复杂、壁薄且不均匀，内部呈腔型；加工部位多，加工难度大；既有精度要求较高的平面和孔系，又有精度要求较低的紧固孔。它将机器或部件中的轴、套、齿轮等有关零件组装成一个整体，使零件之间保持正确的相互位置，并按照一定的传动关系协调地传递运动或动力。

常见的箱体类零件有机床主轴箱、机床进给箱、变速箱体、减速箱箱座和箱盖、发动机缸体和机座、油泵泵体等，如图 4-149 所示。

箱体类零件多为铸造件，具有许多铸造工艺结构，如铸造圆角、铸件壁厚、起模斜度等。箱体底面上常有凹槽结构，铸件上也常有凸台和凹坑结构。

4.5.2　局部视图和斜视图

箱体类零件有的外部结构复杂，有的内部结构复杂，甚至有倾斜结构。对于箱体类零件，仅用几个基本视图和剖视图不足以表达清楚其真实结构，必须用到局部视图和斜视图。

箱座　　　　　　　　　　箱盖1　　　　　　　　　　箱盖2

图 4-149　常见箱体类零件

1. 局部视图

将机件的某一部分向基本投影面投射所得的视图，称为局部视图。当机件在某个方向仅有部分形状需要表达，又没有必要画出完整的基本视图时，可采用局部视图。如图 4-150 所示的座体零件图，在画出主、俯两个基本视图后，座体两侧的凸台形状和左下侧的肋板厚度仍没有表达清楚，因此需要画出表达该部分结构的局部视图 A 和局部视图 B。

绘制局部视图时应注意以下问题：

1）局部视图按基本视图配置时，视图名称可省略标注，如图 4-150a 所示的局部视图 A 可省略标注；也可按向视图的形式配置并标注，如图 4-150a 所示的局部视图 B。

2）局部视图断裂处的边界线用波浪线或双折线表示，如图 4-150a 所示的局部视图 A；当表示的局部结构是完整的，且外轮廓线封闭时，则不必画出断裂边界线，如图 4-150a 所示的局部视图 B。

3）波浪线表示机件的断裂边界，应画在实体上，不能超出机件的轮廓，如图 4-150b 所示。

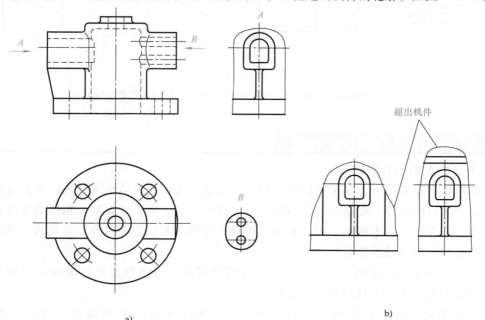

a)　　　　　　　　　　　　　　　　　　　b)

图 4-150　局部视图示例

a）正确画法　b）错误画法

2. 斜视图

将机件向不平行于基本投影面的平面投射所得的视图，称为斜视图。如图 4-151 所示，当机件某一部分的结构形状是倾斜的（不平行于任何基本投影面），无法在基本投影面上表达该部分的实形时，可采用换面法，增设一个与倾斜表面平行且垂直于一个基本投影面的辅助投影面，并在该投影面上作出反映倾斜部分实形的投影。

绘制斜视图时应注意以下问题：

1）斜视图一般只表达倾斜部分的局部形状，其余部分的结构不必画出，可用波浪线或双折线断开。

2）斜视图一般按投影关系配置，也可按向视图形式配置。无论如何配置，都要进行标注，即在视图上方中间位置水平标出视图名称，并在相应的视图附近用箭头指明投射方向，同时注明相同的名称字母。

3）有时为使绘图方便，也可将视图旋转某一角度后再画出。但在标注时，须加注旋转符号"⌒"或"⌒"，旋转符号是半径等于字高的半圆弧，箭头指向应与图形实际旋转方向一致，且箭头应靠近字母；当需要标注旋转角度时，可将旋转角度注写在名称字母后，如图 4-151c 所示。

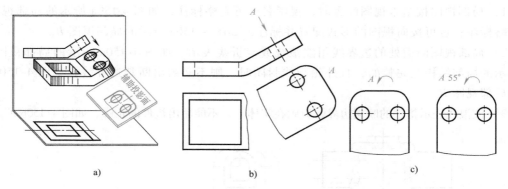

图 4-151 斜视图示例

a）机件的投影示意图 b）斜视图配置 c）斜视图旋转配置及标注

4.5.3 箱体类零件的视图表达

1. 表达方案的选择原则

绘制箱体类零件图时首先考虑读图方便。在完整、清晰地表达出零件内、外结构形状的前提下，力求绘图简便，要达到这个目的，应选择一个较好的表达方案。箱体类零件通常采用三个或三个以上的基本视图，根据具体结构特点选用半剖、全剖或局部剖视图，并辅以断面图、斜视图、局部视图等表达方法。

（1）主视图的选择原则 以工作位置、自然安放位置和最能反映各组成部分形状特征及相对位置的方向作为主视图的投射方向。

（2）其他视图的选择原则 主视图确定后，根据零件的具体情况，合理、恰当地选择其他视图，在完整、清晰地表达零件内、外结构形状的前提下，应尽量减少视图数量。

2. 箱体类零件视图的选择

1）箱体类零件多数经过较多工序制造而成，各工序的加工位置不尽相同，主视图主要根据形状特征和工作位置确定。

2）除基本视图适当配以剖视外，箱体类零件上的一些局部结构常采用局部视图、斜视图、断面图等进行表达。

3）视图投影关系一般较复杂，常出现截交线和相贯线；由于箱体类零件多为铸件毛坯，所以经常会存在过渡线，要认真分析。

3. 常见箱体类零件的视图表达

（1）齿轮泵体

1）确定主视图的投射方向及表达方法。为了反映泵体的主要特征，根据零件主视图的选择原则，将泵体按工作位置安放，即底板放平，并以反映其各组成部分形状特征及相对位置最明显的方向作为主视图的投射方向，如图 4-152 所示。

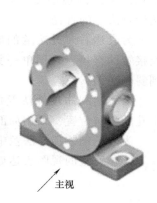

主视图采用三处局部剖视图，其中两个局部剖视图表达进、出油孔的结构，另一个局部剖视图表达安装孔的结构。该主视图主要表达泵体的形状特征和左右对称的结构特征。

2）其他视图的选择及表达方法。主视图确定后，根据齿轮泵体结构特征补充其他视图。

① 分析除主视图所示结构外其他尚未表达清楚的主要部分，确定相应的基本视图。为了表达泵体主体部分的内部结构特征，采用全剖的左视图。

图 4-152　齿轮泵体轴测图

② 分析其他未表达清楚的次要部分，并通过选择适当的表达方法或增加其他视图加以补充。为了表达底板的形状及两个安装孔的位置，采用局部视图 B。

齿轮泵体完整的视图表达如图 4-153 所示。

（2）阀体（四通管）　阀体轴测图如图 4-154 所示，阀体的结构大致分为五个部分：Ⅰ——底法兰；Ⅱ——右前方法兰和接管；Ⅲ——阀体主体；Ⅳ——顶法兰；Ⅴ——左上方法兰和接管。该阀体的上下、前后、左右均不对称，内、外结构形状都需要表达。

1）确定主视图的投射方向及表达方法。为了反映阀体的形状和位置特征，根据零件主视图的选择原则，将底法兰放平，并以图 4-154a 所示箭头方向作为主视图的投射方向。

如图 4-154a 所示，主视图采用两个相交剖切平面得到全剖视图 B—B，以表达阀体的内部结构及左上方接管与右前方接管的相通关系，同时用规定画法表达结构 Ⅰ、Ⅴ中的

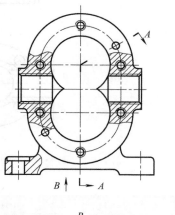

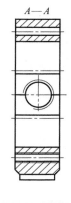

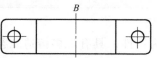

图 4-153　齿轮泵体的视图表达

小孔结构。

2）其他视图的选择及表达方法。如图 4-154b 所示，为了表达底部和顶部法兰的形状，左、右两个接管的方向，以及结构Ⅱ中的通孔结构，采用两个互相平行的剖切平面得到全剖俯视图 *A—A*，如图 4-155所示。

为表达左上方法兰的形状及其上孔的位置，采用剖视图 *C—C*，同时表示出了接管及法兰的直径。

为表达右前方法兰的形状、孔的位置及接管的直径，采用单一斜剖面剖切，得到斜剖视图 *E—E*。

为表达阀体顶部法兰的形状及其上 4 个孔的分布位置，采用局部视图 *D*。

为表达阀体顶部法兰中孔的结构，采用局部剖视图 *F—F*。

阀体完整的视图表达如图 4-155 所示。

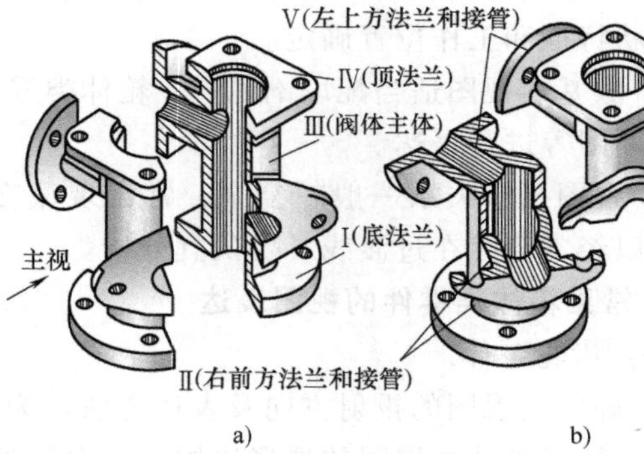

图 4-154　阀体轴测图

a）主视图的剖切方案　b）俯视图的剖切方案

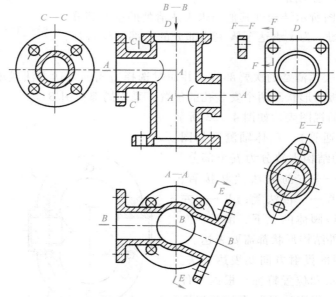

图 4-155　阀体的视图表达

4.5.4　箱体类零件常见的工艺结构

1. 铸造工艺结构

箱体类零件多为铸件，具有许多铸造工艺结构，如铸造圆角、铸件壁厚、起模斜度等。箱体类零件安装板底面上常设有凹槽结构，安装板顶面上常设有凸台结构。设置凸台和凹槽的目的是减少加工面积并保证两零件的表面接触良好。

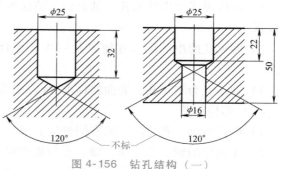

图 4-156 钻孔结构（一）

由于铸造圆角的存在，箱体类零件视图中的过渡线较多，应注意过渡线的画法。

2. 机械加工工艺结构

箱体类零件上有大量与轴、轴承、螺纹件相配合的孔。为了方便安装，孔上常设有倒圆结构；孔上也常设退刀槽和越程槽。

在箱体上钻孔时，应注意以下两点：

1）不通孔底部有 120°圆锥角，如图 4-156 所示。

2）用钻头钻孔时，要求钻头轴线尽量垂直于被钻孔的端面。通常增设凸台或凹坑，并避免钻头单边受力，以保证钻孔位置准确并避免钻头折断，如图 4-157 所示。

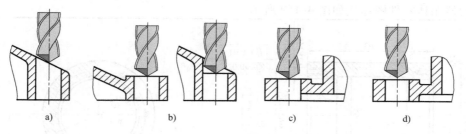

图 4-157 钻孔结构（二）

a）斜面加工（不合理） b）增设凸台或凹坑（合理） c）单边受力（不合理） d）双边受力（合理）

4.5.5 箱体类零件的尺寸及技术要求标注

1. 箱体类零件的尺寸标注

以图 4-158 所示传动器箱体为例，说明箱体类零件尺寸标注的方法与步骤。

（1）确定尺寸基准　长度方向的主要尺寸基准为左右对称面。宽度方向的尺寸基准为前后对称面。高度方向的尺寸基准为箱体的底面。

（2）尺寸标注步骤　根据尺寸基准，按照形体分析法标注定形、定位尺寸及总体尺寸，步骤如下：

1）标注空心圆柱的尺寸。

2）标注底板的尺寸。

3）标注长方体内腔和肋板的尺寸。

4）检查有无遗漏和重复标注的尺寸。

2. 箱体类零件的技术要求标注

（1）极限与配合、表面粗糙度

图 4-158 传动器箱体轴测图

1）箱体类零件中轴承孔、结合面、销孔等结构的表面粗糙度要求较高，其余加工面要求较低。

2）轴承孔的中心距、孔径以及一些有配合要求的表面、定位端面一般有尺寸精度的要求。

3）轴承孔为工作孔，表面粗糙度 Ra 一般为 1.6μm，要求最高。

（2）形位公差

1）同轴的轴、孔之间一般有同轴度要求。

2）不同轴的轴、孔之间，轴、孔与底面间一般有平行度要求。

3）传动器箱体的轴承孔为工作孔，给出了同轴度、平行度、圆柱度三项几何公差要求。

（3）其他技术要求

1）箱体类零件的非加工表面在图样的右下角标注粗糙度要求。

2）零件图的文字技术要求中常注明铸造圆角尺寸、零件的热处理或时效处理要求和非加工面表面处理要求等内容。

传动器箱体零件图标注如图 4-159 所示。

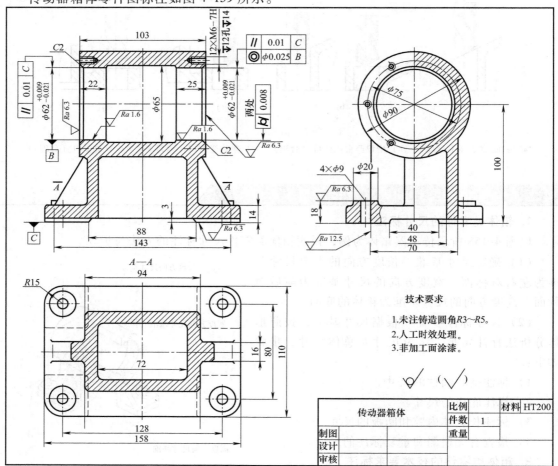

图 4-159　传动器箱体零件图

4.5.6　识读蜗杆减速器箱体零件图

零件图的识读内容如下：

1）根据各视图想象零件形状结构。

2）分析零件图采用了哪些表达方法，以及为什么采用这样的表达方法。

3）识读尺寸，分析尺寸基准，找出定形与定位尺寸。

4）识读技术要求。

蜗杆减速器箱体零件图如图4-160所示，其识读步骤如下：

1. 读标题栏，了解零件概况

由标题栏可知零件的名称为蜗轮箱体，材料为HT200，绘图比例1:2，件数为1等。该零件起支承与包容作用，根据绘图比例及图形的总体尺寸可估计零件的实际大小比图形尺寸大一倍。

2. 分析视图，明确表达目的

1）该箱体零件图采用主视图、俯视图、左视图三个基本视图，另外还配置了 A、B、E、F 四个局部视图。

2）主视图采用全剖视图，重点表达了箱体内部的主要结构形状；在主视图的右下方有一个重合断面图，表达了肋板的形状。

3）俯视图采用半剖视图，在主视图上可确定剖切平面 C—C 的位置。

4）左视图主要表达了箱体的外形，采用局部剖视来表达蜗杆支承孔处的结构。

局部视图 A 表达了底板上放油孔处的局部结构。局部视图 B 表达了箱体两侧凸台的形状。局部视图 F 表达了圆筒、底板和肋板的连接情况。局部视图 E 采用了简化画法，表达了底板的凹槽形状。

3. 分析结构，想象零件的形状

1）采用形体分析法将箱体分为四个主要部分：主体部分、蜗轮轴的支承部分、肋板部分和底板部分。

2）按投影关系找出各个部分在各视图上的投影，分析结构形状和作用。

① 主体部分（壳体）：用于容纳啮合的蜗轮、蜗杆。

② 蜗轮轴的支承部分（套筒）：加工有支承蜗轮轴的轴孔。

③ 肋板部分：用于加强蜗轮轴支承部分与底板的连接。

④ 底板部分：用于安装和固定箱体。

3）综合各视图想象出蜗轮减速器箱体的结构形状，如图4-161所示。

4. 分析尺寸，确定结构的定形、定位尺寸

1）分析长、宽、高三个方向的尺寸基准。

2）从主、俯视图可以看出，长度方向的主要基准是通过蜗杆轴线的竖直平面，箱体的左、右端面是辅助基准；宽度方向的基准是箱体壳体的前后对称平面；高度方向的主要基准是底板底面。

3）从基准出发，分析主要尺寸及次要尺寸。

4）根据结构形状，找出定形、定位尺寸和总体尺寸。

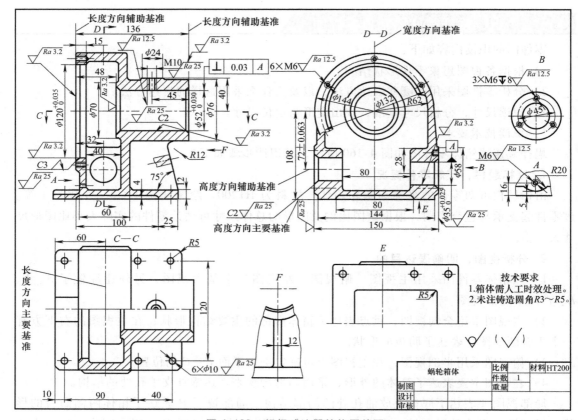

图 4-160　蜗杆减速器箱体零件图

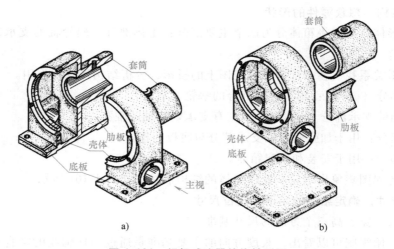

图 4-161　蜗杆减速器箱体轴测图

5. 分析技术要求

1）配合表面标出了尺寸公差，如轴承孔直径、孔中心线的定位尺寸等。

2）加工表面标注了表面粗糙度要求，如主体部分左、右端面和轴承孔内表面的表面粗糙度要求较高，底板底面的表面粗糙度值可略大等。

3）重要的线面标注了几何公差，如轴承孔轴线与基准轴线 *A* 的垂直度公差为 0.03mm。

4）箱体未注表面粗糙度的表面是用不去除材料的方法获得的，或是毛坯面。

5）该箱体需要人工时效处理，铸造圆角为 R3 ~ R5mm。

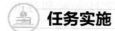 **任务实施**

1. 选择视图表达方案

（1）主视图的选择 根据充分体现形状特征的原则选择主视图，重点表达泵体端面结构及端面上孔的分布情况。

（2）左视图 采用全剖视图，重点表达泵体总体结构及泵体内孔的形状和尺寸。

（3）辅助视图 配置局部视图 *A*，表达底板底部凹槽的形状。

2. 绘制草图

3. 加深图线

4. 标注尺寸和技术要求

1）注意尺寸应标注齐全。

2）表面粗糙度和必要几何公差不能遗漏，每个加工面都应标注表面粗糙度要求。

齿轮油泵泵体完整零件图如图 4-162 所示。

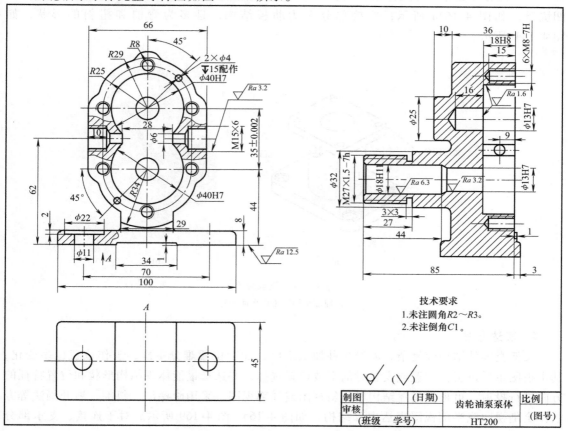

图 4-162 齿轮油泵泵体零件图

知识补充

叉架类零件的视图表达

常用叉架类零件有拨叉、连杆和各种支架等，如图4-163所示。拨叉主要用在各种机器的操纵机构上，起操纵、调速作用；连杆起传动作用；支架主要起支承和连接作用。

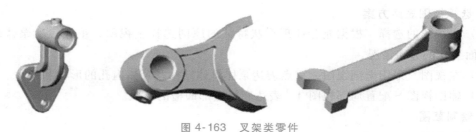

图 4-163　叉架类零件

1. 结构分析

叉架类零件的结构形状多样，差别较大，且结构形状比较复杂，常带有倾斜结构和弯曲结构，毛坯多为铸件和锻件。但都由支承部分、工作部分和连接部分组成，多数为不对称零件。支承部分和工作部分细部结构较多，如铸造圆角、圆孔、螺纹孔、油槽、油孔、凸台和凹坑等，如图4-164a所示；连接部分多为肋板结构，且多为弯曲和扭斜的形状，如图4-164b所示。

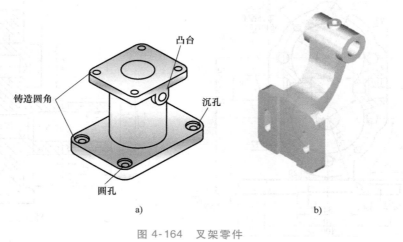

图 4-164　叉架零件
a）细部结构　b）弯曲肋板

2. 表达方法

叉架类零件结构较复杂，需经多种加工工序，加工位置难分主次，工作位置也多变化，其主视图主要按工作位置或安装时的平放位置选择，并选择最能体现结构形状和位置特征的方向进行投射。可根据具体结构增加斜视图或局部视图，采用阶梯剖、斜剖、展开画法等方法作全剖视图或半剖视图表达内部结构，如图4-165~图4-169所示。对于连接、支承部分的截面形状，则用断面图表示。

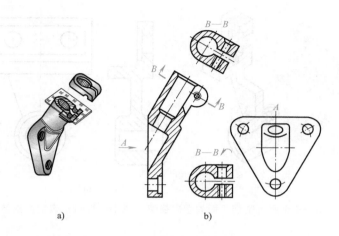

a)　　　　　　　　　　b)

图 4-165　单一斜剖的全剖视图表达局部结构

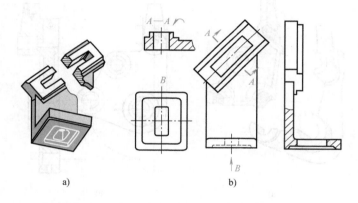

a)　　　　　　　　　　b)

图 4-166　单一斜剖的局部剖视图表达局部结构

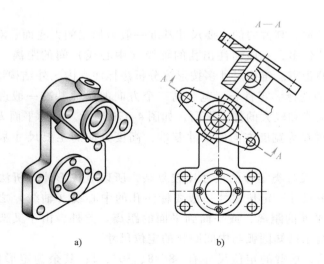

a)　　　　　　　　　　b)

图 4-167　单一斜剖的半剖视图表达局部结构

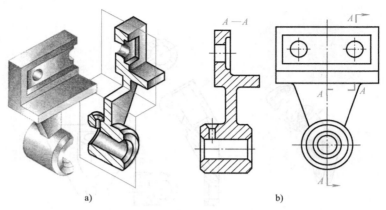

a)   b)

图 4-168　多个平行剖切平面的全剖视图（或半剖视图）表达内部结构

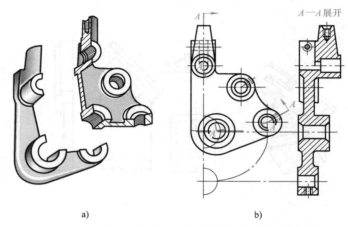

a)   b)

图 4-169　用展开画法表达零件结构

3. 尺寸标注

叉架类零件长、宽、高方向的主要尺寸基准一般为加工的大底面、对称平面及大孔的轴线。其上的定位尺寸较多，一般需注出孔的轴线（中心线）间的距离，或轴线到平面的距离，或平面到平面的距离。定形尺寸多按形体分析法标注，内、外结构形状要保持一致。

（1）尺寸基准的选择　零件长、宽、高三个方向的尺寸基准一般选用安装基准面、零件的对称面、孔的轴线和较大的加工平面，如图 4-170 所示。对称平面 B 为长度方向的主要尺寸基准，对称平面 C 为宽度方向的尺寸基准，高度方向的主要尺寸基准是 $\phi 9mm$ 孔的中心线。

（2）尺寸注法　叉架类零件的尺寸比较复杂，所以应按形体分析法将零件划分为几个基本体，先标注定形尺寸；定位尺寸一般要标注孔的中心线（轴线）之间的距离，或孔的中心线（轴线）到平面的距离，或平面到平面的距离。此外，由于叉架类零件图中的圆弧连接较多，所以应给出已知圆弧与中间圆弧的定位尺寸。

如图 4-170 所示，摇臂的定位尺寸有 38、8、30°、1；其余为定形尺寸。由于摇臂上、

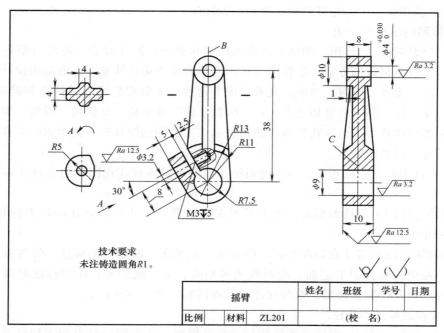

图4-170　摇臂零件图

下两端是圆柱体，不需要标注总体尺寸。

4. 技术要求

叉架类零件一般对工作孔的表面粗糙度、尺寸公差和几何公差有比较严格的要求，应给出相应的公差值；对连接和安装部分的技术要求不高。

如图4-170所示，摇臂的工作孔给出了尺寸精度（$\phi 4^{+0.030}_{0}$ mm），同时对表面粗糙度的要求也是较高的。此外，图中未标注的技术要求应进行文字说明。

 拓展任务

测量实验室中图4-149所示减速器箱盖的尺寸，合理选择视图表达方案并绘制零件图，要求正确标注尺寸及技术要求。

项 目 小 结

通过本项目5个工作任务的学习，应当掌握以下内容：

1. 零件图中的视图表达

1）常见的零件类型包括轴套类零件、盘盖类零件、箱体类零件、叉架类零件。零件图中用视图表达零件结构，用于表达机件外部形状的视图包括基本视图、向视图、局部视图、斜视图；用于表达机件内部形状的剖视图主要包括全剖视图、半剖视图、局部剖视图、阶梯剖视图、旋转剖视图等；断面图用于表达机件的端面形状，包括移出断面图和重合断面图。

2）在选择表达机件的视图时，首先应考虑读图方便，并根据机件的结构特点，用较少的图形将机件的结构形状完整、清晰地表达出来。同时还应注意所选用的视图，既要有各视图自身明确的表达内容，又要有它们之间的相互联系。

3）绘制图样时，应注意符合规定的画法和标注。

2. 零件图的绘制与识读

1）要了解零件图的作用，明确零件图的内容和要求；能针对不同零件的结构特点合理选择视图，正确制定表达方案。零件图的视图选择和尺寸标注涉及零件的结构设计和加工工艺知识，因此，要通过实习、参观、观看录像等途径，了解零件毛坯的铸造和锻造等方法；了解零件的车、铣、刨、磨等加工方法；了解常见的零件结构，如倒角、圆角、退刀槽、越程槽和各种类型的孔等，由此获得零件结构和加工工艺的感性认识，使绘制的零件图更符合生产实际，并提高读图效率。

2）在零件图的绘制过程中，应注意归纳不同类型的零件在视图表达和尺寸标注上的不同特点。

3）对于零件图中的技术要求，要求了解表面粗糙度、几何公差在图样上的标注方法，并学会查阅相关标准。

4）绘制零件图时需注意局部剖视图的画法，剖视图、断面图的标注，螺纹孔的画法和代号标注；避免视图投影不正确，漏画线或多画线，交线画错等；尺寸标注时避免漏标尺寸，标注方法应符合国标规定。这些问题在检查图样时要特别注意。

3. 标准件的画法和标注

1）零件图中，螺纹、键槽的画法和标注经常遇到。装配图中则有较多螺纹联接、键联结、销联接、轴承等结构。要注意这些标准件的画法和标注方法，掌握相关标准的查阅方法。

2）齿轮是常用的机械零件。要重点掌握直齿圆柱齿轮的画法（单个齿轮的画法和齿轮啮合的画法），齿轮的基本参数和轮齿各部分的尺寸计算。

项目 5

装配图的绘制与识读

任务 5.1　绘制千斤顶装配图

 学习目标

知识目标

1. 掌握装配图的表达方法。

2. 掌握装配图的尺寸和技术要求标注。

3. 掌握零部件序号与明细栏的绘制。

4. 掌握装配工艺结构的绘制。

能力目标

1. 能够选择合理的表达方法绘制装配图。

2. 能够在装配图上正确标注尺寸和技术要求。

3. 能够正确表达出装配图中的工艺结构。

4. 能够完整地绘制千斤顶装配图。

 任务布置

任务要求：

1）读懂图 5-1 所示的千斤顶装配示意图和图 5-2 所示的相关零件图，了解千斤顶的工作原理。

2）根据零件图尺寸选择合适的视图表达方案并绘制装配图。

3）对装配图标注尺寸，注写技术要求和明细栏。

 任务分析

装配图是用来表示机器或部件装配、检验、调试、安装及维修要求的图样。因此，装配图是机械设计、制造、使用、维修以及进行技术交流的重要技术文件。

根据零件图绘制装配图是一种比较常见的装配图绘制方法。在绘制装配图之前首先要根据装配示意图读懂装配体的工作原理。

在装配图中，要通过适当的表示方法区分不同的相邻零件，并通过规定的序号标注和明细栏说明装配体组成部件的名称、种类、个数及材料等，还要通过适当的尺寸标注来表明装配体零部件的配合要求、安装要求及工作场所要求。

本任务将通过千斤顶装配图的绘制过程来说明装配图的表达方法以及序号、明细栏和尺寸标注的规定。

图 5-1　千斤顶装配示意图

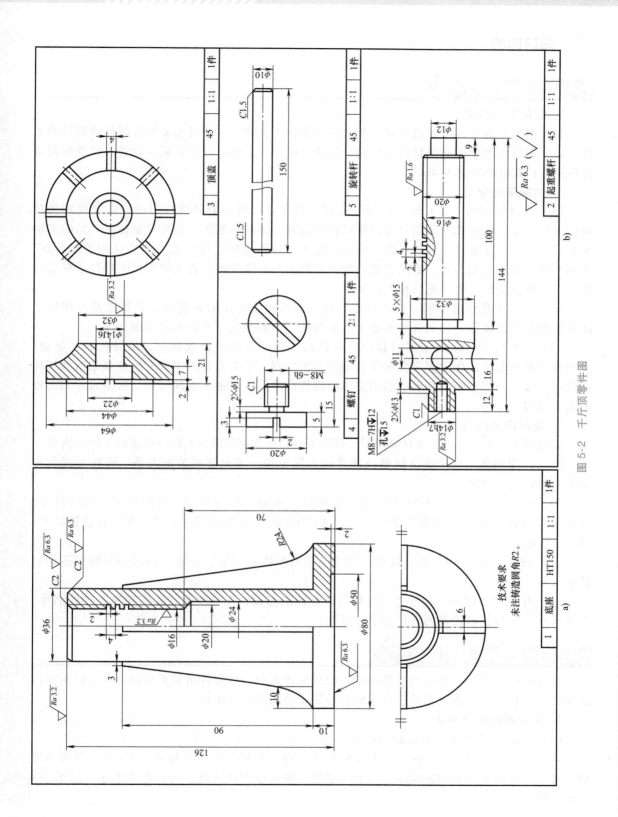

图 5-2 千斤顶零件图

知识链接

5.1.1 装配图概述

1. 装配图的作用

装配图是机器或部件在设计和生产中的重要技术文件。它可以用来表达部件或机器的工作原理、零件的主要结构形状以及它们之间的装配关系，还可以为装配、检验、安装和调试提供所需的尺寸和技术要求。

2. 装配图的分类

（1）设计装配图 在开发一种新产品时，设计者可按一般的设计程序，从完成某种功用的目的入手，构想其整体形状及具体结构等内容，画出装配图；也可根据仿制产品的实物测绘，记录下该零部件的设计思路，画出装配图。这类图样应详尽地表明产品的工作原理、传动系统及装配连接方式，依照此类装配图可拆画全套零件图，直至按其尺寸和技术要求等指导零件的总装配，生产出合格的产品。

（2）装配工作用装配图 仅供产品拆装、调试和维修用的装配图，其重点是零部件之间的装配关系及操作、检测方法和要求，而与此无关的视图尺寸均不必详细标注。

（3）装配略图 向营销部门和用户提供的介绍产品基本组成概况，指导包装、运输、平面布置及安装等工作的简略装配图，称为装配略图。这类装配图中仅有少数表达内部结构的情况，多数只用清晰的轮廓线表明整体或部件的外形，再加上总体尺寸、安装尺寸和简短的文字说明。

3. 装配图的内容

通过图 5-3 所示的齿轮油泵装配图，可以了解到一张完整的装配图应包括以下四项内容：

（1）一组视图 用来表达机器或部件的工作原理、零件间的装配关系、连接方式及主要零件的结构形状等。

（2）必要的尺寸 装配图中应标注装配体的规格、性能尺寸、装配尺寸、总体尺寸、安装尺寸和检验尺寸。如图 5-3 所示，"$\phi 12H7/g6$" 为装配尺寸，"175" 为总长尺寸，"66" 为安装尺寸。

（3）技术要求 用文字、代号、符号说明装配体在装配、安装、调试等方面应达到的技术指标。

（4）标题栏、序号、明细栏 应填写装配体的名称、图样代号、绘图比例、单位名称，以及设计、校核、审核者的责任签字及日期。

5.1.2 装配图的表达方法

机件的基本表示法都适用于装配图，但装配体是由一些零件组装而成的，在表达不同组成零件及其相互之间的关系时还有一些只适用于装配图的画法规定。

1. 装配图的画法规定

（1）零件间接触面、配合面的画法 两相邻零件的接触面或配合面只用一条轮廓线表示，如图 5-4 中的①所示。而对于未接触的两表面、非配合面（公称尺寸不同），用两条轮廓线表示，如图 5-4 中的③所示。对于间隙很小或狭小剖面区域，可以夸大表示，如图 5-4 中的⑦所示。

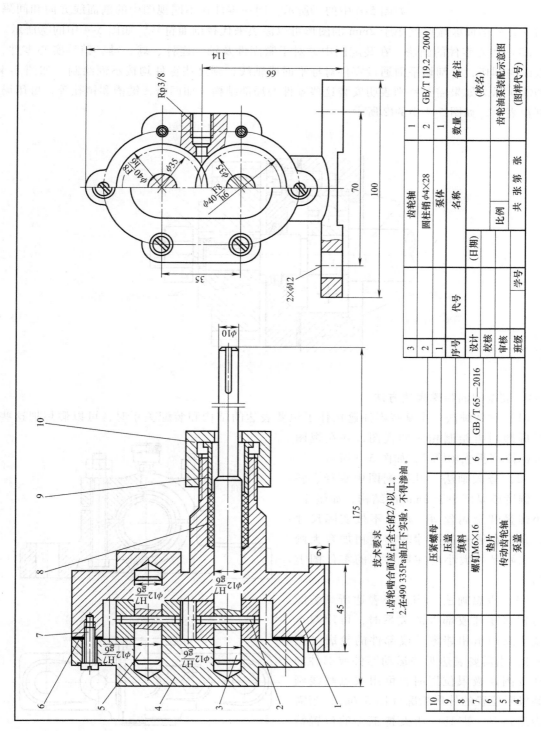

技术要求
1.齿轮啮合面应占全长的2/3以上。
2.在490 335Pa油压下实验，不得渗油。

3		齿轮轴	1		GB/T 119.2—2000
2		圆柱销 $\phi4 \times 28$	2		
1		泵体	1		
序号	代号	名称	数量		备注

设计				齿轮油泵装配示意图	
校核		比例		齿轮油泵装配图	
审核				（图样代号）	
班级		学号		（校名）	

| | | （日期） | 共 张 第 张 | | |

图5-3 齿轮油泵装配图

10		压紧螺母	1		
9		压盖	1		
8		填料	1		
7		螺钉M6×16	6		GB/T 65—2016
6		垫片	1		
5		传动齿轮轴	1		
4		泵盖	1		

（2）剖面线的画法 相邻的两个金属零件，剖面线的倾斜方向应相反，或者方向一致而间隔不等，以示区别，如图 5-4 中的④所示。同一零件在不同视图中的剖面线方向和间隔必须一致。剖面区域厚度小于 2mm 的图形可以涂黑来代替剖面符号，如图 5-4 中的⑦所示。

（3）实心零件的画法 在装配图中，对于紧固件及轴、连杆、球、键、销等实心零件，若按纵向剖切，且剖切平面通过零件对称平面或轴线，则这些零件均按不剖绘制，如图 5-4 中的⑤所示。如果需要特别表明安装这些零件的局部结构，如凹槽、键槽和销孔等，可用局部剖视表示，如图 5-4 中的②所示。

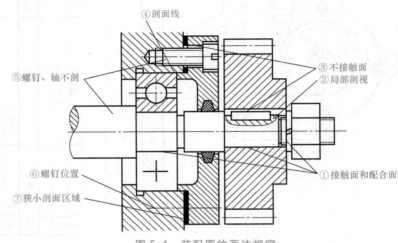

图 5-4 装配图的画法规定

2. 装配图的特殊表达方法

（1）拆卸画法 当某些零件遮挡住了想要表达的结构和装配关系时，可以假想把这些零件拆卸后再绘制相应的视图，并在视图上方标注"拆去××等"，如图 5-5 所示。

（2）夸大画法 凡装配图中直径、斜度、锥度或厚度小于 2mm 的结构，如垫片、细小弹簧和金属丝等，可以不按实际尺寸画，允许在原来的尺寸基础上稍加夸大画出。实际尺寸大小应在该零件的零件图上给出。

（3）假想画法 当需要表达所画装配体与相邻零件或部件的关系时，可用双点画线假想画出相邻零件或部件的轮廓（图 5-6b）；当需要表达某些运动零件或部件的运动范围及极限位置时，可用双点画线画出其极限位置的外形轮廓（图 5-6a）；当需要表达钻具、夹具中所夹持工件的位置情况时，可用双点画线画出所夹持工件的外形轮廓。

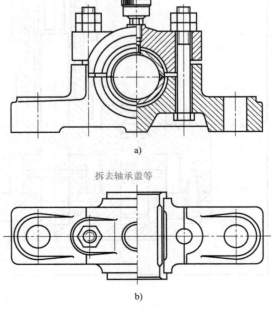

a)

拆去轴承盖等

b)

图 5-5 滑动轴承装配图中的拆卸画法

（4）展开画法 为了表达传动机构的传动路线和装配关系，可假想按传动顺序沿轴线剖切，然后依次将各剖切平面展开在一个平面上，画出其剖视图。此时应在展开图的上方注明"×—×展开"字样，如图5-6所示。

3. 装配图的简化画法

1）在装配图中，零件的工艺结构，如小圆角、倒角、退刀槽等，可不画出。

2）在装配图中，螺栓、螺母等可按简化画法画出。

3）对于装配图中若干相同的零件组，如螺栓、螺母和垫圈等，可只详细地画出一组或几组，其余只用点画线表示出装配位置即可，如图5-7所示。

4）装配图中的滚动轴承可只画出一半，另一半按规定示意画法画出，如图5-7所示。

5）在装配图中，当剖切平面通过的某些组件为标准产品，或该组件已由其他视图表达清楚时，则该组件可按不剖绘制。

6）画装配图时，在不致引起误解，不影响读图的情况下，剖切平面后不需表达的部分可省略不画。

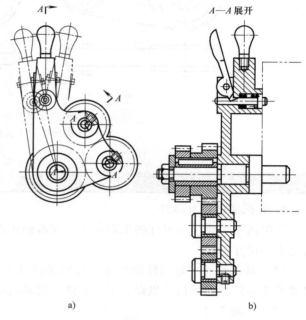

图 5-6 交换齿轮架展开画法

a）交换齿轮架及其极限位置 b）展开画法

7）在装配图中，可用粗实线表示带传动中的带，如图5-8a所示；用细点画线表示链传动中的链，如图5-8b所示。

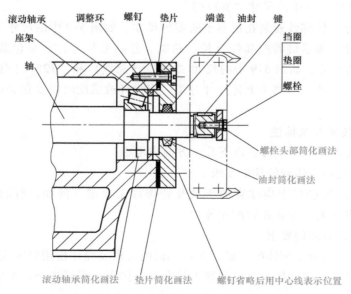

图 5-7 夸大画法、简化画法和假想画法

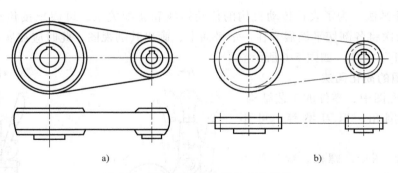

图 5-8 带传动和链传动的简化画法

a）带传动 b）链传动

5.1.3 装配图的尺寸及技术要求标注

1. 装配图的尺寸标注

装配图不需要注出零件的全部尺寸，仅需标注说明机器性能、工作原理、装配关系和安装要求的尺寸。

（1）规格尺寸 也叫性能尺寸，反映部件或机器的规格和工作性能。规格尺寸在设计时要首先确定，它是设计机器、了解和选用机器的依据，如图 5-9 中的尺寸"$\phi20$"。

（2）装配尺寸

1）配合尺寸。表示零件间有配合要求的一些重要尺寸，如图 5-9 中的尺寸"$\phi42\dfrac{H11}{d11}$"。

2）相对位置尺寸。表示装配时需要保证的零件间较重要的距离、间隙等。

3）装配时的加工尺寸。有些零件要装配在一起后才能进行加工，装配图上要标注装配时的加工尺寸，如图 5-9 中的尺寸"M39×2"。

（3）安装尺寸 将部件安装在机器上所需的尺寸，如图 5-9 中的尺寸"$\phi70$"。

（4）外形尺寸 表示机器或部件总长、总宽、总高的尺寸，它是包装、运输、安装和厂房设计时所需的尺寸，如图 5-9 中的尺寸"$\phi88$"（总宽）和"125"（总长）。

（5）其他重要尺寸 不属于上述尺寸分类，但设计或装配时需要保证的尺寸，如图 5-9 所示的尺寸"90"。

2. 装配图的技术要求标注

装配图中的技术要求一般可从以下几个方面来考虑：

1）装配体装配后应达到的性能要求。

2）装配体在装配过程中应注意的事项及特殊加工要求。例如，有的表面需装配后加工，有的孔需要将有关零件装好后配作等。

3）检验、试验方面的要求。

4）使用要求。如对装配体的维护、保养方面的要求及操作使用时应注意的事项等。

与装配图的尺寸标注一样，上述内容不是在每一张图上都要注全，而是根据装配体的需要来确定。

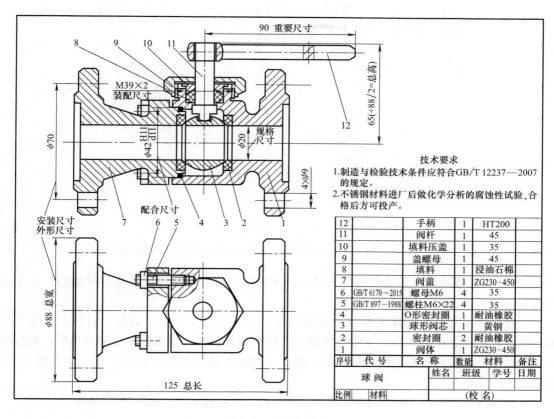

图 5-9 球阀装配图

12		手柄	1	HT200	
11		阀杆	1	45	
10		填料压盖	1	35	
9		盖螺母	1	45	
8		填料	1	浸油石棉	
7		阀盖	1	ZG230-450	
6	GB/T 6170—2015	螺母M6	4	35	
5	GB/T 897—1988	螺柱M6×22	4	35	
4		O形密封圈	1	耐油橡胶	
3		球形阀芯	1	黄铜	
2		密封圈	2	耐油橡胶	
1		阀体	1	ZG230-450	
序号	代 号	名 称	数量	材 料	备注
球 阀			姓名	班级	学号	日期
比例	材料			(校 名)	

技术要求

1. 制造与检验技术条件应符合GB/T 12237—2007的规定。
2. 不锈钢材料进厂后做化学分析的腐蚀性试验,合格后方可投产。

技术要求一般注写在明细栏的上方或图样下部空白处。如果内容很多，也可另外编写成技术文件作为图样的附件。

5.1.4 装配图的零部件序号及明细栏编制

1. 零部件序号的标注

1）序号应标注在图形轮廓线的外边，并填写在指引线的横线上或圆圈内（也可不画横线或圆圈），其字号比尺寸数字大一号或两号。指引线应从所指零件的可见轮廓内引出，并在末端画一小圆点，如图 5-10a 所示。

2）若所指部分不便画圆点，可在指引线末端画出箭头，如图 5-10b 所示。

3）指引线不要彼此相交。

4）必要时，指引线可画成折线，但只允许弯折一次，如图 5-10c 所示。

5）对于零件组，允许采用公共指引线，如图 5-10d 所示。

6）每一种零件只编写一个序号。

7）零部件序号要按顺时针或逆时针次序沿水平或垂直方向排列整齐。

2. 标题栏和明细栏的编制

装配图和零件图的标题栏的内容及格式完全一样，不同的是，装配图的标题栏中的

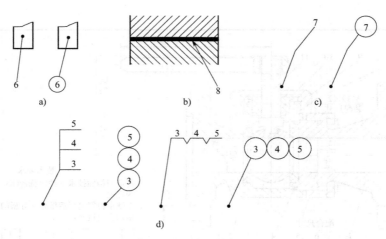

图 5-10　序号的标注

a）序号标注的方法　b）指引线末端画箭头　c）指引线可弯折一次　d）公共指引线

"材料"栏目无须填写。因为装配体不只有一个零件，每个零件的材料又不尽相同，各个零件的材料填写在明细栏里。

明细栏是全部零件的详细目录，其中填有零件的序号、名称、数量、材料、附注及标准。明细栏在标题栏的上方，当位置不够时，可移一部分紧接标题栏左边继续填写。明细栏中的零件序号应与装配图中的零件序号一致，并且由下往上填写，因此，应先编零件序号，再填明细栏。

国家标准 GB/T 10609.2—2009 推荐的装配图明细栏格式之一如图 5-11 所示。

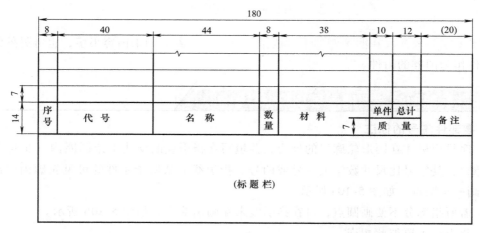

图 5-11　明细栏格式

5.1.5　常见装配结构

1. 接触面与配合面

1）两个零件在同一方向上只允许有一对接触面，这样既方便加工又可保证良好接触；反之，既给加工带来麻烦又无法满足接触要求，如图 5-12 所示。

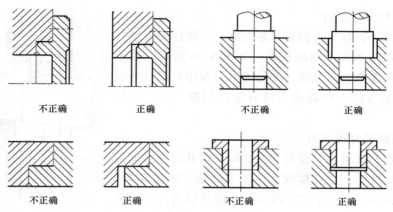

图 5-12　接触面与配合面的结构（一）

2）轴和孔配合时，若要求轴肩和孔的端面相互接触，则应在孔口处加工出倒角，或在轴肩处加工退刀槽，以确保两个端面的接触良好，如图 5-13 所示。

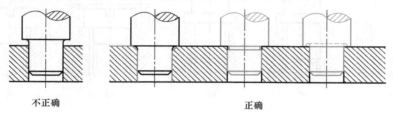

图 5-13　接触面与配合面的结构（二）

3）两锥面配合时，锥体端面和锥孔底面之间应留有间隙，如图 5-14 所示。

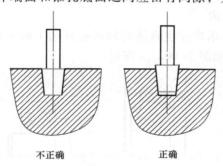

图 5-14　接触面与配合面的结构（三）

4）为保证接触良好，合理减少加工面积，可在被联接件上设置沉孔、凸台等结构，如图 5-15 所示。

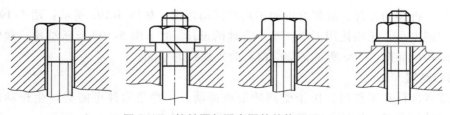

图 5-15　接触面与配合面的结构（四）

2. 零件轴向定位结构

在轴上装配滚动轴承及齿轮等零件时，一般都要有轴向定位结构，以保证不发生轴向移动。如图 5-16 所示，轴上的滚动轴承及齿轮靠轴肩定位，齿轮的另一端用螺母、垫圈压紧，垫圈与轴肩的台阶面间应留有轴向间隙，以便压紧齿轮。

3. 螺纹联接的合理结构

为保证螺纹联接紧固，螺杆上的螺纹终止处应加工退刀槽，如图 5-17a 所示；或在螺纹孔上加工凹坑，如图 5-17b 所示；或加工倒角，如图 5-17c 所示。为保证紧固件和被联接件的良好接触，被联接件上应加工出沉孔、凸台等结构，如图 5-17d、e 所示。沉孔的尺寸可根据紧固件的尺寸从有关手册中查取。

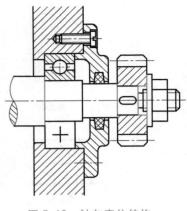

图 5-16　轴向定位结构

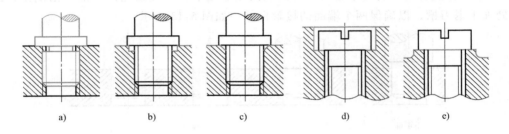

图 5-17　螺纹联接的合理结构
a）退刀槽　b）凹坑　c）倒角　d）沉孔　e）凸台

4. 方便安装、拆卸的结构

如图 5-18 所示，滚动轴承装配在箱体的轴承孔或轴上时，若结构如图 5-18a、c 所示，将不便拆卸；正确安装结构如图 5-18b、d 所示。

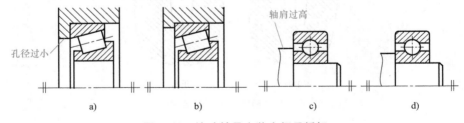

图 5-18　滚动轴承安装应便于拆卸
a）孔径过小，不便拆卸　b）孔径合适，方便拆卸　c）轴肩过高，不便拆卸　d）轴肩合适，方便拆卸

对需经常拆卸的零件，应留有拆卸工具的活动范围，如图 5-19a 所示；图 5-19b 所示的结构由于空间太小，无法使用扳手，是不合理的设计。对于图 5-19d 所示结构，螺钉无法放入；合理结构应如图 5-19c 所示，即应留有放入螺钉的空间。

5. 防松装置

机器或者部件在工作时，由于受到冲击或振动，一些紧固件可能会产生松动现象。因此，在某些结构中需采用防松装置。常用防松装置如图 5-20 和图 5-21 所示。

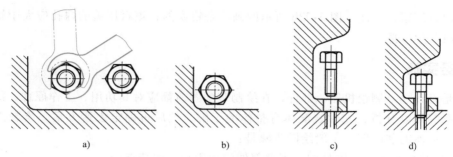

图 5-19 结构应留有扳手活动和螺钉拆卸空间

a)、c) 合理 b)、d) 不合理

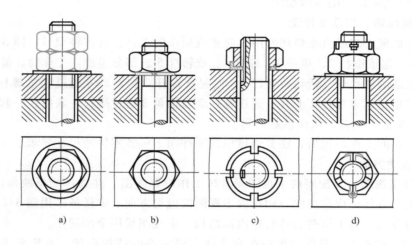

图 5-20 螺纹防松装置

a) 双螺母 b) 弹簧垫圈 c) 止动垫圈 d) 开口销

6. 密封装置

机器或部件的某些部位需要设置密封装置，以防止液体外流或灰尘进入。图 5-22a 所示为齿轮油泵密封装置的正确画法。通常用油浸石棉绳或橡胶作填料，拧紧压盖螺母，通过填料压盖将填料压紧，起到密封的作用。但填料压盖与泵体端面之间必须留有一定的间隙，才

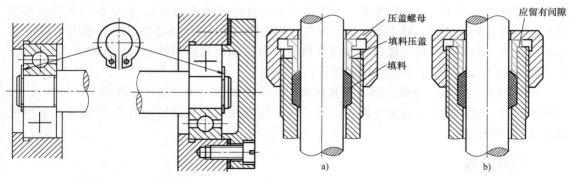

图 5-21 滚动轴承固定装置

图 5-22 密封装置的画法

a) 正确 b) 错误

能保证将填料压紧，因此，图5-22b所示的画法是错误的；填料压盖的内孔应大于轴径，以免轴转动时产生摩擦。

 任务实施

无论是设计还是测绘机器、部件，在绘制装配图前都应对其功用、工作原理、结构特点和装配关系等加以分析，先对装配体有整体的了解，然后再确定表达方案，绘制出一张正确、清晰、易懂的装配图。一般绘图步骤是：

1）分析装配示意图、零件图，了解部件的功用和结构特点。

2）确定表达方案，先选择主视图，然后选择其他视图。

3）按照绘制装配图的步骤绘图。

1. 了解装配体，识读零件图

千斤顶是机械安装或汽车修理时用来起重或顶压的工具，有多种型号。图5-1所示的千斤顶由底座1、起重螺杆2、顶盖3、螺钉4、旋转杆5五部分组成。工作时，旋转杆5插入起重螺杆2上部的通孔中，转动旋转杆5，使起重螺杆2转动，并通过起重螺杆2与底座1之间的螺纹作用使起重螺杆2上升；起重螺杆2与顶盖3通过螺钉4联接在一起，起重螺杆2上升，带动顶盖3上升，从而顶起重物。

了解千斤顶的工作原理后，还要通过识读零件图了解各零件的尺寸要求。

2. 确定表达方案

（1）选择主视图　装配图的主视图通常按工作位置画出，并选择能反映部件装配关系、工作原理和主要零件结构特点的方向作为主视图的投射方向。本任务采用图5-1所示的方向为主视图投射方向，为了清楚表达底座内部结构，主视图采用全剖视图。

（2）选择其他视图　其他视图应配合表达主要零件的结构形状。本任务采用一个俯视图和两个辅助视图。俯视图从底座的上表面剖切，以表达底座的外形；两个辅助视图分别表达顶盖的顶面形状和起重螺杆上四个通孔的局部结构。

3. 绘制装配图的步骤

（1）布置图面，绘制作图基准线　千斤顶装配图中各视图的对称中心线、主要轴线和主要零件的基准面如图5-23a所示。

（2）绘制底稿　以主视图为主，几个视图配合进行。绘制每个视图时，应先绘制部件的主要零件及主要结构（一般来说，主要零件为部件的底座或箱座），再依次绘制其他相连的次要零件及局部结构。对于千斤顶装配图，应先绘制千斤顶底座的轮廓线，如图5-23b所示；再依次绘制起重螺杆、螺钉、顶盖和旋转杆以及辅助视图的轮廓线，如图5-23c所示；最后绘制局部剖视部分，如图5-23d所示。

（3）检查、描深，完成全图　检查底稿无误后，画剖面线，编排零件序号，标注尺寸，绘制标题栏和明细栏并填写相关内容，最后将各类图线加深或加粗。图5-24所示为最终完成的千斤顶装配图。

 拓展任务

根据图5-25所示铣刀头装配示意图和图5-26所示相关零件图绘制铣刀头装配图，标准件列表见表5-1。（说明：装配图中不需绘制铣刀头及右侧键、螺钉。）

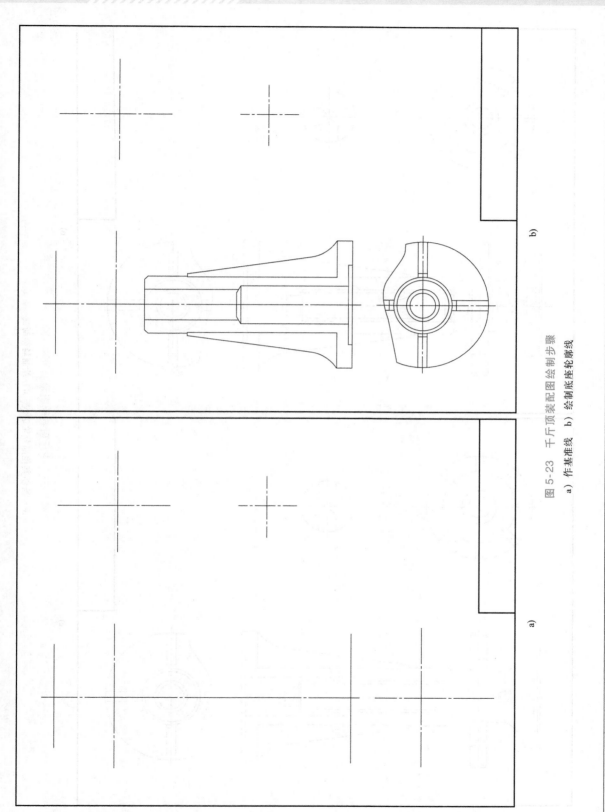

图 5-23 千斤顶装配图绘制步骤

a）作基准线 b）绘制底座轮廓线

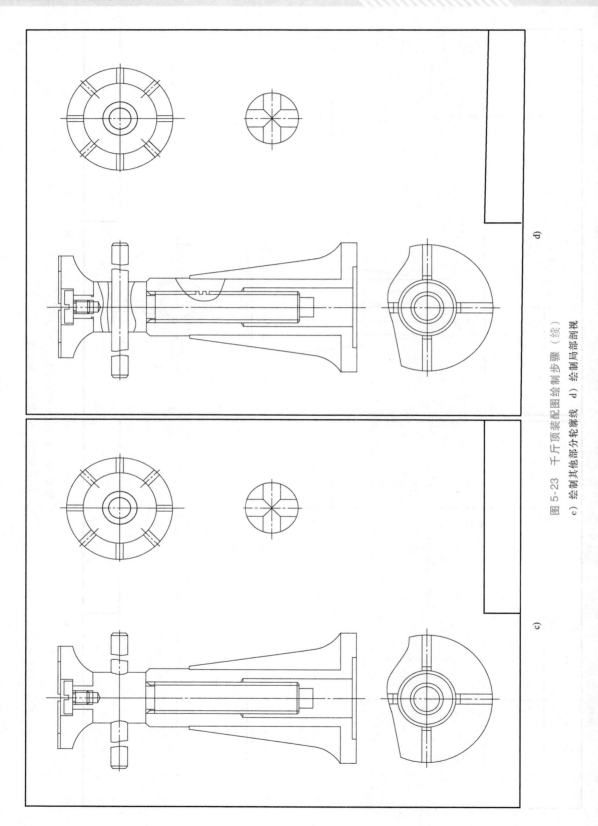

图 5-23　千斤顶装配图绘制步骤（续）

c）绘制其他部分轮廓线　d）绘制局部剖视

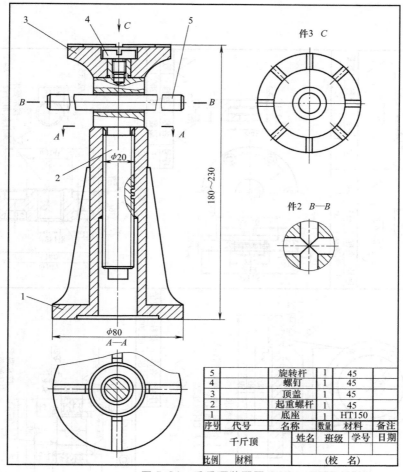

5		旋转杆	1	45	
4		螺钉	1	45	
3		顶盖	1	45	
2		起重螺杆	1	45	
1		底座	1	HT150	
序号	代号	名称	数量	材料	备注
千斤顶			姓名	班级	学号 日期
比例	材料		(校 名)		

图 5-24 千斤顶装配图

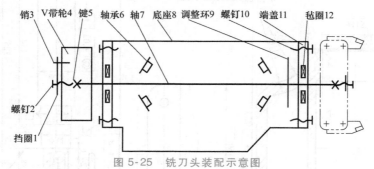

图 5-25 铣刀头装配示意图

表 5-1 标准件列表

序号	名称及规格尺寸	数量	标准代号
1	挡圈 35	1	GB/T 891—1986
2	螺钉 M6×16	1	GB/T 68—2016
3	销 3×12	1	GB/T 119.1—2000
5	键 8×7×20	1	GB/T 1096—2003
6	轴承 30307	2	GB/T 297—2015
10	螺钉 M8×20	12	GB/T 70.1—2008
12	毡圈	2	FZ/T 25001—2012

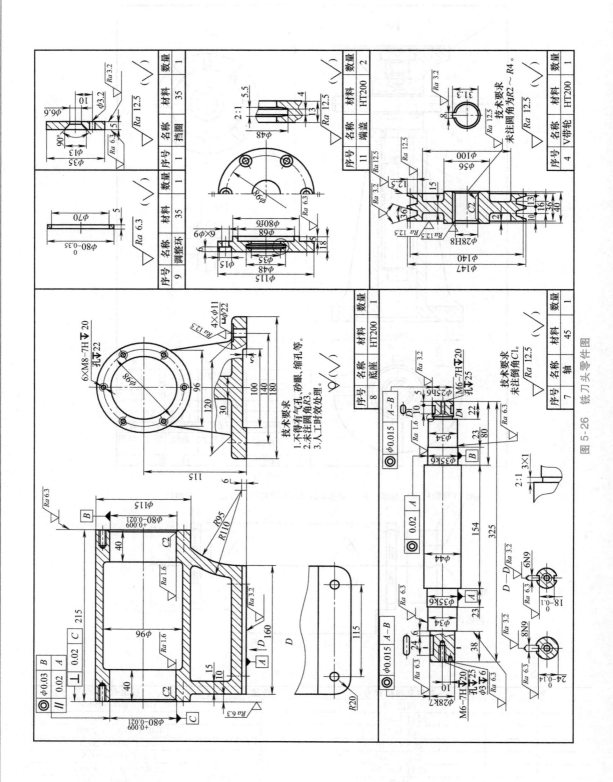

图 5-26　铣刀头零件图

任务 5.2　机用虎钳装配图识读训练

 学习目标

知识目标

1. 掌握识读装配图的方法。

2. 掌握由装配图拆绘零件图的方法。

能力目标

能够根据装配图识读机器的工作原理，并能拆画出零件图。

 任务布置

1. 根据图 5-27 所示机用虎钳装配图，识读机用虎钳的工作原理。

2. 分析机用虎钳的零件种类及个数，标准件的种类和个数。

3. 拆画活动钳口零件图。

 任务分析

机用虎钳是生产中常用的装夹部件，主要由钳座（固定钳身）、活动钳口、钳口板、螺杆、螺母等组成，其分解图如图 5-28 所示。

读装配图，首先要找到装配体中的运动件，再由内向外逐件分析相邻零件的运动关系和配合关系，进而识读工作原理；其次要读懂零件序号和明细栏，了解各零件的名称、数量和材料。

拆画零件图则要能够从装配图中分离零件轮廓，并能分析此零件各表面的作用和加工方法，进而确定其表面结构要求。

 知识链接

5.2.1　识读装配图

1. 识读装配图的目的和要求

在设计和生产实际工作中，经常要阅读装配图，识读装配图是工程技术人员的基本技能之一。装配图是传达关于整机设计和装配加工等信息的载体，是一种工程语言。

在设计过程中，要按照装配图来设计和绘制零件图；在安装机器及其部件时，要按照装配图来装配零件和部件；在技术学习或技术交流时，则要参阅有关装配图才能了解、研究一些工程、技术等有关问题。一般来说，识读装配图应该达到以下几项要求：

1）了解装配体的功用、性能和工作原理。

2）弄清各零件间的装配关系和装拆次序。

3）读懂各零件的主要结构形状和作用等。

4）了解技术要求中的各项内容。

2. 识读装配图的方法和步骤

以机用虎钳装配图（图 5-27）为例，具体讲解识读装配图的步骤并拆画其零件图。

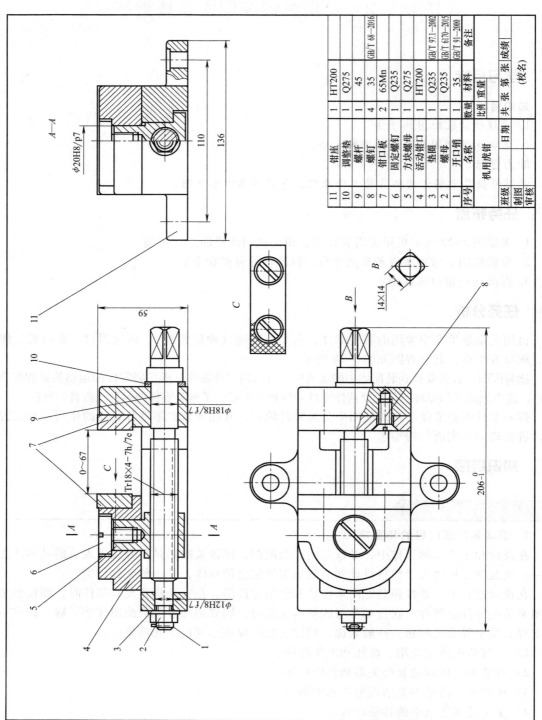

序号	名称	数量	材料	备注
11	钳座	1	HT200	
10	调整垫	1	Q275	
9	螺杆	1	45	
8	螺钉	4	35	GB/T 68—2016
7	固定钳身	2	65Mn	
6	固定螺母	1	Q275	
5	方块螺母	1	Q275	
4	活动钳口	1	HT200	
3	垫圈	1	Q235	GB/T 97.1—2002
2	螺母	1	Q235	GB/T 6170—2015
1	开口销	1	35	GB/T 91—2000

比例		共 张 第 张	
重量		(校名)	
班级		制图	日期
制图			
审核			

机用虎钳

图 5-27   机用虎钳装配图

A—A

ϕ20H8/p7

110

136

59

10

9

7

ϕ18H8/f7

Tr18×4—7h/7e

0~67

C

A A

ϕ12H8/f7

6

5

4

3

2

1

11

C

B

14×14

B

8

206^{0}_{-1}

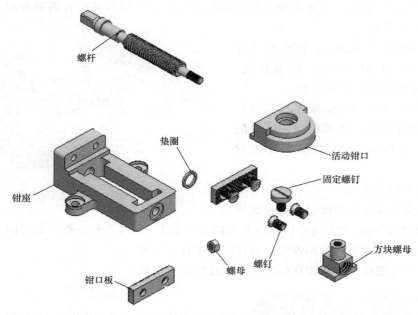

螺杆

垫圈

活动钳口

固定螺钉

钳座

方块螺母

钳口板

螺母　螺钉

图 5-28　机用虎钳分解图

（1）概括了解和分析

1）首先通过标题栏、明细栏和查阅有关资料了解装配体的名称、用途、零件数量及大致组成情况。

由标题栏和明细栏了解装配体名称为"机用虎钳"，由 11 种零件组成，其中标准件 4 种，形状并不复杂。通过明细栏可了解各零件的名称、材料和数量。由图上的编号可以了解各零件的大体装配情况。

2）分析视图。识读装配图时，应分析全图采用的视图表达方法，并找出各视图间的投影关系，进而明确各视图所表达的内容。

机用虎钳装配图包含三个基本视图和两个辅助视图。主视图采用全剖视图，表达虎钳的工作原理和零件装配关系；俯视图采用局部剖视图，表达钳口板与钳座连接的局部结构并反映虎钳的外形；左视图采用半剖视图，表达钳座、活动钳口、方块螺母与固定螺钉之间的装配关系。C 向局部视图反映钳口板的外形与表面结构；B 向局部视图反映螺杆方头部分的形状与尺寸。

（2）了解工作原理和装配关系　图 5-29 所示为机用虎钳轴测图，其工作原理为：螺杆固定在钳座上，可以转动。转动螺杆将带动方块螺母做直线移动。方块螺母和活动钳口通过固定螺钉联接成为一个整体。因此转动螺杆时活动钳口可做直线移动，以实现对工件的夹紧和松开。

（3）分离零件，了解零件的结构形状和作用　通过前面的分析，在了解工作原理、传动路线后，还要将每个零件从装配图中分离出来，进而完善它们的全部结构和尺寸。此时才真正读懂了设计者所要表达的装配图的内涵，并为分离拆画一套零件图做准备。

（4）分析零件间的装配关系与零件结构　分析零部件间的装配关系，要弄清零件之间的配合关系、连接及固定方式等。

1）配合关系。根据装配图中配合尺寸的配合代号，判别零件配合的基准制、配合种类及轴、孔的公差等级。

螺杆光轴部分与钳座孔的配合尺寸分别为 $\phi18H8/f7$ 和 $\phi12H8/f7$，属基孔制，间隙配合，可保证螺杆转动自如。

方块螺母外圆柱面与活动钳口孔的配合尺寸为 $\phi20H8/p7$，属基孔制，过盈配合，可使二者保持紧密联接，无相对运动。

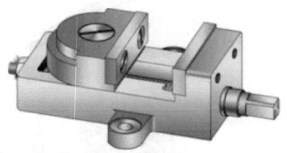

图 5-29　机用虎钳轴测图

2）连接和固定方式。

① 螺杆的轴向定位与固定：通过钳座右下方的孔与螺杆的轴肩实现定位；由左方的开口销 1、螺母 2 和垫圈 3 实现固定。

② 活动钳口与方块螺母的连接：通过固定螺钉 6 实现。

③ 钳口板与钳座、活动钳口的连接：通过螺钉 8 实现。

5.2.2　由装配图拆画零件图

由装配图拆画零件图是设计工作的一个重要环节，也是一项细致的工作，是在全面识读装配图的基础上进行的。拆画零件图时，应对所拆零件的作用进行分析，然后分离该零件（即把零件从与其组装的其他零件中分离出来）。具体方法是，首先在装配图各视图的投影轮廓中找出该零件的范围，将其从装配图中"分离"出来；再结合分析结果，补齐所缺的轮廓线；然后根据零件图的视图表达要求，重新安排视图。选定和画出零件的各视图以后，应按零件图的要求注写尺寸及技术要求。这种由装配图画出零件图的过程就称为拆画零件图，简称"拆零"。

1. 不同零件的处理方法

一部机器或一个部件所包含的零件很多，但生产过程中不是所有零件都需要拆画零件图。有的零件，如标准件、外购件，可直接购买使用，无须画零件图，只要将其规格、代号与标准标明即可。只有属于本产品的专用件，才是被拆画的主要对象。

2. 拆画零件图的步骤

（1）分离零件，想象零件的结构、形状

1）根据明细栏中的零件序号，从装配图中找到该零件所在的位置。

2）根据零件剖面线的倾斜方向和间隔，以及投影规律确定零件在各视图中的轮廓范围，并将其分离出来。

（2）构思零件的完整结构

1）利用配对连接结构形状相同或相似的特点，确定配对连接零件的相关部分形状，并对分离出的投影补线。

2）根据视图表达方法的特点，确定零件相关结构的形状，并对分离出的投影补线。

3）根据配合零件的形状、尺寸符号，利用形体分析法，确定零件相关结构的形状。

4）根据零件的作用，再结合形体分析法，综合想象出零件总体的结构形状。

（3）确定零件视图表达方案，画零件图

1）零件图的视图表达方案应根据零件的形状特征确定，而不能盲目照抄装配图。

2）在装配图中允许不画的工艺结构，如倒角、圆角、退刀槽等，在零件图中应全部画出。

（4）标注零件的尺寸

1）装配图已标注的零件尺寸都需抄注到零件图上。

2）标准化结构应通过查询相关技术手册取标准值。

3）有些尺寸由公式计算确定，如齿轮相关尺寸。

4）其余尺寸按比例从装配图中直接量取，并圆整。

（5）确定零件的技术要求　零件图上的技术要求，应根据零件的作用及其与其他零件的装配关系，以及结构、工艺方面的要求或由同类图样确定。

 任务实施

1. 分离活动钳口

（1）根据装配图中的剖面线方向和投影关系在各视图中找到活动钳口的轮廓线，如图5-30中粗线所示。

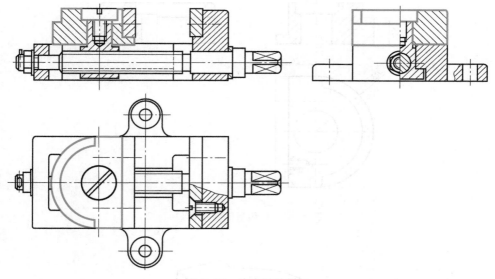

图5-30　分离活动钳口

（2）分析连接关系并补线　连接关系如图5-31所示，补线后的结果如图5-32所示。

2. 构思活动钳口完整结构（图5-33）

3. 确定零件视图表达方案，画零件图

选择和装配图相同的视图表达方案，去除左视图，增加右视局部视图，以表达螺孔的位置。

4. 标注零件的尺寸

5. 确定零件的技术要求

完成后的活动钳口零件图如图5-34所示。

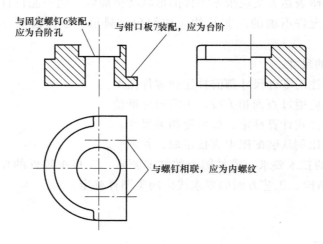

图 5-31　活动钳口的连接关系

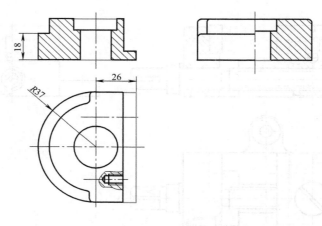

图 5-32　补线后的活动钳口

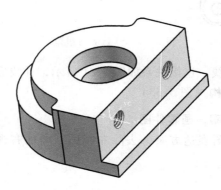

图 5-33　活动钳口立体图

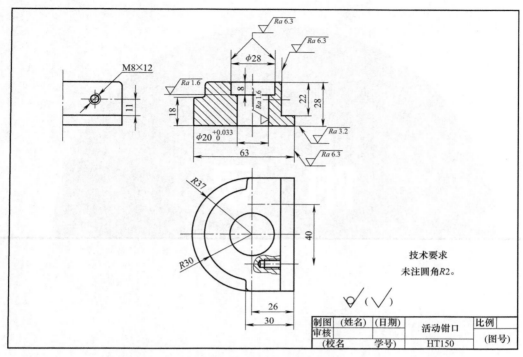

图 5-34 活动钳口零件图

 拓展任务

根据图 5-27 所示机用虎钳装配图，拆画其中的钳座零件图。

项 目 小 结

1）本项目通过千斤顶装配图的绘制，介绍了装配图的绘制过程，以及装配图中尺寸、技术要求的标注和零部件序号、明细栏的编制。装配图的画法应重点掌握。

2）通过机用虎钳装配图的识读训练，介绍了识读装配图的基本步骤，即概括了解和分析视图、分析工作原理和装配关系、分析零件、分析尺寸、归纳总结。

3）由装配图拆画零件图时，应在识读装配图的基础上，先分离所需拆画的零件，再补齐被遮挡的图线，并确定在装配图中未表达清楚的结构，最后根据选取的视图表达方案画出零件图、标注尺寸和技术要求等。

附　录

附表 1　普通螺纹（GB/T 193—2003、GB/T 196—2003）　　　　（单位：mm）

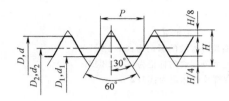

标记示例

公称直径 24mm，螺距 3mm，右旋粗牙普通螺纹，其标记为：

　　M24

公称直径 24mm，螺距 1.5mm，左旋细牙普通螺纹，公差带代号为 7H，其标记为：

　　M24×1.5-7H

公称直径 D、d		螺距 P		粗牙小径 D_1、d_1	公称直径 D、d		螺距 P		粗牙小径 D_1、d_1
第一系列	第二系列	粗牙	细牙		第一系列	第二系列	粗牙	细牙	
3		0.5	0.35	2.459	16		2	1.5,1	13.835
4		0.7	0.5	3.242		18	2.5	2,1.5,1	15.294
5		0.8		4.134	20				17.294
6		1	0.75	4.917		22			19.294
8		1.25	1,0.75	6.647	24		3		20.752
10		1.5	1.25,1,0.75	8.376	30		3.5	（3）,2,1.5,1	26.211
12		1.75	1.25,1	10.106	36		4	3,2,1.5	31.670
	14	2	1.5,1.25 * ,1	11.835		39			34.670

注：优先采用第一系列公称直径；括号内尺寸尽可能不用；带 * 尺寸仅用于火花塞。

附表 2　梯形螺纹（GB/T 5796.2～5796.4—2005）　　　　（单位：mm）

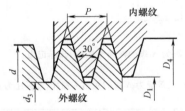

标记示例

公称直径 28mm，螺距 5mm，中径公差带代号为 7H 的单线右旋梯形内螺纹，其标记为：Tr28×5-7H

公称直径 28mm，导程 10mm，螺距 5mm，中径公差带代号为 8e 的双线左旋梯形外螺纹，其标记为：Tr28×10（P5）-8e-LH

内、外螺纹旋合所组成的螺纹副的标记为：Tr24×8-7H/8e

公称直径 d		螺距 P	大径 D_4	小径		公称直径 d		螺距 P	大径 D_4	小径	
第一系列	第二系列			d_3	D_1	第一系列	第二系列			d_3	D_1
16		2	163.50	13.50	14.00		24	3	24.50	20.50	21.00
		4		11.50	12.00			5		18.50	19.00
	18	2	18.50	15.50	16.00			8	25.00	15.00	16.00
		4		13.50	14.00		26	3	26.50	22.50	23.00
20		2	20.50	17.50	18.00			5		20.50	21.00
		4		15.50	16.00			8	27.00	17.00	18.00
	22	3	22.50	18.50	19.00		28	3	28.50	24.50	25.00
		5		16.50	17.00			5		22.50	23.00
		8	23.0	13.00	14.00			8	29.00	19.00	20.00

注：根据使用场合选择梯形螺纹的精度等级，外螺纹优先选用公差带为 9c、8c、8e、7e；内螺纹为 9H、8H、7H。

附表3 55°非密封管螺纹（GB/T 7307—2001）

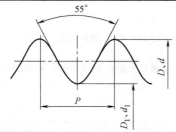

标记示例
尺寸代号为1/2的A级右旋外螺纹的标记为：G1/2A
尺寸代号为1/2的B级左旋外螺纹的标记为：G1/2B-LH
尺寸代号为1/2的右旋内螺纹的标记为：G1/2

尺寸代号	每25.4mm内的牙数 n	螺距 P/mm	大径 D、d/mm	小径 D_1、d_1/mm
1/4	19	1.337	13.157	11.445
3/8	19	1.337	16.662	14.950
1/2	14	1.814	20.955	18.631
3/4	14	1.814	26.441	24.117
1	11	2.309	33.249	30.291
1¼	11	2.309	41.910	38.952
1½	11	2.309	47.803	44.845
2	11	2.309	59.614	56.656

附表4 六角头螺栓 （单位：mm）

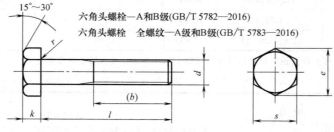

六角头螺栓—A和B级(GB/T 5782—2016)
六角头螺栓 全螺纹—A级和B级(GB/T 5783—2016)

标记示例
螺纹规格为 M12，公称长度 $l=80$mm，性能等级为8.8级，表面不经处理，产品等级为 A 级的六角头螺栓，其标记为：
　　螺栓　GB/T 5782 M12×80
螺纹规格为 M12，公称长度 $l=80$mm，全螺纹，性能等级为8.8级，表面不经处理，产品等级为 A 级的六角头螺栓，其标注为：
　　螺栓　GB/T 5783 M12×80

螺纹规格 d		M3	M4	M5	M6	M8	M10	M12	M16	M20	M24	M30	M36
s		5.5	7	8	10	13	16	18	24	30	36	46	55
k		2	2.8	3.5	4	5.3	6.4	7.5	10	12.5	15	18.7	22.5
r		0.1	0.2	0.2	0.25	0.4	0.4	0.6	0.6	0.8	0.8	1	1
e	A	6.01	7.66	8.79	11.05	14.38	17.77	20.03	26.75	33.53	39.98	—	—
	B	5.88	7.50	8.63	10.89	14.20	17.59	19.85	26.17	32.95	39.55	50.85	60.79
（b） GB/T 5782	$l \leq 125$	12	14	16	18	22	26	30	38	46	54	66	—
	$125 < l \leq 200$	18	20	22	24	28	32	36	44	52	60	72	84
	$l > 200$	31	33	35	37	41	45	49	57	65	73	85	97
l 范围	GB/T 5782 —2016	20~30	25~40	25~50	30~60	40~80	45~100	50~120	65~160	80~200	90~240	110~300	140~360
	l 范围 GB/T 5783—2016	6~30	8~40	10~50	12~60	16~80	20~100	25~120	30~150	40~150	50~150	60~200	70~200
l 系列	GB/T 5782 —2016	12,16,20,25,30,35,40,45,50,55,60,65,70,80,90,100,110,120,130,140,150,160,180,200, 220,240,260,280,300,320,340,360,380,400,420,440,460,480,500											
	GB/T 5783 —2016	2,3,4,5,6,8,10,12,16,20,25,30,35,40,45,50,55,60,65,70,80,90,100,110,120,130,140, 150,160,180,200											

附表 5　双头螺柱　　　　　　　　　　　　　　　　（单位：mm）

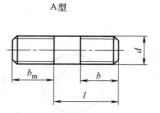

GB/T 897—1988($b_m = 1d$)
GB/T 898—1988($b_m = 1.25d$)
GB/T 899—1988($b_m = 1.5d$)
GB/T 900—1988($b_m = 2d$)

A 型　　　　　　　　　　　　B 型(辗制)

约等于螺纹中径

标记示例

两端均为粗牙普通螺纹，$d = 10\text{mm}$，$l = 50\text{mm}$，性能等级为 4.8 级，不经表面处理，B 型，$b_m = 1d$ 的双头螺柱，其标记为：

螺柱　GB/T 897　M10×50

若为 A 型，则标记为：

螺柱　GB/T 897　AM10×50

d		M2	M2.5	M3	M4	M5	M6	M8	M10
b_m	GB/T 897—1988					5	6	8	10
	GB/T 898—1988					6	8	10	12
	GB/T 899—1988	3	3.5	4.5	6	8	10	12	15
	GB/T 900—1988	4	5	6	8	10	12	16	20
$\dfrac{l}{b}$		$\dfrac{12\sim16}{6}$ $\dfrac{18\sim25}{10}$	$\dfrac{14\sim18}{8}$ $\dfrac{20\sim30}{11}$	$\dfrac{16\sim20}{6}$ $\dfrac{22\sim40}{12}$	$\dfrac{16\sim22}{8}$ $\dfrac{25\sim40}{14}$	$\dfrac{16\sim22}{10}$ $\dfrac{25\sim50}{16}$	$\dfrac{20\sim22}{10}$ $\dfrac{25\sim30}{14}$ $\dfrac{32\sim75}{18}$	$\dfrac{20\sim22}{12}$ $\dfrac{25\sim30}{16}$ $\dfrac{32\sim90}{22}$	$\dfrac{25\sim28}{14}$ $\dfrac{30\sim38}{16}$ $\dfrac{40\sim120}{26}$ $\dfrac{130}{32}$

d		M12	M16	M20	M24	M30	M36	M42	M48
b_m	GB/T 897—1988	12	16	20	24	30	36	42	48
	GB/T 898—1988	15	20	25	30	38	45	52	60
	GB/T 899—1988	18	24	30	36	45	54	63	72
	GB/T 900—1988	24	32	40	48	60	72	84	96
$\dfrac{l}{b}$		$\dfrac{25\sim30}{16}$ $\dfrac{32\sim40}{20}$ $\dfrac{45\sim120}{30}$ $\dfrac{130\sim180}{36}$	$\dfrac{30\sim38}{20}$ $\dfrac{40\sim55}{30}$ $\dfrac{60\sim120}{38}$ $\dfrac{130\sim200}{44}$	$\dfrac{35\sim40}{25}$ $\dfrac{45\sim65}{35}$ $\dfrac{70\sim120}{46}$ $\dfrac{130\sim200}{52}$	$\dfrac{45\sim50}{30}$ $\dfrac{55\sim75}{45}$ $\dfrac{80\sim120}{54}$ $\dfrac{130\sim200}{60}$	$\dfrac{60\sim65}{40}$ $\dfrac{70\sim90}{50}$ $\dfrac{95\sim120}{66}$ $\dfrac{130\sim200}{72}$ $\dfrac{210\sim250}{85}$	$\dfrac{65\sim75}{45}$ $\dfrac{80\sim110}{60}$ $\dfrac{120}{78}$ $\dfrac{130\sim200}{84}$ $\dfrac{210\sim300}{97}$	$\dfrac{70\sim80}{50}$ $\dfrac{85\sim110}{70}$ $\dfrac{120}{90}$ $\dfrac{130\sim200}{96}$ $\dfrac{210\sim300}{109}$	$\dfrac{80\sim90}{60}$ $\dfrac{95\sim110}{80}$ $\dfrac{120}{102}$ $\dfrac{130\sim200}{108}$ $\dfrac{210\sim300}{121}$
l 系列		12,(14),16,(18),20,(22),25,(28),30(32),35,(38),40,45,50,(55),60,(65),70,(75),80,(85),90,(95),100,110,120,130,140,150,160,170,180,190,200,210,220,230,240,250,260,280,300							

注：1. 尽可能不采用括号内的系列尺寸。

　　2. l/b 的参考数值摘自 GB/T 899—1988 和 GB/T 897—1988。

附表6　1型六角螺母（GB/T 6170—2015）　　　　　　　（单位：mm）

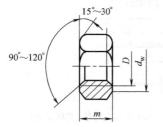 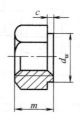 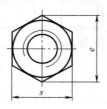

标记示例
螺纹规格为 M12，性能等级为 8
级，表面不经处理，产品等级为 A 级
的 1 型六角螺母，其标记为：
　螺母　GB/T 6170　M12

螺纹规格 D		M3	M4	M5	M6	M8	M10	M12	M16	M20	M24	M30	M36
e	（min）	6.01	7.66	8.79	11.05	14.38	17.77	20.03	26.75	32.95	39.55	50.85	60.79
s	（max）	5.5	7	8	10	13	16	18	24	30	36	46	55
	（min）	5.32	6.78	7.78	9.78	12.73	15.73	17.73	23.67	29.16	35	45	53.8
c	（max）	0.4	0.4	0.5	0.5	0.6	0.6	0.6	0.8	0.8	0.8	0.8	0.8
d_w	（min）	4.6	5.9	6.9	8.9	11.6	14.6	16.6	22.5	27.7	33.3	42.8	51.1
m	（max）	2.4	3.2	4.7	5.2	6.8	8.4	10.8	14.8	18	21.5	25.6	31
	（min）	2.15	2.9	4.4	4.9	6.44	8.04	10.37	14.1	16.9	20.2	24.3	29.4

附表7　平垫圈　　　　　　　　　　　（单位：mm）

平垫圈—A 级（GB/T 97.1—2002）　　　　平垫圈　倒角型—A 级（GB/T 97.2—2002）

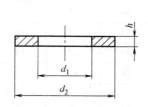 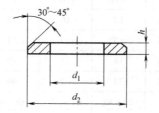

标记示例

标准系列，公称规格 8mm，由钢制造的硬度等级为 200HV 级，表面不经处理，产品等级为 A 级的平垫圈，其标记为：
　　垫圈　GB/T 97.1　8

公称规格 （螺纹大径 d）	2	2.5	3	4	5	6	8	10	12	16	20	24	30
内径 d_1（公称）	2.2	2.7	3.2	4.3	5.3	6.4	8.4	10.5	13	17	21	25	31
外径 d_2（公称）	5	6	7	9	10	12	16	20	24	30	37	44	56
厚度 h（公称）	0.3	0.5	0.5	0.8	1	1.6	1.6	2	2.5	3	3	4	4

注：倒角型 A 级平垫圈公称规格（螺纹大径）的最小标准值为 5mm。

附表8　弹簧垫圈　　　　　　　　　　　　　　　　　　　　　（单位：mm）

标准型弹簧垫圈　GB/T 93—1987　　　　　轻型弹簧垫圈　GB/T 859—1987

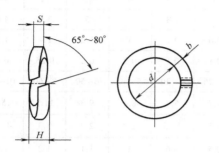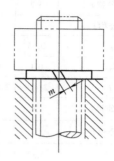

标记示例

规格16mm,材料为65Mn,表面氧化的标准型弹簧垫圈,其标记为:

垫圈　GB/T 93　16

规格（螺纹大径）		2	2.5	3	4	5	6	8	10	12	16	20	24	30	36	42	48
d(min)		2.1	2.6	3.1	4.1	5.1	6.1	8.1	10.2	12.2	16.2	20.2	24.5	30.5	36.5	42.5	48.5
H (min)	GB/T 93—1987	1	1.3	1.6	2.2	2.6	3.2	4.2	5.2	6.2	8.2	10	12	15	18	21	24
	GB/T 859—1987			1.2	1.6	2.2	2.6	3.2	4	5	6.4	8	10	12			
$S(b)$ 公称	GB/T 93—1987	0.5	0.65	0.8	1.1	1.3	1.6	2.1	2.6	3.1	4.1	5	6	7.5	9	10.5	12
S 公称	GB/T 859—1987			0.6	0.8	1.1	1.3	1.6	2	2.5	3.2	4	5	6			
$m \leqslant$	GB/T 93—1987	0.25	0.33	0.4	0.55	0.65	0.8	1.05	1.3	1.55	2.05	2.5	3	3.75	4.5	5.25	6
	GB/T 859—1987			0.3	0.4	0.55	0.65	0.8	1	1.25	1.6	2	2.5	3			
b 公称	GB/T 859—1987			1	1.2	1.5	2	2.5	3	3.5	4.5	5.5	7	9			

附表9　开槽螺钉　　　　　　　　　　　　　　　　　　　　　（单位：mm）

开槽圆柱头螺钉 GB/T 65—2016　　　开槽盘头螺钉 GB/T 67—2016　　　开槽沉头螺钉 GB/T 68—2016

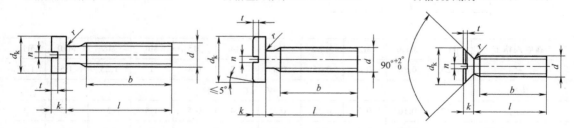

标记示例

螺纹规格为M5,公称长度 l=20mm,性能等级为4.8级,表面不经处理的A级开槽圆柱头螺钉,其标记为:

螺钉　GB/T 65 M5×20

螺纹规格 d		M1.6	M2	M2.5	M3	M4	M5	M6	M8	M10
GB/T 65 —2016	d_k(公称)	3.0	3.8	4.5	5.5	7	8.5	10	13	16
	k(公称)	1.1	1.4	1.8	2	2.6	3.3	3.9	5	6
	t_{min}	0.45	0.6	0.7	0.85	1.1	1.3	1.6	2	2.4
	r_{min}	0.1	0.1	0.1	0.1	0.2	0.2	0.25	0.4	0.4
	l	2~16	3~20	3~25	4~30	5~40	6~50	8~60	10~80	12~80

（续）

螺纹规格 d		M1.6	M2	M2.5	M3	M4	M5	M6	M8	M10
GB/T 67—2016	d_k（公称）	3.2	4	5	5.6	8	9.5	12	16	20
	k（公称）	1	1.3	1.5	1.8	2.4	3	3.6	4.8	6
	t_{min}	0.35	0.5	0.6	0.7	1	1.2	1.4	1.9	2.4
	r_{min}	0.1	0.1	0.1	0.1	0.2	0.2	0.25	0.4	0.4
	l	2~16	2.5~20	3~25	4~30	5~40	6~50	8~60	10~80	12~80
GB/T 68—2016	d_k（公称）	3	3.8	4.7	5.5	8.4	9.3	11.3	15.8	18.3
	k（公称）	1	1.2	1.5	1.65	2.7	2.7	3.3	4.65	5
	t_{min}	0.32	0.4	0.5	0.6	1	1.1	1.2	1.8	2
	r_{max}	0.4	0.5	0.6	0.8	1	1.3	1.5	2	2.5
	l	2.5~16	3~20	4~25	5~30	6~40	8~50	8~60	10~80	12~80
n（公称）		0.4	0.5	0.6	0.8	1.2	1.2	1.6	2	2.5
b_{min}		25				38				
l 系列		2,2.5,3,4,5,6,8,10,12,（14）,16,20,25,30,35,40,45,50,（55）,60,（65）,70,（75）,80								

注：尽可能不采用括号内的规格。

附表 10　开槽锥端紧定螺钉（GB/T 71—1985）　　　　（单位：mm）

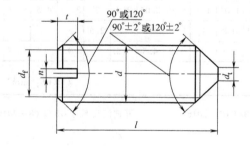

标记示例

螺纹规格为 M5，公称长度 $l = 12mm$，性能等级为 14H，表面氧化的开槽锥端紧定螺钉，其标记为：

螺钉　GB71　M5×12

螺纹规格 d		M1.2	M1.6	M2	M2.5	M3	M4	M5	M6	M8	M10	M12
P		0.25	0.35	0.4	0.45	0.5	0.7	0.8	1	1.25	1.5	1.75
$d_f \approx$		螺 纹 小 径										
d_{tmax}		0.12	0.16	0.2	0.25	0.3	0.4	0.5	1.5	2	2.5	3
n	公称	0.2	0.25	0.25	0.4	0.4	0.6	0.8	1	1.2	1.6	2
	min	0.26	0.31	0.31	0.46	0.46	0.66	0.86	1.06	1.26	1.66	2.06
	max	0.4	0.45	0.45	0.6	0.6	0.8	1	1.2	1.51	1.91	2.31
t	min	0.4	0.56	0.64	0.72	0.8	1.12	1.28	1.6	2	2.4	2.8
	max	0.52	0.74	0.84	0.95	1.05	1.42	1.63	2	2.5	3	3.6
l		2~6	2~8	3~10	3~12	4~16	6~20	8~25	8~30	10~40	12~50	14~60
l 系列		2,2.5,3,4,5,6,8,10,12,（14）,16,20,25,30,35,40,45,50,（55）,60										

注：尽可能不采用括号内的规格。

附表 11　圆柱销 　　　　　　　　　　　　　　　（单位：mm）

圆柱销　不淬硬钢和奥氏体不锈钢（GB/T 119.1—2000）
圆柱销　淬硬钢和马氏体不锈钢（GB/T 119.2—2000）

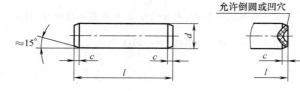

允许倒圆或凹穴

标记示例

　　公称直径 d=6mm，公差为 m6，公称长度 l=30mm，材料为钢，不经淬火，表面不经处理的圆柱销，其标记为：
　　　　销　GB/T 119.1　6m6×30
　　公称直径 d=6mm，公称长度 l=30mm，材料为钢，普通淬火（A 型）、表面氧化处理的圆柱销，其标记为：
　　　　销　GB/T 119.2　6×30

公称直径 d		3	4	5	6	8	10	12	16	20	25	30	40	50
$c\approx$		0.5	0.63	0.8	1.2	1.6	2	2.5	3	3.5	4	5	6.3	8
公称长度 l	GB/T 119.1—2000	8~30	8~40	10~50	12~60	14~80	18~95	22~140	26~180	35~200	50~200	60~200	80~200	95~200
	GB/T 119.2—2000	8~30	10~40	12~50	14~60	18~80	22~100	26~100	40~100	50~100	—	—	—	—
l 系列		8,10,12,14,16,18,20,22,24,26,28,30,32,35,40,45,50,55,60,65,70,75,80,85,90,95, 100,120,140,160,180,200												

注：1. GB/T 119.1—2000 规定圆柱销的公称直径 d=0.6~50mm，公称长度 l=2~200mm，公差有 m6 和 h8。
　　2. GB/T 119.2—2000 规定圆柱销的公称直径 d=1~20mm，公称长度 l=3~100mm，公差仅有 m6。
　　3. 当圆柱销公差为 h8 时，其表面粗糙度 $Ra\leqslant1.6\mu m$。

附表 12　圆锥销（GB/T 117—2000）　　　　　　　　（单位：mm）

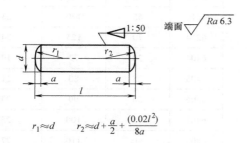

端面 $\sqrt{Ra\,6.3}$

标记示例

　　公称直径 d=10mm，公称长度 l=60mm，材料为 35 钢，热处理硬度 28~38HRC，表面氧化处理的 A 型圆锥销，其标记为：
　　　　销　GB/T 117　10×60

$$r_1\approx d \qquad r_2\approx d+\frac{a}{2}+\frac{(0.02l^2)}{8a}$$

公称直径 d	4	5	6	8	10	12	16	20	25	30	40	50
$a\approx$	0.5	0.63	0.8	1	1.2	1.6	2	2.5	3	4	5	6.3
公称长度 l	14~55	18~60	22~90	22~120	26~160	32~180	40~200	45~200	50~200	55~200	60~200	65~200
l 系列	2,3,4,5,6,8,10,12,14,16,18,20,22,24,26,28,30,32,35,40,45,50,55,60,65,70,75, 80,85,90,95,100,120,140,160,180,200											

注：1. 标准规定圆锥销的公称直径 d=0.6~50mm。
　　2. 圆锥销分 A 型和 B 型。A 型为磨削件，锥面表面粗糙度 Ra=0.8μm；B 型为切削或冷镦件，锥面表面粗糙度 Ra=3.2μm。

附表13　深沟球轴承（GB/T 276—2013）　　　　　　　（单位：mm）

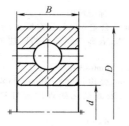

标记示例

类型代号　　尺寸系列代号为02，内径代号为06的深沟球轴承，其标
6　　　　记为：

滚动轴承　6206　GB/T 276—2013

轴承代号		外形尺寸			轴承代号		外形尺寸		
		d	D	B			d	D	B
10系列	6004	20	42	12	02系列	6202	15	35	11
	6005	25	47	12		6203	17	40	12
	6006	30	55	13		6204	20	47	14
	6007	35	62	14		6205	25	52	15
	6008	40	68	15		6206	30	62	16
	6009	45	75	16		6207	35	72	17
	6010	50	80	16		6208	40	80	18
	6011	55	90	18		6209	45	85	19
	6012	60	95	18		6210	50	90	20
	6013	65	100	18		6211	55	100	21
	6014	70	110	20		6212	60	110	22
	6015	75	115	20		6213	65	120	23
	6016	80	125	22		6214	70	125	24
03系列	6302	15	42	13	04系列	6404	20	72	19
	6303	17	47	14		6405	25	80	21
	6304	20	52	15		6406	30	90	23
	6305	25	62	17		6407	35	100	25
	6306	30	72	19		6408	40	110	27
	6307	35	80	21		6409	45	120	29
	6308	40	90	23		6410	50	130	31
	6309	45	100	25		6411	55	140	33
	6310	50	110	27		6412	60	150	35
	6311	55	120	29		6413	65	160	37
	6312	60	130	31		6414	70	180	42
	6313	65	140	33		6415	75	190	45
	6314	70	150	35		6416	80	200	48

附表 14　圆锥滚子轴承（GB/T 297—2015）　　　　　　（单位：mm）

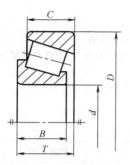

标记示例

类型代号　　　尺寸系列代号为 03，内径代号为 12 的圆锥滚子轴承，其标
　3　　　　记为：
　　　　　　　滚动轴承　30312　GB/T 297—2015

轴承代号		外形尺寸					轴承代号		外形尺寸				
		d	D	B	C	T			d	D	B	C	T
02系列	30203	17	40	12	11	13.25	23系列	32311	55	120	43	35	45.5
	30204	20	47	14	12	15.25		32312	60	130	46	37	48.5
	30205	25	52	15	13	16.25		32313	65	140	48	39	51
	30206	30	62	16	14	17.25		32314	70	150	51	42	54
	30207	35	72	17	15	18.25		32315	75	160	55	45	58
	30208	40	80	18	16	19.75		32316	80	170	58	48	61.5
	30209	45	85	19	16	20.75							
	30210	50	90	20	17	21.75	03系列	30302	15	42	13	11	14.25
	30211	55	100	21	18	22.75		30303	17	47	14	12	15.25
	30212	60	110	22	19	23.75		30304	20	52	15	13	16.25
	30213	65	120	23	20	24.75		30305	25	62	17	15	18.25
	30214	70	125	24	21	26.25		30306	30	72	19	16	20.75
23系列	32304	20	52	21	18	22.25		30307	35	80	21	18	22.75
	32305	25	62	24	20	25.25		30308	40	90	23	20	25.25
	32306	30	72	27	23	28.75		30309	45	100	25	22	27.25
	32307	35	80	31	25	32.75		30310	50	110	27	23	29.25
	32308	40	90	33	27	35.25		30311	55	120	29	25	31.5
	32309	45	100	36	30	38.25		30312	60	130	31	26	33.5
	32310	50	110	40	33	42.25		30313	65	140	33	28	36.0

附表 15　推力球轴承（GB/T 301—2015）　　　　　　　　（单位：mm）

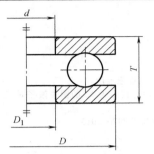

标记示例

类型代号　尺寸系列代号为 12，内径代号为 10 的推力球轴承，其标
5　　　　记为：

滚动轴承　51210　GB/T 301—2015

轴承代号	外形尺寸				轴承代号	外形尺寸			
	d	D	T	D_{1smin}		d	D	T	D_{1smin}
51202	15	32	12	17	51304	20	47	18	22
51203	17	35	12	19	51305	25	52	18	27
51204	20	40	14	22	51306	30	60	21	32
51205	25	47	15	27	51307	35	68	24	37
51206	30	52	16	32	51308	40	78	26	42
51207	35	62	18	37	51309	45	85	28	47
51208	40	68	19	42	51310	50	95	31	52
51209	45	73	20	47	51311	55	105	35	57
51210	50	78	22	52	51312	60	110	35	62
51211	55	90	25	57	51313	65	115	36	67
51212	60	95	26	62	51314	70	125	40	72
					51315	75	135	44	77

（12 系列 / 13 系列）

附表 16　优先配合中轴的极限偏差（摘自 GB/T 1800.2—2009）　　　（单位：μm）

基本尺寸 /mm		公差带											
大于	至	c	d	f	g	h				k	n	p	s	u
		11	9	7	6	6	7	9	11	6	6	6	6	6
—	3	−60 −120	−20 −45	−6 −16	−2 −8	0 −6	0 −10	0 −25	0 −60	+6 0	+10 +4	+12 +6	+20 +14	+24 +18
3	6	−70 −145	−30 −60	−10 −22	−4 −12	0 −8	0 −12	0 −30	0 −75	+9 +1	+16 +8	+20 +12	+27 +19	+31 +23
6	10	−80 −170	−40 −76	−13 −28	−5 −14	0 −9	0 −15	0 −36	0 −90	+10 +1	+19 +10	+24 +15	+32 +23	+37 +28
10	14	−95 −205	−50 −93	−16 −34	−6 −17	0 −11	0 −18	0 −43	0 −110	+12 +1	+23 +12	+29 +18	+39 +28	+44 +33
14	18													
18	24	−110 −240	−65 −117	−20 −41	−7 −20	0 −13	0 −21	0 −52	0 −130	+15 +2	+28 +15	+35 +22	+48 +35	+54 +41
24	30													+61 +48

（续）

基本尺寸/mm		c	d	f	g	h				k	n	p	s	u
大于	至	11	9	7	6	6	7	9	11	6	6	6	6	6
30	40	−120 / −280	−80 / −142	−25 / −50	−9 / −25	0 / −16	0 / −25	0 / −62	0 / −160	+18 / +2	+33 / +17	+42 / +26	+59 / +43	+76 / +60
40	50	−130 / −290												+86 / +70
50	65	−140 / −330	−100 / −174	−30 / −60	−10 / −29	0 / −19	0 / −30	0 / −74	0 / −190	+21 / +2	+39 / +20	+51 / +32	+72 / +53	+106 / +87
65	80	−150 / −340											+78 / +59	+121 / +102
80	100	−170 / −390	−120 / −207	−36 / −71	−12 / −34	0 / −22	0 / −35	0 / −87	0 / −220	+25 / +3	+45 / +23	+59 / +37	+93 / +71	+146 / +124
100	120	−180 / −400											+101 / +79	+166 / +144
120	140	−200 / −450	−145 / −245	−43 / −83	−14 / −39	0 / −25	0 / −40	0 / −100	0 / −250	+28 / +3	+52 / +27	+68 / +43	+117 / +92	+195 / +170
140	160	−210 / −460											+125 / +100	+215 / +190
160	180	−230 / −480											+133 / +108	+235 / +210
180	200	−240 / −530	−170 / −285	−50 / −96	−15 / −44	0 / −29	0 / −46	0 / −115	0 / −290	+33 / +4	+60 / +31	+79 / +50	+151 / +122	+265 / +236
200	225	−260 / −550											+159 / +130	+287 / +258
225	250	−280 / −570											+169 / +140	+313 / +284
250	280	−300 / −620	−190 / −320	−56 / −108	−17 / −49	0 / −32	0 / −52	0 / −130	0 / −320	+36 / +4	+66 / +34	+88 / +56	+190 / +158	+347 / +315
280	315	−330 / −650											+202 / +170	+382 / +350
315	355	−360 / −720	−210 / −350	−62 / −119	−18 / −54	0 / −36	0 / −57	0 / −140	0 / −360	+40 / +4	+73 / +37	+98 / +62	+226 / +190	+426 / +390
355	400	−400 / −760											+244 / +208	+471 / +435
400	450	−440 / −840	−230 / −385	−68 / −131	−20 / −60	0 / −40	0 / −63	0 / −155	0 / −400	+45 / +5	+80 / +40	+108 / +68	+272 / +232	+530 / +490
450	500	−480 / −880											+292 / +252	+580 / +540

附表 17 优先配合中孔的极限偏差（摘自 GB/T 1800.2—2009）   （单位：μm）

公称尺寸/mm		C	D	F	G	H				K	N	P	S	U
大于	至	11	9	8	7	7	8	9	11	7	7	7	7	7
—	3	+120 / +60	+45 / +20	+20 / +6	+12 / +2	+10 / 0	+14 / 0	+25 / 0	+60 / 0	0 / −10	−4 / −14	−6 / −16	−14 / −24	−18 / −28
3	6	+145 / +70	+60 / +30	+28 / +10	+16 / +4	+12 / 0	+18 / 0	+30 / 0	+75 / 0	+3 / −9	−4 / −16	−8 / −20	−15 / −27	−19 / −31

（续）

公称尺寸/mm		公 差 带												
		C	D	F	G	H				K	N	P	S	U
大于	至	11	9	8	7	7	8	9	11	7	7	7	7	7
6	10	+170 +80	+76 +40	+35 +13	+20 +5	+15 0	+22 0	+36 0	+90 0	+5 -10	-4 -19	-9 -24	-17 -32	-22 -37
10	14	+205 +95	+93 +50	+43 +16	+24 +6	+18 0	+27 0	+43 0	+110 0	+6 -12	-5 -23	-11 -29	-21 -39	-26 -44
14	18	+205 +95	+93 +50	+43 +16	+24 +6	+18 0	+27 0	+43 0	+110 0	+6 -12	-5 -23	-11 -29	-21 -39	-26 -44
18	24	+240 +110	+117 +65	+53 +20	+28 +7	+21 0	+33 0	+52 0	+130 0	+6 -15	-7 -28	-14 -35	-27 -48	-33 -54
24	30	+240 +110	+117 +65	+53 +20	+28 +7	+21 0	+33 0	+52 0	+130 0	+6 -15	-7 -28	-14 -35	-27 -48	-40 -61
30	40	+280 +120	+142 +80	+64 +25	+34 +9	+25 0	+39 0	+62 0	+160 0	+7 -18	-8 -33	-17 -42	-34 -59	-51 -76
40	50	+290 +130	+142 +80	+64 +25	+34 +9	+25 0	+39 0	+62 0	+160 0	+7 -18	-8 -33	-17 -42	-34 -59	-61 -86
50	65	+330 +140	+174 +100	+76 +30	+40 +10	+30 0	+46 0	+74 0	+190 0	+9 -21	-9 -39	-21 -51	-42 -72	-76 -106
65	80	+340 +150	+174 +100	+76 +30	+40 +10	+30 0	+46 0	+74 0	+190 0	+9 -21	-9 -39	-21 -51	-48 -78	-91 -121
80	100	+390 +170	+207 +120	+90 +36	+47 +12	+35 0	+54 0	+87 0	+220 0	+10 -25	-10 -45	-24 -59	-58 -93	-111 -146
100	120	+400 +180	+207 +120	+90 +36	+47 +12	+35 0	+54 0	+87 0	+220 0	+10 -25	-10 -45	-24 -59	-66 -101	-131 -166
120	140	+450 +200	+245 +145	+106 +43	+54 +14	+40 0	+63 0	+100 0	+250 0	+12 -28	-12 -52	-28 -68	-77 -117	-155 -195
140	160	+460 +210	+245 +145	+106 +43	+54 +14	+40 0	+63 0	+100 0	+250 0	+12 -28	-12 -52	-28 -68	-85 -125	-175 -215
160	180	+480 +230	+245 +145	+106 +43	+54 +14	+40 0	+63 0	+100 0	+250 0	+12 -28	-12 -52	-28 -68	-93 -133	-195 -235
180	200	+530 +240	+285 +170	+122 +50	+61 +15	+46 0	+72 0	+115 0	+290 0	+13 -33	-14 -60	-33 -79	-105 -151	-219 -265
200	225	+550 +260	+285 +170	+122 +50	+61 +15	+46 0	+72 0	+115 0	+290 0	+13 -33	-14 -60	-33 -79	-113 -159	-241 -287
225	250	+570 +280	+285 +170	+122 +50	+61 +15	+46 0	+72 0	+115 0	+290 0	+13 -33	-14 -60	-33 -79	-123 -169	-267 -313
250	280	+620 +300	+320 +190	+137 +56	+69 +17	+52 0	+81 0	+130 0	+320 0	+16 -36	-14 -66	-36 -88	-138 -190	-295 -347
280	315	+650 +330	+320 +190	+137 +56	+69 +17	+52 0	+81 0	+130 0	+320 0	+16 -36	-14 -66	-36 -88	-150 -202	-330 -382
315	355	+720 +360	+350 +210	+151 +62	+75 +18	+57 0	+89 0	+140 0	+360 0	+17 -40	-16 -73	-41 -98	-169 -226	-369 -426
355	400	+760 +400	+350 +210	+151 +62	+75 +18	+57 0	+89 0	+140 0	+360 0	+17 -40	-16 -73	-41 -98	-187 -244	-414 -471
400	450	+840 +440	+385 +230	+165 +68	+83 +20	+63 0	+97 0	+155 0	+400 0	+18 -45	-17 -80	-45 -108	-209 -272	-467 -530
450	500	+880 +480	+385 +230	+165 +68	+83 +20	+63 0	+97 0	+155 0	+400 0	+18 -45	-17 -80	-45 -108	-229 -292	-517 -580

参 考 文 献

［1］ 钱可强. 机械制图 ［M］. 4 版. 北京：高等教育出版社，2014.

［2］ 王槐德. 机械制图新旧标准代换教程 ［M］. 3 版. 北京：中国标准出版社，2017.

［3］ 朱强. 机械制图 ［M］. 北京：人民邮电出版社，2009.

［4］ 王其昌，翁民玲. 机械制图 ［M］. 3 版. 北京：人民邮电出版社，2012.

［5］ 赵红，刘永强. 工程图样的绘制与识读 ［M］. 北京：高等教育出版社，2013.

参考文献